Tennessee 1860 Agricultural Census

Volume 2

Linda L. Green

WILLOW BEND BOOKS
2007

WILLOW BEND BOOKS
AN IMPRINT OF HERITAGE BOOKS, INC.

Books, CDs, and more—Worldwide

For our listing of thousands of titles see our website
at
www.HeritageBooks.com

Published 2007 by
HERITAGE BOOKS, INC.
Publishing Division
65 East Main Street
Westminster, Maryland 21157-5026

Copyright © 2004 Linda L. Green

All rights reserved. No part of this book may be reproduced or transmitted in any form or by any means, electronic or mechanical, including photocopying, recording or by any information storage and retrieval system without written permission from the author, except for the inclusion of brief quotations in a review.

International Standard Book Number: 978-0-7884-3820-4

Introduction

This census names only the head of the household. Often times when an individual was missed on the regular U. S. Census, they would appear on this agricultural census. So you might try checking this census for your missing relatives. Unfortunately, many of the Agricultural Census records have not survived. But, they do yield unique information about how people lived. There are 48 columns of information. I chose to transcribe only six of the columns. The six are: Name of the Owner, Improved Acreage, Unimproved Acreage, Cash Value of the Farm, Value of Farm Implements and Machinery, and Value of Livestock. Below is a list of other types of information available on this census.

Linda L. Green
13950 Ruler Court
Woodbridge, VA 22193

Other Data Columns

Column/Title

6. Horses
7. Asses and Mules
8. Milch Cows
9. Working Oxen
10. Other Cattle
11. Sheep
12. Swine
14. Wheat, bushels of
15. Rye, bushels of
16. Indian Corn, bushels of
17. Oats, bushels of
18. Rice, lbs of
19. Tobacco, lbs of
20. Ginned cotton, bales of 400 lbs each
21. Wood, lbs of
22. Peas and beans, bushels of
23. Irish potatoes, bushels of
24. Sweet potatoes, bushels of
25. Barley, bushels of
26. Buckwheat, bushels of
27. Value of Orchard products in dollars
28. Wine, gallons of
29. Value of Products of Market Gardens
30. Butter, lbs of
31. Cheese, lbs of
32. Hay, tons of
33. Clover seed, bushels of
34. Other grass seeds, bushels of
35. Hops, lbs of
36. Dew Rotten Hemp, tons of
37. Water Rotted Hemp, tons of
38. Other Prepared Hemp
39. Flax, lbs of
40. Flaxseed, bushels of
41. Silk cocoons, lbs of
42. Maple sugar, lbs of
43. Cane Sugar, hunds of 1,000 lbs
44. Molasses, gallons of
45. Beeswax, lbs of
46. Honey, lbs of
47. Value of Home Made Manufactures
48. Value of Animals Slaughtered

Table of Contents

Counties	Page
Cheatham	1
Claiborne	11
Cocke	33
Coffee	51
Cumberland	65
Davidson	69
Decatur	89
Dekalb	101
Dickson	114
Dyer	130
Fayette	145
Index	162

Cheatham County Tennessee
1860 Agricultural Census

The Agricultural Census for Tennessee for 1860 was microfilmed by the University of North Carolina Library under a grant from the National Science Foundation and filmed from original records held at Duke University Library, Durham North Carolina.

There are some forty-eight columns of information on each individual. Only the head of household is addressed. I have chosen to use only six columns of the information because I feel that this information best illustrates the wealth of the individuals. These are shown below:

1. Name of Owner
2. Acres of Improved Land
3. Acres of Unimproved Land
4. Cash Value of the Farm
5. Value of Farm Implements and Machinery
13. Value of Livestock

Thus, the numbers following the names represent columns 2, 3, 4, 5, 13.

The following symbol is used to maintain spacing where information in a column is left blank (-). This symbol is used where letters, names or numbers are not legible (_).

Jonas D. Steward, 20, 400, -, 60, 150
E. B. Harris, -, -, -, -, -
John N. Allen, 20, 70, 700, -, 200
Jas. N. Osborn, 10, 15, 400, -, 25
C. & P. P. C Bryan, -, -, -, -, 125
S. W. Martin, -, -, -, -, 100
Jas. J. Nichol, 2, 7, 500, -, 350
A. J. Bright, 3, -, 300, -, 150
Pat Maronian, -, -, -, -, 20
F. M. Follis, 25, 575, 1050, -, 420
G. W. Abbernathy, 20, 55, 275, 5, 150
Mathew Harris, 50, 100, 6000, 100, 200
J. Chadowen, 30, 80, 1000, -, 100
Jno. B. Denuembrine, 80, 1800, 2000, 400, 1500
W. J. Alley, 45, 15, 2000, -, 30
Jas. Jerrott, 60, 220, 5600, 150, 750
Joseph Huchon, -, -, -, -, 150
Thos. M. Hall, -, -, -, -, 250

G. W. Hale, -, -, -, -, 250
J. J. Jerrott, -, -, -, -, 950
Wm. D. Lowe, 50, 100, 2000, 200, 1000
g. H. Lowe, 70, 60, 1250, -, 300
Sarah Lowe, 30, 40, 1000, -, -
Latitia Lowe, 30, 40, 1000, -, -
Armbeth Lowe, 30, 40, 1000, -, -
Joroy Lowe, 30, 40, 1000, -, -
E. W. Fetti, 20, 400, -, 20, 500
A. B. Steward, 15, 28, 1200, -, 30
Lewis Perry, 5, 20, 150, -, -
Role Shivers, 50, 133, 25000, 100, 600
R. B. Sloan, 135, 493, 4600, 300, 1000
R. P. Lee, 20, 200, -, 5, 300
Wm. H. Cate, 180, 550, 7000, 150, 1800
John Gallihan, 50, 50, 1500, 40, 680

J. M. Abbernathy agt., 200, 300, 7000, 100, 800
Dennis Dozier, 200, 800, 6000, 200, 1200
Jas. Binkley, 50, 894, 3000, 300, 650
D. S. Binkley, 80, 420, 5000, 30, 500
E. _. Carney, 95, 775, 5000, 50, 750
A. J. Crocket, 300, 1200, 20000, 400, 2000
A. Boyd, 30, 80, 1000, 10, 500
Joseph Simpkins, 50, 50, 800, 10, 400
Thos. P. Harrington, 20, 180, 400, 5, 116
Mary Taylor, 40, 120, 800, 20, 400
J. M. Lee, 20, 206, 800, 30, 450
J. E. Demeombrine, 30, 80, 500, 10, 430
Jas. Simpkins, 31, 153, 800, 10, 300
Jas. Demeonbrine, 20, -, 400, -, 70
M. Hooper, 15, -, 300, -, 80
Jas. Boyd, 7, 93, 200, 8, 150
F. A. Allen, 50, 67, 2000, 25, 700
S. T. Abbernathy, 15, -, 300, 10, 150
A. Desnuombrine, -, -, -, 5, 150
John Hooper, 10, -, 200, 15, 250
M. E. Edwards, 60, 140, 1600, 150, 1800
Thos. C. Caroy, 4, 46, 150, 5, 50
J. M. Bennet, 20, 230, 1000, 15, 100
Wm. D. Fronsby, 36, 613, 1700, 25, 1000
Saml. Desmeombrine, 38, 113, 900, 6, 200
Wm. Cagle, 30, 670, 2000, 30, 400
J. Carnoy, 55, 75, 900, 25, 700
J. G. Desmeombrine, 25, 125, 900, 10, 300
R. S. Desmeombrine, 20, 83, 1000, 10, 450
S. Neighbors, 2, 25, 675, 10, 175
J. _. Nabours, 10, -, 200, 7, 200
_. Fetti, 5, -, 100, 15, 200
A. B. Gibbs, 70, 270, 1800, 100, 500
A. Eatherby, 30, 55, 400, 50, 500
James Perry, 30, 170, 1300, 30, 190

M. Boyd, 20, -, 400, 10, 100
J. Forbs, 34, 125, 2500, 20, 400
John Forbs, -, -, -, 10, 100
E. Smith, 26, 49, 450, 10, 200
Plisha Smith, 6, 69, 450, 10, 125
Jas. S. Hudgons, 5, 39, 430, 10, 60
E. & W. Davis, 45, 29, 400, -, 100
Jas. T. Davis, 20, 15, 200, 10, 150
Neri Harris, 15, 100, 500, 10, 150
Adam Binkley, 50, 250, 2600, 20, 550
H. H. Binkley, 40, 110, 1000, 40, -
B. F. Binkley, 80, 1380, 6400, 50, 810
A. M. Binkley, 25, 60, 1500, 15, 250
E. J. Binkley, 90, 410, 4000, 30, 350
M. Binkley, 20, -, 200, -, 30
E. Simpson, 40, 185, 2000, -, 300
M. M. Fetti, 35, 45, 1200, 10, 100
W. W. Fetti, 70, 200, 3000, 60, 400
David Krantz, 10, -, 200, 10, 50
J. L. Fetti, agt, 7, 79, 800, 15, 200
J. B. Fetti, 30, 75, 2600, 50, 600
J. Colman, 20, -, 400, 50, 450
Turner Binkley, -, -, -, -, 3100
Hester Knight, 20, 86, 200, 5, 100
Geo. Reomer, -, -, -, -, 35
H. Reomer, 20, 115, 700, 10, 16
L. Smith, 5, -, -, 5, -
J. Herigees, 25, 45, 1000, 60, 300
E. Reomer, 7, 43, 300, 6, 50
Aaron Bone, 25, 135, 400, 10, 350
Jas. A. Knight, -, -, -, -, 50
S. Reomer, 6, 44, 200, -, 75
Boyd Smith, -, -, -, -, 1200
W. A. Nichol, 35, 165, 2000, 50, 200
John Edging, 10, 68, 300, 10, 40
David Mosier, 25, 75, 400, 10, 150
B. H. Newman, 25, 135, 600, 10, 75
Emily Edging, -, -, -, -, 40
Jas. D. Walker, -, -, -, 15, 30
B. H. Binkley, -, -, -, 10, 150
Esqr. Jones, -, -, -, -, 30
E. L. Darrow, 10, 200, 1000, 150, 750
J. D. Darrow, -, -, -, 5, 155

L. B. Darrow, -, -, -, -, 25
Jas. W. Darrow, 22, 75, 500, 15, 200
N. M. Binkley, 16, 45, 600, 15, 125
J. R. Binkley, 16, 45, 600, 10, 30
Wm. E. Fetti, 70, 118, 1700, 15, 400
Wm. Reddiker, -, -, -, 15, 340
Wm. Farmer, -, -, -, 10, 20
G. W. Fetti, 35, 35, 700, 15, 150
R. C. Williams, -, -, -, 8, 100
H. Dowlin, 150, 450, 8000, 200, 1000
W. Dowlin, 60, 49, 1090, 25, 300
Sarah Dowlin, 35, 8, 400, 10, 60
R. R. Fetti, 45, 25, 850, 100, 400
Henry Fetti, 40, 61, 1000, 15, 350
G. W. Hunt, 30, 40, 1000, 10, 310
L. L. Williams, 50, 107, 1500, -, -
J. W. Hunt, 110, 150, 3000, 100, 1200
B. L. Williams, 100, 85, 2100, 50, 350
Thos. Perry, 30, 93, 1840, 15, 500
A. L. Fortune (Fortimo), 35, 58, 1116, 30, 400
C. A. Hudgons, 20, -, 30, 10, 400
H. Hudgons, -, -, -, 20, 100
M. V. Dowlin, 32, 98, 1380, 15, 350
J. B. Simmons, 15, -, 300, 10, 150
H. Dowlin, -, -, -, 15, 200
Wm. Dowlin, -, -, -, -, 250
M. R. Hooper, 280, 340, 17200, 700, 1800
J. D. Dismukes, 115, 100, 2700, 100, 600
Alex Rose, 50, 200, 2500, 25, 300
Geo. Binkley, 30, 20, 1200, 15, 400
H. Binkley, 50, 110, 1000, 50, 450
Jas. W. Harris, 40, 40, 700, 50, 350
Saml. Watson, 80, 1100, 12000, 200, 1800
A. V. Carney, 60, 247, 10000, 150, 600
R. F. Patton, -, -, -, -, 175
Danl. Mosier, 40, 63, 800, 15, 100
E. Sullivan, 75, 158, 1750, 40, 900
Jno. L. Harris, 50, 52, 1200, 75, 600
Jno. P. Sinsing, 25, -, 250, 10, 250
W. L. Hudgons, 30, 65, 700, 10, 200
Martha Hudgons, 100, 100, 1250, 50, 600
Thos. C. Bryan, 35, 240, 3000, 175, 550
John D. Feasly (Fasby), 60, 62, 1000, 25, 500
Danl. Hudgons, 30, 140, 800, 10, 180
J. F. Underwood, -, -, -, 10, 200
H. Cochran, 25, 61, 300, 10, 210
B. B. Hudgons, 25, -, 200, 10, 150
C. Harris, 50, 138, 2000, 10, 300
Elias Harris, 35, 165, 2000, 15, 600
S. P. Knox, 35, 169, 1000, 5, 300
Eli Harris, 65, 25, 2000, 150, 500
E. Simmons, 60, 75, 600, 15, 400
H. Harris, 10, 140, 800, 10, 350
A. McCormac, 20, 55, 600, 10, -
R. H. Redding, 120, 250, 6000, 130, 755
Alex Lowe, 250, 1700, 19000, 100, -
J. R. Binkley, 50, -, 1000, 10, 300
Thos. W. Harris, 300, 387, 7000, 75, 900
M. Hunt, 50, 250, 3000, 10, 500
L. Binkley, 100, 200, 2000, 30, 700
W. E. Gower, 80, 40, 1000, 20, 700
Wm. T. Sterry, -, -, -, -, 15
Wm. Hudgons, 120, 48, 520, 20, 350
Thos. Miles, 80, 60, 1000, 20, 350
John Shivers, 60, 24, 900, 12, 500
Jas. W. Walker, -, -, -, -, 100
Jerry Shearon, 70, 66, 1000, 10, 350
G. W. Maxey, 40, 60, 1000, 10, 300
Martha Shepherd, 30, 45, 750, 10, 100
Jas. W. Walker, 50, 150, 1000, 50, 450
John H. Harper, 85, 45, 1000, 50, 400
C. F. Herron, 24, 45, 1200, 10, 350
Jo. (To.) McCormick, 60, 40, 1000, 30, 600

E. H. Hunt, 250, 363, 10000, 30, 1250
L. Williams, 100, 636, 4000, 100, 300
Geo. Bell, 130, 1000, 5250, 10, 300
Willis Hyde, 250, 300, 4000, 100, 950
Robe. Moore, 75, 39, 1300, 50, 400
Jas. Moore, 50, 46, 1000, 50, 600
B. W. Bradley, 100, 600, 4500, 100, 475
D. H. Woodson, 150, 390, 5400, 75, 1000
A. H. Williams, 500, 660, 23200, 250, 2000
M. P. Frey, -, -, -, -, 200
W. Gatewood, 240, 240, 5000, 15, 1000
S. Walker, 25, -, 250, 10, 600
Sarah Johnson, 25, 25, 250, 5, 100
John Shepherd, -, -, -, -, 150
Jacob Saxon, -, -, -, -, 35
J. F. Hudgons, 30, 39, 1000, 15, 300
Jas. Derham, 20, -, 400, 8, 100
L. Fox, 80, 147, 2000, 30, 500
T. Watson, 35, 75, 1000, 25, 200
Henry Hunter, 100, 50, 2000, 75, 600
Jerry Carney, 100, 1000, 4000, 200, 1000
G. Nicholson, 125, 50, 1900, 125, 1200
S. Harris, 50, -, 300, -, -
E. P. Morris, 80, 303, 1698, 200, 600
John Stark (Stack), 20, 18, 200, 15, 300
S. H. Bracy, 40, 60, 1500, 50, 500
Z. Owen, 40, 68, 756, 50, 1000
L. G. Innman, 45, 115, 1600, 50, 500
W. C. Nichols, 60, 112, 2500, 50, 500
R. Pennington, 150, 400, 6000, 50, 1000
J. E. Turner, 125, 151, 5520, 200, 890
Mary Bryan, 50, 90, 2860, 30, 400
W. Bryan, -, -, -, -, 150
Jas Rawson, 75, 75, 2000, 75, 800
J. D. Vanhook, 20, 30, 800, -, -
J. J. Wilson, 150, 150, 2400, 100, 1500
W. B. Link, 150, 100, 3400, 100, 150
Sarah Shaw, 130, 195, 3300, 100, 600
J. W. Shaw, 80, 20, 1200, -, 1500
W. J. Jackson, 100, 100, 1200, 50, 600
N. Harris, 40, 75, 1150, 10, 350
G. W. Shaw, 35, 55, 1800, 50, 500
H. Harris, 50, 100, 12000, 20, 650
E. Barford, 40, 90, 910, 15, 350
Jo. Ally, 25, 100, 900, 15, 400
G. W. Barford, 35, 165, 1000, 10, 350
M. Reony, 100, 230, 4000, 25, 800
W. H. Pace, 50, 90, 1400, 15, 500
A. D. Cage, 300, 340, 10000, 300, 1700
Benj. Elliot, 300, 600, 6000, 150, 1500
H. Peeks (Reeks), 75, 176, 1700, 30, 800
F. Pennington, 140, 163, 4545, 30, 1000
R. T. Williams, 100, 130, 5000, 150, 800
E. Bobo, 150, 50, 1500, 20, 800
Rachael Bobo, 100, 25, 2500, 15, 150
M. Page, 20, -, 200, 10, 350
J. D. Tucker, 60, 180, 2800, 50, 1000
L. Gray, 50, 89, 600, 10, 150
W. H. Walker, -, -, -, 8, 225
E. Weakley, 20, 75, 800, 10, 150
T. B. Walton, 100, 140, 2000, 100, 1000
S. McGee, 50, 183, 1631, 50, 500
E. Stack, 80, 130, 1378, 10, 250
G. Stack (Stark), -, -, -, -, 150
U. S. Stack, 10, 61, 710, 10, 500
J. F. Stack, 5, 35, 400, 15, 150
W. W. Frey, 35, 125, 1000, 15, 175

John Basford, 40, 146, 1200, 10, 400
B. F. Basford, -, -, -, -, 150
T. J. Basford, 20, 180, 1200, 10, 300
J. J. Shearon, 35, 55, 1200, 10, 350
D. H. Fetti, 125, 165, 2500, 20, 800
Jas. Hunter, 100, 80, 1800, 30, 500
M. G. Murphey, 60, 23, 100, 10, 250
W. J. Gossett, 40, 40, 1000, 15, 500
A. L. Vanhook, -, -, -, -, 120
R. H. Knox, 50, 43, 500, 10, 175
D. G. Allen, -, -, -, -, 125
N. Morris, 80, 263, 2600, 200, 800
Wm. H. Morris, 16, 184, 1200, 15, 150
J. W. Pace, 70, 100, 1200, 100, 600
Martha Pace, -, -, -, 10, 300
J. W. Teesley, 75, 39, 1500, 10, 500
J. A. Clifton, -, -, -, -, 400
M. H. Pace, 40, 60, 700, 10, 300
L. Nicholson, 75, 195, 2000, 15, 600
D. H. Nicholson, 75, 188, 1890, 40, 1000
C. Hudgons agt., 70, 85, 1500, 10, 250
H. Nicholson, 60, 130, 1300, 20, 300
G. W. Maxey, 50, 50, 1200, 15, 235
To. Shearon, 60, 75, 1000, 50, 500
B. H. Shearon, 100, 50, 1000, 10, 900
J. W. Shearon, 70, 70, 1080, 30, 400
B. F. Walker, 70, 30, 800, 25, 400
C. Walker, 120, 40, 1000, 15, 400
J. Shearon, 100, 50, 2000, 15, 500
E. W. Flintopp, 50, 277, 6000, 50, 600
W. H. H. Gant, 100, 200, 5000, 20, 500
J. D. Wall, 40, 133, 3000, 25, 450
C. F. Steward, 60, 190, 2000, 15, 500
Wm. Smith, 30, 121, 3030, 15, 300
M. R. Steward, 60, 220, 4200, 20, 500
J. Eatherby, 75, 150, 3000, 50, 700
John Steward, 25, -, 250, 15, 300
G. W. McCarley, 20, -, 200, 8, 825

A. Edwards, 125, 128, 2983, 30, 1000
R. Maxey, 80, 130, 2300, 50, 550
D. L. Steward, 40, 25, 600, 30, 500
M. Steward, 35, 29, 590, 5, 150
J. L. Edwards, 60, 40, 1000, 30, 300
Henry Maxey, 75, 82, 1000, 20, 600
W. Wall, 70, 80, 1500, 30, 300
Thos. Walker, 50, 50, 600, 15, 250
Jas. H. Pace, 20, 15, 400, 15, 300
J. D. Nicholson, 60, 112, 1400, 30, 400
Benj. Smith, 80, 120, 2000, 20, 400
David Sanders, 30, 15, 400, 10, 250
Jno. Sanders, 45, 30, 525, 15, 150
M. J. Sanders, -, -, -, -, 30
A. J. Sanders, -, -, -, -, 100
H. W. Sanders, 16, 38, 540, 15, 350
G. W. Edwards, 25, -, 250, 10, 300
S. Sanders, 75, 100, 1750, 20, 400
J. M. Gent (Gant), 80, 100, 2500, 30, 600
Joel Krantz, 40, 34, 800, 30, 550
Wm. C. Sanders, 65, 63, 1480, 40, 650
A. J. Teasley, 185, 80, 2500, 75, 1500
J. W. Owen, 50, 50, 800, 10, 100
Jas. Hudgons, 50, 10, 300, 8, 50
Mary Hudgons, 30, 5, 300, 5, 75
E. Reed, 75, 125, 600, 10, 250
E. G. Hudgons, 275, 862, 11370, 50, 1200
E. Hudgons, -, -, -, -, 100
Wm. H. Steuart, 200, 100, 3000, 100, 1200
B. J. Barns, -, -, -, -, 325
L. J. Perdew, 800, 2700, 35000, 200, 6000
Thos. Bell, 20, 300, 4000, 50, 800
Z. Shearon, 300, 200, 5000, 250, 1600
S. Shearon, 30, -, 300, 10, 510
H. J. Shaw, 50, 235, 200, 6, -
W. W. Williams, 30, -, 300, 25, 400
D. G. Teasley, 23, -, 300, 10, 500

F. M. Teasley, 30, 82, 1120, 50, 600
Thos. Bell, 30, -, 300, 75, 700
Mary Teasley (Fasby), 170, 200, 3000, 50, 550
Jas. Pool, -, -, -, -, 200
T. H. Traylor, 40, 25, 600, 10, 200
W. H. Pace, 70, 153, 1700, 100, 800
T. J. Weakley, 75, 110, 3555, 25, 1500
J. C. Perdew agt., 170, 407, 5700, 100, 600
B. F. Batts, 25, -, 250, 20, 300
John Batts, 20, -, 200, 10, 150
M. Hunter, 50, 60, 1250, 50, 600
J. W. Perdew, 50, -, 500, 100, 650
A. Hunter, 78, 40, 1130, 130, 1300
M. V. B. Walker, 270, 300, 5700, 150, 1200
E. Walker, 100, 100, 2000, 125, 500
M. Woodson, 50, 25, 750, 10, 250
U. Murfe, 75, 75, 1500, 50, 650
Jas. Malony, 200, 250, 8000, 215, 1700
R. J. Malony, 175, 235, 4500, 75, 1584
M. G. Turner, 150, 185, 6700, 75, 600
Thos. Bathorp, 50, 90, 2500, 100, 500
G. W. Murphy, 30, 35, 800, 25, 100
H. W. Turner, 40, 50, 1600, 25, 700
T. W. Hunter, 30, 40, 1000, 20, 600
T. Bigges, 40, -, 400, 10, 800
S. S. Walker, 40, 20, 1200, 25, 400
S. Jarnett, 15, 15, 400, 10, 150
Wm. Derham, 10, 22, 700, 50, 275
A. Hunter, 15, -, 150, 10, 250
J. O. Hunter, 20, -, 200, 15, 300
A. Jones, 30, -, 300, 10, 400
C. Gupton, 30, -, 300, 5, 500
J. D. Nicholson, 110, 400, 7725, 120, 700
J. Gupton, 15, 45, 900, 100, 175
David Counsel, 50, 43, 1300, 200, 1100
R. Morgan, 30, 52, 800, 40, 500
J. H. Gupton, 30, -, 700, 10, 100
R. T. Gupton, 100, 50, 2000, 100, 2000
E. N. Gupton, 100, 150, 1500, 75, 500
P. Lankford, 150, 150, 3000, 75, 600
W. C. Pinson, 90, 125, 2000, 150, 1500
E. B. Moseley, 50, 50, 1500, 50, 800
G. W. Garrison, 30, -, 600, 10, 400
J. S. Major, 420, 1550, 15400, 500, 3000
J. H. Major, 100, 53, 2295, 25, 500
R. D. Moseley, 30, 70, 1200, 15, 650
J. Stroud, 25, -, 300, 5, 400
R. H. Fetti, 20, -, 200, 15, 50
R. McCormack, 25, -, 300, 10, 200
J. H. Adkins, 35, 52, 1200, 75, 305
Jno. M. Hollis, 20, -, 200, 10, 200
Jas. Frazier, 65, 170, 5000, 100, 500
L. Frazier, 55, 55, 1350, 75, 700
J. Frazier, 75, 87, 1700, 40, 1000
John Perdew, 100, 515, 5700, 150, 1500
W. H. Miles, 25, -, 200, 10, 300
J. L. Perdew, -, -, -, 15, 200
R. E. Steward, 75, 55, 1300, 50, 1000
Jas. Steward, 60, 64, 1200, 20, 550
Wm. D. Edwards, 75, 300, 3000, 50, 300
M. Smith, 50, 200, 2500, 20, 100
T. J. Miles, 20, -, 300, 12, 40
J. C. Weakley, 100, 279, 2700, 200, 1100
J. H. Williams, 600, 1313, 50000, 500, 4780
T. N. Williams, 20, -, 300, 10, 175
J. Farmbrough, 26, 125, 1500, 30, 500
N. Edwards, 50, 30, 500, 10, 160
N. Edwards, 60, 91, 1500, 50, 800
J. W. Gupton, 25, -, 300, 35, 700
S. Smith, 40, 78, 2000, 40, 250
Wm. Clifton, 50, 139, 1840, 100, 600

W. H. Plaster, 35, 65, 600, 10, 740
T. Plaster, 50, 50, 800, 60, 620
N. Harris, 650, 50, 1000, 40, 500
James Jones, 50, 51, 700, 25, 300
Thos. Gupton, 30, 13, 258, 15, 300
Wm. Weakley, 60, 300, 3600, 40, 1000
G. A. Nicholson, 150, 225, 3500, 40, 1000
T. C. Mosley, 25, -, 300, 15, 200
D. C. Blanks, 60, 83, 1350, 50, 500
S. Bobet, -, -, -, 15, 100
Jas. Bobet, 20, 40, 600, 10, 200
R. Jones, 22, -, 300, 50, 500
W. H. Miles, 20, -, 200, 10, 150
E. Evans, 35, 45, 1000, 50, 500
L. Watt, 10, 30, 400, 10, 40
G. W. Garret, 40, 110, 3300, 70, 500
L. Barton et. al., 200, 400, 3000, 500, 2000
J. J. Chamblis, 45, 65, 1200, 50, 700
A. Beardon, 11, 7, 250, 10, 250
John B. Kane, 20, 30, 500, 30, 300
B. H. Frazier, -, -, -, -, 200
H. Frazier, 70, 130, 2000, 30, 400
W. J. Nicholson, 100, 150, 3000, 100, 900
C. Gupton, 75, 163, 2000, 100, 1500
Mary Johnson, 10, 10, 200, 10, 500
Nancy Knox, 75, 175, 1500, 30, 600
C. Jones, 20, 25, 500, 10, 300
J. W. Hunt, 25, -, 300, 10, 240
R. H. Weakley, 40, 29, 900, 150, 300
M. Roberts, 100, 40, 1200, 50, 1200
A. S. Williams, 60, 160, 2200, 147, 585
Jas. Moore, -, -, -, -, 50
Wm. R. Wyat, -, -, -, -, 120
S. C. Batson, 130, 284, 4114, 20, 760
T. H. Batson, -, -, -, -, 60
Jas. Swift, -, -, -, -, 50
S. C. Harris, 100, 189, 4500, 75, 312
A. Collins, 50, 175, 4000, 100, 800
N. P. Hagwood, 200, 569, 50, 200, 1200

John Collins, 50, 56, 1200, 10, 250
H. Hagwood, 50, -, 500, 15, 350
H. Groves, 25, -, 300, 10, 200
Polly Anderson, -, -, -, 10, 200
Wm. Hagwood, 20, -, 200, 5, 200
John Hagwood, -, -, -, 10, 150
Jas. Mayberry, 30, 100, 1000, 10, 250
Jerry Hagwood, 20, -, 300, 10, 900
E. Davis, -, -, -, -, 100
David Jones, 30, 466, 3928, 50, 100
L. D. Pack(Park), 50, 150, 2700, 65, 500
S. Morris, 6, 194, 1200, 15, 250
Gardner Green, 50, 167, 2000, 75, 1000
John Henry, 20, -, 300, 50, 500
A. Smith, 25, 35, 1200, 50, 550
Wm. H. Oliver, 35, 76, 2775, 50, 300
R. B. Gibbs, 30, 390, 9140, 30, -
B. H. Gibbs, 45, 193, 6954, 100, 200
G. W. Miles, 20, -, 300, 20, 300
John Parr, 20, -, 200, 15, 75
C. Miles, 35, 715, 4500, 25, 400
E. F. Miles, 20, -, 200, 10, 200
V. W. Hale, 40, 760, 2000, 50, 1000
M. Hale, 20, -, 300, 10, 250
S. Elliot, 15, -, 200, 20, 200
L. W. Lovett, 15, -, 200, 12, 300
S. Lee, 20, -, 300, 40, 300
Wm. Shearon, 100, 753, 5500, 150, 900
Thos. J. Crouch, 125, 650, 7700, 300, 1000
S. L. Hooper, 15, -, 200, 35, 450
W. G. Shelton, 105, 575, 9800, 100, 1775
W. F. Hooper, 20, -, 300, -, 140
S. S. Knight, 15, -, 200, 25, 500
J. N. Dozier agt., 19, 161, 4000, 10, 400
A. P. Dozier, 50, -, 1000, 90, 940
P. Allen, 15, 200, 1000, 10, 150
G. W. Allen, 15, -, 300, 40, 317
E. Allen, 25, 100, 900, 50, 690
Jas. R. Allen, 61, 104, 2000, 50, 575

Enoch Dozier, 160, 720, 8700, 100, 1850
L. D. Story, 20, -, 300, 10, 150
D. H. Lovel, 30, 120, 800, 15, 500
Jerry Hooper, 40, 173, 1000, 30, 673
John Cox agt., 50, 159, 1000, 15, -
C. G. Lovel, 85, 340, 2800, 50, 815
N. W. Dozier agt., 30, 45, 600, 100, 400
A. J. Work, 35, 65, 1200, 15, 600
N. S. Davis, 29, 83, 1300, 15, 400
S. _. D. Garland, 15, -, 200, 10, 300
G. W. Russell, 20, 170, 1100, 15, 250
F. E. P.(F. & P.)Herald, 70, 210, 2500, 40, 400
B. Cox, 50, 110, 2000, 25, 700
R. Stevens, 30, 130, 1400, 15, 400
N. Jordan, 75, 450, 2500, 25, 650
J. R. Brackman, -, -, -, -, 60
C. M. Nichol, 30, 470, 4500, 50, 300
Jas. Owen, 20, 4980, 10000, 15, 100
A. H. Riggan, 30, 120, 800, 50, 460
J. H. Riggan, 15, 130, 800, 10, 400
G. E. Dozier, 80, 394, 2370, 75, 800
Wm. T. Hooper, 40, 160, 1000, 20, 400
D. C. Hooper, 20, -, 300, 10, 200
John Hooper, 50, 450, 1500, 35, 770
G. F. Cullom, 20, -, 300, 15, 400
N. A. Dozier, 40, 460, 2000, 15, 200
A. Work, 15, -, 200, 25, 200
T. Y. Hale agt., 5, 35, 2000, 5, 60
J. M. Jordan, 80, 460, 3700, 50, 1510
H. Story agt., 60, 525, 1800, 15, 50
G. H. Gower, 60, 120, 5700, 15, 330
N. B. Lovell, 20, -, 300, 15, 800
E. S. Read agt., 25, 305, 2000, 30, 400
Thos. C. Hale, 20, 128, 1000, 30, 750
P. Brown, -, -, -, 10, 250
Jo. Brown, -, -, -, 25, 150
S. D. Hale, 15, -, 500, 10, 100
E. L. Hooper, 25, 75, 1000, 15, 400
D.C. Jones, 35, 150, 600, 25, 200

W. Jordan, 75, 829, 1500, 50, 1520
Wm. Brunnet, 10, 50, 500, 50, 250
Wm. Brown agt., 15, 115, 300, 50, 560
Jas. Curfman, 37, 23, 1000, 150, 650
H. F. Stringfellow, 20, -, 300, 15, 200
John Curfman, 40, 60, 1500, 15, 440
R. Drake, 30, 60, 1050, 50, 400
Wm. Russell, 30, 93, 1500, 130, 360
C. G. Lovel agt., 20, 100, 1000, 15, 150
M. Harris, 60, 200, 3300, 200, 1200
R. J. Stringfellow, 140, 215, 4200, 50, 1000
Jo. Harris, 80, 50, 5800, 100, 1690
J. M. Brown, 20, 56, 800, 30, 350
R. M. Crumpler, 40, 110, 1500, 30, 350
W. F. Speight, 25, -, 300, 10, 150
Jno. Howell, 20, -, 200, 10, 30
L. A. Sears, 70, 105, 4375, 100, 1420
E. Pack, 55, 90, 3000, 30, 444
N. Benningfield, 20, 30, 250, 10, 80
A. W. Turner, 25, -, 300, 50, 250
L. J. Pack, 40, 110, 1800, 15, 300
E. D. Bell, 1475, 8500, 89700, 100, 6400
J. Dillingham, 25, -, 300, 60, 250
J. B. Parkerson agt., 100, 455, 11500, 30, 650
Wm. Dillingham, 45, -, 500, 10, 125
Wm. H. Scott, 54, 293, 2000, 25, 1500
Thos. Scott agt., 50, 93, 1400, 50, 1000
F. G. Dagby (Dayly), 25, -, 300, 10, 150
Jno. Porch agt., 50, 229, 3000, 75, 550
Saml. W. Adkinson, 175, 500, 5000, 150, 1000
P. Andrews, 5, 95, 200, 10, 150
B. C. Anderson, 20, 105, 500, 80, 150
S. Puckett, 24, 836, 1750, 10, 150

Wm. J. Carter, 380, 500, 22000, 250, 4425
T. Osbern, 200, 100, 9000, 100, 1200
D. H. Walton, 20, -, 300, 30, 75
M. Ursary, 100, 600, 7000, 250, 1090
E. S. Exom agt., 50, 50, 2000, 10, 350
J. N. Dunn, 30, -, 500, 50, 650
G. A. Russell, -, -, -, -, 150
Wm. F. Ursary, 50, -, 400, 10, 450
J. L. Specer, 40, -, 600, 10, 175
T. J. Riggan agt., 15, 85, 500, 25, 400
E. Sills, 20, -, 300, 10, 175
M. Jones, 25, 80, 1200, 100, 400
Benj. Woodward, 180, 290, 2500, 250, 799
B. Fulgham, -, -, -, -, 375
Wm. Newsom, 80, 295, 4700, 30, 769
V. Hutton, 200, 550, 6000, 200, 1072
J. F. Frazier, 30, 120, 1600, 100, 540
Jno. H. Barclift, 75, 225, 3000, 50, 550
Jno. H. Hutton agt., 50, 100, 1500, 15, 500
Jo. Kellum, 110, 137, 5000, 75, 1367
S. A. Thompson, 100, 100, 3400, 300, 1500
E. Tullis, 100, 250, 300, 50, 1120
H. Cooper, 80, 500, 4700, 50, 615
Wm. Yates, 20, -, 300, 15, 250
H. Kellum, 70, 90, 3000, 50, 1000
H. L. Clark, 25, 75, 1500, 10, 550
R. Pegram. 300, 450, 7400, 200, 2000
Jno. P. Pegram, 300, 500, 8000, 250, 2000
S. N. Hannah, 25, 42, 1800, 40, 300
M. Hannah, -, -, -, -, 150
G. W. Hannah, 21, 24, 1200, 12, 400
G. F. Napier, 90, 137, 2000, 50, 500
B. F. Hannah, 100, 100, 6000, 160, 1510
J. Mays, 200, 100, 7500, 100, 1030

Wm. Green, 150, 150, 4000, 15, 660
S. Burnett, 130, 185, 3500, 100, 710
Wm. W. Hutton, 75, 140, 1000, 25, 300
Wm. Whitfield agt., 40, 62, 1000, 25, 515
H. P. Thompson, 25, -, 500, 10, 200
John A. Clark, 20, 61, 500, 10, 300
Jas. M. Dunn, 150, 325, 7000, 150, 1320
W. Thompson, 100, 670, 7400, 200, 1050
Jas. Baker, 100, 305, 8100, 200, 754
Jno. L. Baker, 30, -, 600, 50, 600
W. B. Smith, 34, 45, 3350, 125, 700
S. H. Dunn, 20, 100, 2500, 15, 400
Thos. M. Dunn, 75, 43, 2500, 50, 540
Wm. Yeatman agt., -, -, -, -, 250
T. Bartclift, -, -, -, -, 150
Susan Young, -, -, -, -, 50
Jas. M. Thompson, 10, 72, 2000, 40, 700
A. J. Thompson agt., 75, 2925, 6000, 10, 300
Wm. Deal, 65, 75, 400, 125, 500
Wm. Bigger (Bigges), -, -, -, -, 150
Thos. Perdew, 40, 135, 500, 65, 500
A. J. Naul, 30, 120, 500, 65, 500
Jo. Greer, 45, 155, 800, 30, 700
S. Robertson, 6, 19, 100, 10, 200
A. Mulloy, 16, 9, 150, 10, 150
Wm. Jones, 30, 30, 400, 50, 775
J. J. Henry, 100, 329, 4000, 100, 530
Wm. D. Henry, 40, 185, 1000, 40, 470
S. Feroby, 60, 999, 10000, 50, 567
M. Hodges, 40, 207, 2500, 10, 240
W. T. Greer, 15, -, 200, 10, 300
J. Jones, 45, 900, 800, 30, 800
L. Smith, 50, 850, 1000, 50, 1000
C. Shubert, 25, 75, 1000, 15, 500
Jas. M. Tally (Tully), 25, 30, 150, 10, 75
J. Canada, 12, 38, 100, 10, 150
Jno. Ivy, 10, 90, 200, 10, 300

J. L. Smith, 35, 450, 500, 10, 500
G. F. Gillam, 80, 400, 1920, 125, 400
R. L. Berry, 130, 190, 5000, 100, 1610
J. F. Mays, 150, 500, 5000, 300, 1715
T. W. Whitfield, 30, -, 300, 30, 400
Wm. M. Alexander, 60, 125, 2000, 50, 500
A. Knight, 107, 1093, 10000, 50, 1200
Thos. Haley agt, 200, 670, 9700, 30, 600
E. Holstead, 25, -, 500, 15, 300
W. T. Jones, 25, -, 500, 50, 300
A. Herrin, 25, 425, 2000, 50, 600
Mary Thornton, 60, 200, 1700, 100, 800
Mary Hatcher, 30, 70, 400, 40, 700
Jno. M. Thornton, 20, -, 300, 12, 350
John Dill, 45, 195, 1500, 10, 500
B. F. Smith, 18, 80, 800, 10, 155
Mary Phereby, 75, -, 750, 10, 200
R. T. Gupton agt., 900, 2025, 75000, 500, 3000

Claiborne County Tennessee
1860 Agricultural Census

The Agricultural Census for Tennessee for 1860 was microfilmed by the University of North Carolina Library under a grant from the National Science Foundation and filmed from original records held at Duke University Library, Durham North Carolina.

There are some forty-eight columns of information on each individual. Only the head of household is addressed. I have chosen to use only six columns of the information because I feel that this information best illustrates the wealth of the individuals. These are shown below:

1. Name of Owner
2. Acres of Improved Land
3. Acres of Unimproved Land
4. Cash Value of the Farm
5. Value of Farm Implements and Machinery
13. Value of Livestock

Thus, the numbers following the names represent columns 2, 3, 4, 5, 13.

The following symbol is used to maintain spacing where information in a column is left blank (-). This symbol is used where letters, names or numbers are not legible (_).

John Q. Adams, -, -, -, 5, 75
John Huddleston, 16, 100, 200, 10, 225
Adam Snaveley, 25, 257, 500, 5, 105
John Thomas, 30, 206, 300, 60, 398
James A. Thomas, 20, 80, 100, 5, 115
John Marlow, 50, 200, 700, 10, 415
William Thomas, 15, -, -, 5, 85
Allen Parrott, 40, 40, 450, 5, 115
Henry Beech, 40, 120, 450, 5, 255
Howard Bowman, 70, 1030, 2000, 65, 750
Jane McKenney, 15, 185, 200, 5, 125
Mary Bowman, 70, 230, 1300, 50, 610
George W. Miller, 50, 150, 450, 20, 260
Harvey King, 40, 180, 500, 15, 865

Daniel Pennington, 25, 130, 300, 5, 210
Royal Pennington, 18, 82, 200, 5, 140
Joseph Marlow, 30, 270, 1000, 10, 220
James Teague, 90, 1000, 1600, 75, 865
Allen Marlow, 15, 135, 200, 5, 45
Emanuel Marlow, 10, -, -, 5, 50
John Marlow, 15, 35, 200,5 ,40
Raney Buchanan, 30, 320, 700, 25, 470
John Green, 15, -, -, 5, 145
Judith Hyslop, 35, 265, 500, 10, 350
Reuben Parrott, 80, 180, 1250, 110, 450
James Buchanan, 35, 265, 500, 5, -
F. A. Mingee, 10, 100, 100, 45, 40
Dant Hamblin, 35, 215, 300, 5, 355

William Teague, 115, 900, 2000, 60, 500
Joshua Teague, 20, 80, 200, 15, 310
Chadwell Marsee (Marsed), 20, 80, 300, 10, 125
Jacob Sowder, 75, 150, 600, 15, 285
Levi Harp, 60, 390, 1000, 50, 615
Richard Davis, 30, 700, 500, 35, 210
William Wells, 12, 28, 100, 5, 370
Jessie Harp, 2, 150, 125, 5, 195
Robert H. Hall, -, -, -, -, 35
David Huddleston, 30, 200, 350, 10, 220
Henry Thomas, 10, 260, 270, 5, 65
Jacob Cress, 25, 275, 600, 10, 255
James Bostick, 30, 270, 400, 25, 70
Raney Hamblin, 30, 270, 200, 15, 300
Anderson Parrott, 20, 55, 300, 60, 90
Valentine Bostick, 8, 32, 100, 5, 115
Edmun Murry, 15, 35, 150, 5, 105
Calvin Fagne (Fague), 12, 188, 200, 15, 40
Andrew King, 25, 175, 200, 20, 115
Vinson Wilson, 20, 290, 310, 10, 95
Soleman King, 15, 60, 150, 5, 75
Isaac Lewis, 5, 30, 75, 5, 35
Alvin King, 10, 15, 50, 5, 55
Hiram Cross, 5, 800, 300, 10, 25
James King, 50, 450, 700, 10, 125
John Ashburn, 20, 130, 300, 10, 75
Readfi__ Parrott, 25, 75, 400, 10, 310
Samuel Thomas, 15, 135, 150, 5, 40
James C. Taylor, 45, 565, 800, 10, 130
John N. Taylor, 10, 40, 200, 5, 50
James Johnston, 20, 55, 375, 15, 345
James Parrott (Parratt), 5, 45, 50, 5, 120
Elisha Bowman, 80, 380, 1200, 20, 340
Jackson Huddleston, -, -, -, -, 21
Fidele Huddleston, -, -, -, -, 30
Adison Bowman, 50, 500, 800, 40, 945

John Leach, 25, 100, 250, 15, 152
Charles Sawyers, 50, 150, 600, 15, 235
Carey Moyers, 15, 85, 150, 10, 30
William Moyers Jr., 20, 100, 200, 5, 101
Marien Moyers, 20, 110, 200, 5, 271
William Moyers, 80, 100, 2500, 30, 427
James P. Crank, 4, -, 400, 75, 205
Washington Petree, 50, 75, 1000, 15, 300
Fountain Norton, -, -, -, 10, 98
Soleman Hopper, 90, 130, 2000,2 5, 533
Madison Dunn, 40, 50, 600, 20, 501
John F. Cain, 150, 150, 3000, 100, 644
Minnatra Jones, 180, 200, 3000, 75, 380
Thomas Dunn, 80, 70, 1500, 85, 755
Benjamin Dunn, 30, 30, 500, 10,1 85
George Hopper, -, 100, 300, -, -
William Leach, 6, 44, 300, 10, 205
Joseph Housman, -, -, -, 5, 55
William Kivet, -, -, -, -, 30
William Fletcher, 100, 400, 2200, 100, 500
Smith Collison, -, -, -, 10, 140
Elizabeth Johnson, 40, 140, 550, 5, 64
Richmond Kivet, -, -, -, 5, 113
Riley H. Lynch, -, -, -, 25, 308
J. B. Lynch, -, -, -, 15, 313
Susan Lynch, 100, 150, 1200, 45, 218
William L. Smith, 30, 20, 500, 10, 124
Malinda Lynch, -, -, -, 5, 120
Joseph Burket, -, -, -, 5, 125
Jesse Cain, 100, 100, 2000, -, 65
John S. Cain, -, -, -, 45, 244
Robert Ellison, 100, 100, 1200, 40, 605
George W. Ellison, 18, 42, 100, 5, 100

John Berry, -, -, -, 5, 100
Madison Larmar (Larman), -, -, -, 5, 103
Robert Ellison Jr., 20, -, 200, 5, 150
Samuel Broughman, 50, 150, 755, 5, 173
John Bratcher, 100, 150, 500, 10, 187
Jacob Bolinger, 60, 140, 1500, 25, 308
John C. Ausmus, 40, 75, 1000, 50, 545
John Ausmus, -, -, -, 20, 227
Henry Ausmus, 30, 36, 600, 10, 182
Thomas Ausmus, 30, 35, 300, 35, 395
George W. Wilson, 70, 60, 800, 125, 390
Jefferson Hunter, 45, 25, 1000, 100, 981
Elizabeth Beeber, 35, 15, 100, 5, 15
Berry Wright, -, -, -, -, 30
John Hunter, 100, 900, 3000, 50, 390
James Edwards, -, -, -, 5, 258
Andrew I. Warren, 70, 330, 1500, 100, 667
Richard Robinson, 50, 250, 1000, 60, 140
Samuel Jones, 18, 82, 300, 10, 270
Jesse Edds, 15, 5, 100, 5, 73
Isaac Davis, 30, 20, 500, 10, 927
Harmin Davis, 200, 400, 9000, 100, 642
Henry A. Dunn, 40, 35, 800, 190, 575
Wiley Huffaker, 300, 1030, 5100, 160, 1138
Elizabeth Prassin (Rassin), -, -, -, -, 15
John Dunn, 100, 50, 1500, 100, 761
William Beeler, 15, -, 150, 5, 120
Elizabeth Beeler, 50, 50, 300, -, 15
Elizabeth Bowman, 50, 2000, 2000, 5, 105
David S. Cawood, 20, -, 200, 15, 378

Nathaniel D. Cain, 75, 225, 800, 75, 320
Harrison Kincaid, 25, -, 250, -, 450
David F. Rogers, 105, 400, 6000, 250, 1478
Adam Beeler, 85, 85, 2000, 100, 582
Nelson O. Bowman, 55, 25, 800, 10, 225
Joseph Beeler, 30, 20, 500, 20, 365
James Smith, -, -, -, -, 20
David W. Rogers, 70, 400, 2000, 10, 310
William Brock, 10, 170, 500, 5, 70
Thomas Sexton, -, -, -, -, 25
Haggard Rogers, 250, 250, 4500, 200, 1760
Tobias McNew, -, -, -, 5, 135
Henry Maupin, 50, 75, 1500, 75, 528
Anderson Rogers, 100, -, 1000, 50, 590
David Rogers, 75, 75, 2000, 250, 920
Canada Rogers, 75, 75, 1000, 100, 705
Jessee Malone, -, -, -, 75, 210
Delila Monday, 75, 125, 800, 15, 300
S. F. Longmire, 375, 125, 6000, 250, 4425
James McCarty, 60, 240, 800, 40, 486
William Carrell, 30, 170, 200, 10, 185
Joseph Branscome, 30, 270, 1200, 50, 250
Cornelius Braden, 80, 200, 3500, 100, -
George Sharp, 90, 50, 1000, 150, 337
William Rogers, 140, 110, 4000, 570, 1276
James Cawood, 100, 75, 2500, 100, 280
Nelson Bowman, 18, 22, 300, 10, 470
William Maples, -, -, -, -, 160

Fountain Maupin, 100, 20, 2500, 300, 935
William Bowman, 200, 100, 3000, 100, 1212
William McLain, -, -, -, 20, 330
Eliza Scritchfield, -, -, -, -, 30
Wesley W. Leach, 25, -, 150, 5, 170
Thomas A. Smith, -, -, -, -, 105
Sarah McNew, 100, 75, 2000, 100, 375
Albert Williamson, -, -, -, 10, 265
Cornelius Rogers, -, -, -, 10, 105
David Scalf, -, -, -, -, 102
Hiram Ausmus, 100, 100, 1000, 60, 305
Henry Overbay, -, -, -, -, 80
Hiram Ausmus Jr., 20, 10, 300, 10, 205
Isaac Wright, 25, 675, 350, 5, 135
Albert Kivet, -, -, -, -, 55
Jesse Rogers, 275, 1175, 10000, 485, 1400
John Ausmus, -, -, -, -, 101
Benjamin Ausmus, 18, 57, 400, 5, 157
William Brock, -, -, -, -, 30
Cullen Medly, -, -, -, -, 90
Eliza Ellison, 100, 300, 2000, 20, 120
Henry Ellison, 12, 63, 200, 5, 55
Catherine Leach, 30, 20, 400, -, 128
Henry Ellison, -, -, -, -, 75
Richard Sharp, 26, -, -, -, -
James J. Smith, 50, 150, 400, 10, 235
Henry Norton, 50, 50, 400, 10, 305
Enoch Proffit, -, -, -, -, 23
Herod Overbay, -, -, -, -, 40
Jackson Norton, 50, 150, 600, 10, 176
George F. Wright, -, -, -, -, 45
William M. Wright, -, -, -, -, 150
William B. Dunn, 50, 100, 600, 100, 265
William Ellison, -, -, -, -, 97
Marshel L. Odell, 40, 160, 200, 50, 212
John E. White, -, -, -, -, 80
William L. Odell, 50, 150, 300, -, 90
Elizabeth Odell, -, -, -, -, 10
Silas Williams, 50, 450, 1200, 60, 375
Andrew Lynch, -, -, -, -, 410
John Braden, 80, 200, 3500, 75, 433
Alfred Lynch, 100, 100, 2000, 100, 540
William W. Lynch, -, -, -, 70, 82
John C. Lynch, 40, 10, 300, 15, 180
Henry Davis, -, -, -, -, 353
J. M. Vanbebber, 600, 1000, 15000, 600, -
Daniel Drummond, -, -, -, 105, 618
Thomas England, -, -, -, -, 110
William Kincaid, 200, 462, 11000, 150, 1975
Sarah Reed, -, -, -, -, 70
Charles Dunaway, -, -, -, 5, 95
William Turner, -, -, -, -, 165
John L. Collins, -, -, -, -, 55
Marshel Kincaid, 100, 150, 5000, 75, 1346
Joshua Little, 75, 75, 3000, 220, 11595
Joseph Branscome, 130, 63, 2000, 125, 520
Jesse Carr, 150, 125, 4000, 115, 938
William Bruce, 100, 100, 5000, 155, 780
Lafayette Carr, -, -, -, 10, 450
William H. Moyers, 100, 300, 1500, 150, 838
Hezekiah Moyers, -, -, -, 5, 105
Sam Moyers, 30, 70, 300, 50, 125
James Venabile, 50, 150, 1000, 50, 245
Louis J. Trease, 300, 1000, 10000, 500, 2575
William Hodges, 100, 500, 2000, 150, 150
Isham Moyers, 40, 100, 400, 5, 37
William N. Hays, 40, 280, 1000, 40, 437
John Daniel, -, -, -, -, 80

Jackson Day, 20, 10, 100, 5, 130
Anna (Amos) Lams, -, -, -, -, 15
Nelson Hays, -, -, -, 5, 110
James M. Carr, 115, 185, 3000, 100, 740
John Owins, 100, 125, 2000, 175, 573
Cazewell Day, 110, 1030, 2500, 20, 300
James Readmon, -, -, -, -, 95
Hiram Slatten, -, -, -, -, 32
Lassin Briant, 40, 80, 300, 15, 183
Neal Briant, 50, 80, 600, 50, 290
Newtin Moyers, -, -, -, -, 20
Daniel Chumly, -, -, -, 25, 225
Wm. M. Carr, 70, 80, 2000, 35, 460
Robert Wiley, 100, 40, 1800, 50, 645
William Wiley, -, -, -, 10, 200
James Elrod, -, -, -, 5, 60
Amory J. Duncan, -, -, -, 5, 130
James Agee, -, -, -, -, 61
John Freeman, -, -, -, 75, 869
William Freeman, -, -, -, 10, 225
George McCrary, 55, 50, 1200, 15, 568
Peter McCrary, -, -, -, -, 58
Bartley Neil, 160, 240, 7000, 60, 814
Benjamin Maun (Mason), 100, 100, 3000, 20, 622
James England, -, -, -, -, 90
John Trease, -, -, -, 70, 58
Haroy Powell, 6, 194, 350, 15, 54
Robert Yoakum, -, -, -, 15, 563
John Brason, -, -, -, -, 66
Isaac Yoakum, -, -, -, -, 204
Rowlin Denham, -, -, -, -, 15
James Hargroves, -, -, -, 10, 116
William R. Gileson (Gibson), 300, 1400, 8000, 100, 3385
Zachariah Gileson, 200, 1400, 7000, 100, 2120
Hugh Wallis, -, -, -, -, 101
Thomas Wilson, -, -, -, 5, 107
Edw. Critchfield, 30, 50, 1000, 10, 110
John Turner, -, -, -, 5, 100

Joseph Turner, 50, 100, 250, 10, 385
Hugh Willis, -, -, -, 10, 175
Cazewell Redmon, -, -, -, 10, 156
John Lundy, -, -, -, -, 60
Evan Carmack, -, -, -, -, 35
William Sharp, 180, 120, 3000, 125, 765
George W. Powell, 60, 90, 300, 10, 247
Joseph Powell, -, -, -, 5, 135
Mary Moss, 100, 100, 3000, 125, 885
Isaac Sharp, 255, 1745, 18000, 410, 3010
Mitchell Alexander, 200, 300, 5100, 300, 1972
Isaac Thomas, 413, 2000, 17000, 570, 1623
Joseph Thomas, 130, 120, 14000, 130, 820
George W. Sharp, 50, 50, 1000, 50, 592
Parkey Davis, 100, 142, 2000, 100, 167
Thomas Grayson, -, -, -, 5, 55
Franklin Redman, -, -, -, 10, 160
George Yoakum, 200, 400, 5000, 200, 817
Isaac Yoakum, 30, -, 300, 10, 383
Drury Frith, -, -, -, -, 20
Christian Sharp, 300, 6700, 10000, 225, 1690
Thomas Yoakum, 200, 800, 4000, 125, 285
Samuel McBee, 90, 260, 3000, 190, 812
James P. Smith, -, -, -, -, 125
Aaron Yoakum, 200, 300, 5000, 405, 1305
Jas. C. Large, -, -, -, 5, 40
William Carmon, -, -, -, -, 27
Palmer Sulfrage, -, -, -, 5, 25
Marcellus Yoakum, 150, 650, 8000, 300, 1950
Thos. P. Yoakum, 30, -, 300, 10, 313
William McBee Jr., 40, -, 400, 5, 85

William McBee Sr., 130, 335, 4000, 50, 894
Bluford Venable, -, -, -, 10, 228
William Bowling, -, -, -, -, 25
David Smith, -, -, -, -, 160
Joseph White, 300, 200, 8000, 300, 1970
Madison Rogers, 80, 42, 2500, 150, 557
Jas. M. Vanbebber, 130, 471, 5200, 150, 538
Thomas Collins, -, -, -, -, 15
Sarah Sulfrage, 105, 1800, 1000, 10, 510
John Kincaid, 270, 230, 15000, 250, 3735
Richard Wagoner, -, -, -, 10, 120
Alexander Pearce, -, -, -, 10, 89
William P. Moss, 200, 520, 6000, 130, 1635
Montgomery Robinson, -, -, -, 5, 143
Green B. Smith, -, -, -, 85, 270
John Jas. Wiley, 75, 300, 1500, 20, 460
Madison Sharp, 100, 300, 3000, 50, 925
William Sparks, -, -, -, 15, 275
Thomas Sparks, -, -, -, -, 52
John England, -, -, -, 5, 40
Archibald Snalsett, -, -, -, -, -
John G. Newlee, 60, 940, 20000, 150, 1215
John Wright, -, -, -, 5, 93
Charles Wright, -, -, -, 3, 8
Elizabeth Townsen, -, -, -, -, 40
Peley Rigsby, -, -, -, 10, 130
Rial Ramsey, -, -, -, 5, 113
William H. Carrell, -, -, -, 10, 343
Delina Chumly, 6, 74, 200, 5, 60
Harrison Wallace, -, -, -, -, 5
James N. Morrison, 1, -, 800, -, 410
Osbourn Thomas, -, -, -, 5, 70
James Fletcher, -, -, -, 5, 55
Wm. B. Shoemaker, 75, 37, 1500, 35, 210

Barton Cety (Cetz), 75, 120, 1000, -, 40
John Kibert, 100, 200, 2500, 225, 1221
James Kibert, -, -, -, 10, 275
Andrew D. Woodson, 1400, 2600, 60000, 425, 5200
Nathaniel Kenley (Kerby), -, -, -, -, 70
Elizabeth Summy, 40, 100, 1500, 100, 610
William Meales, 38, 112, 1000, 10, 195
William A. Turner, 35, 40, 2500, 50, 974
Christa Francisco, -, -, -, 80, 370
Edward Napper, -, -, -, 5, 50
John Moseley, -, -, -, 5, 15
Dicy Bruce, -, -, -, -, 20
Jane Redman, 60, 246, 1000, 20, 290
Abner H. Rogers, -, -, -, 5, 40
Hiram Gilbert, -, -, -, 5, 50
John Carr, 105, 55, 2000, 50, 679
Joseph Neil, 102, 75, 2000, 60, 900
William McWilliams, -, -, -, 5, 107
John M. Welch, -, -, -, 10, 75
William Welch, -, -, -, 31, 245
Solemon Evans, -, -, -, 50, 135
Daniel Huff, 325, 875, 10800, 500, 1975
James Carpenter, -, -, -, 100, 662
George Carpenter, -, -, -, 5, 225
Robert Luske, -, -, -, 5, 30
Martha Jones, -, -, -, -, 59
Elias Ely, 45, 600, 800, 150, 310
William Hale, -, -, -, 10, 130
Isaac Cole, -, -, -, -, 30
Cynthia Sprinkle, -, -, -, -, 33
William Brewster, -, -, -, 10, 463
James Ferrell, -, -, -, 15, 143
Frazier N. Oaty, 100, 116, 2600, 100, 175
James McFauls, -, -, -, -, 20
Louis F. Payne, 140, 56, 4000, 40, 405
Daniel Luttrell, -, -, -, 10, 243

Daniel S. Miller, -, -, -, 6, 30
Caroline Denham, -, -, -, -, 35
Martin Cadle, 75, 25, 800, 150, 692
Morgan Lingar (Linsar), -, -, -, -, 15
George Luckadoo, -, -, -, 50, 215
John Fleeman, -, -, -, 60, 90
Mark (Mack) Cadle, 30, 45, 500, 80, 545
Hiram King, 103, 90, 3000, 40, 325
Ham. S. Scott, 100, 769, 2500, 40, 921
Mary Lustre, -, -, -, -, 30
Josepb Serber, -, -, -, 5, 237
Martin Cadle, -, -, -, -, 35
Hampton Cadle, -, -, -, 5, 60
Susan Cadle, -, -, -, -, 28
Henry Wilson, -, -, -, 30, 445
Jacob Carrell, -, -, -, 75, 207
John A. Littrell, -, -, -, 10, 365
Josiah Dutton, -, -, -, 100, 725
Saml. Shumate, -, -, -, 125, 444
Eliza Hamilton, 75, 786, 4000, 50, 435
Robert Neil, -, -, -, 60, 153
Sylvester Thompson, -, -, -, 15, 305
George W. Rose, 500, 6500, 10000, 555, 1900
William Burkett, -, -, -, 5, 55
John N. Leadbetter, -, -, -, -, 30
Jesse Greer, -, -, -, 10, 85
John Barnes, -, -, -, -, 38
James Crawford, -, -, -, 5, 50
Elihu King, -, -, -, 10, 110
Thomas L. Davis, 12, 41, 100, 10, 155
Lewis Chumly, 15, 185, 1000, 65, 210
David Thomas, 50, 108, 500, 20, 403
Levi Carmack, 40, 40, 400, 10, 240
Martin Carmack, -, -, -, 5, 80
William Estep, 70, 130, 1000, 35, 517
Nancy Jones, 20, 40, 250, 12, 207
William Bartley, -, -, -, -, 105
David Callaham, 35, 25, 300, 12, 180

William Lawson, -, -, -, 5, 44
Armstead Brooks, -, -, -, 5, 18
John Jennings, -, -, -, 90, 75
John Gilpin, -, -, -, 5, 173
Rachael Hill, 50, 100, 700, 12, 120
Lorenzo Morgan, -, -, -, -, -
William Weirs, -, 40, 100, 6, 20
William Rowlett, -, -, -, -, 17
Sarah Hatfield, -, -, -, -, -
Peter Hazlewood, 100, 400, 2000, 75, 310
James Taylor, 65, 65, 750, 10, 200
Shaderick Cosby, -, -, -, 5, 140
John Brunty, -, -, -, -, 25
James M. Martin, 40, 73, 400, 5, 126
Levi Brooks, 40, 23, 600, 50, 240
Duff Leford, -, -, -, -, 80
Frank Longworth, -, -, -, -, 100
Robert Dean, -, -, -, -, 55
George Longworth, 60, 500, 600, 15, 445
Lewis Rhea, -, -, -, 10, 85
Joseph Lambert, -, -, -, -, 150
Reuben M. Cook, 50, 116, 500, 45, 118
Calvin Cunningham, -, -, -, 15, 130
Emily Kesterson, -, -, -, 55, 150
Fanvix Collinsworth, -, 31, 50, 6, 34
James P. Brooks, 60, 40, 400, 15, 240
Ewing Boles, 15, 85, 400, 10, 262
John Sprouls, 30, 100, 600, 10, 135
David Redmon, -, -, -, 10, 150
William Hale, -, -, -, -, 33
Andy J. Hale, -, -, -, -, 10
Daniel Littrell, 20, 42, 300, 10, 135
Martin Williams, -, -, -, 5, 180
Robert Barnes, -, -, -, 15, 167
William Lock, -, -, -, 8, 56
Robert Thompson, 30, 70, 500, 45, 450
Avery J. Fulton, 80, 220, 1500, 50, 265
Thomas Boles, 75, 125, 1000, 10, 440
Rayburn Thomas, -, -, -, 10, 183

Isaac Southern, 60, 240, 800, 25, 308
Preston Brooks, -, -, -, 8, 150
Moses Jones, 40, 110, 800, 25, 78
William Carmack, 30, 70, 500, 8, 105
Richard Barnes, -, -, -, 10, 70
Nancy Rogers, 50, 180, 750, 10, 250
William Longworth, 80, 90, 680, 15, 464
Martha Campbell, 50, 200, 1000, 35, 260
Elisha Mustard, 60, 115, 875, 20, 343
Zimery Surrat, -, -, -, -, 15
Andrew Brooks, 70, 180, 1000, 25, 393
George Nevells, 150, 350, 2000, 40, 580
George Brooks, 150, 719, 2500, 240, 390
William A. Pace, 20, 60, 150, 5, 100
William Lawson, 20, 60, 300, 30, 220
James Longworth, -, -, -, 10, 61
John Campbell, 50, 150, 1000, 12, 279
Thomas Campbell, -, -, -, 5, 90
George Friar, -, -, -, 5, 22
James M. Brown, 70, 80, 600, 40, 203
James Hale, -, -, -, 5, 67
Samuel Gilpin, -, -, -, 10, 224
Eliza Mitchell, -, -, -, -, 46
Robert Peck, 40, 185, 1000, 5, 221
William Cox Jr., -, -, -, 8, 80
David Cosby, 50, 62, 500, 30, 283
Benjamin Lambert, -, -, -, 5, 147
John Brown, 100, 200, 800, 45, 500
Jane Chadwell, 125, 125, 500, 25, 455
George Chadwell, 25, 175, 450, 5, 204
Alexander Hill, -, -, -, 10, 75
James Chick Jr., -, -, -, 7, 40
John Cloud, 20, 155, 900, 8, 45

Mary Crabtree, 30, 120, 750, 125, 317
Sarah Banner, -, -, -, -, 33
Isaac Carmack, 40, 60, 400, 12, 220
Isaac Hatfield, -, -, -, -, 20
Priar Critchfield, -, -, -, -, 10
William Cosby, 175, 525, 1500, 80, 450
John Cosby, -, -, -, 10, 210
Thomas Brooks, 15, 85, 250, 10, 81
William Williams, 5, 70, 150, 5, 25
Thos. Cox, -, -, -, -, 114
James Bussell, 25, 375, 500, -, 20
Canada Peck, -, -, -, -, 200
Thomas Friar, 4, 296, 750, 65, 310
David Brooks, -, -, -, 40, 225
Walter Hatfield, 15, 60, 300, 15, 65
Arthur Jones, 3, 37, 150, 5, 130
William Parks, -, -, -, 6, 168
William Brown, 25, 175, 600, 10, 60
Thomas Sullen, 80, 120, 1000, 75, 425
Nicholas Bartley, 56, 224, 1000, 6, 200
Mary Leonard, 13, 18, 150, -, 15
John Roark, -, -, -, -, 20
Frederick Fultz, 7, 43, 500, 8, 140
Stephen Dixon, -, -, -, 10, 85
Alexander Dixon, -, -, -, 5, 21
A. J. Hatfield, 25, 25, 500, 25, 201
Murry Hatfield, -, -, -, 8, 67
George Hatfield, -, -, -, -, 35
Pleasant Chadwell, 70, 330, 1500, 10, 265
Alexander Smith, -, -, -, -, 295
Josiah Ramsey, 300, 1000, 8000, 50, 1215
Cynthia Davis, -, -, -, -, 20
William Mullins, -, -, -, -, 25
Joseph Southern, 35, 165, 500, 10, 165
David Fields, -, 160, 1000, 2, 20
Wm. Cunningham, 4, 185, 600, 30, 195
William Lanham, 100, 70, 2500, 100, 815

Toliver Campbell, 60, 115, 900, 10, 295
Elijah Harris, -, -, -, -, 25
William Harris, -, -, -, 5, 267
Calvin Brooks, -, -, -, 10, 225
John P. Brooks, -, -, -, -, 20
John Henderson, 100, 160, 3500, 40, 1225
Isaac Massingale, -, -, -, 5, 95
Zachariah Fugate, 50, 110, 600, -, -
Joseph Estes, -, -, -, -, 60
Mark Collins, 3, 22, 50, -, 17
John Miller, -, -, -, -, 140
John Welch, -, -, -, -, 96
Ambrose Johnson, 30, 30, 350, 40, 172
Terry Willis, 100, 150, 3000, 10, 542
Priar Adams, -, -, -, 12, 110
David Young, -, -, -, -, 17
Gideon Brooks, 220, 680, 4000, 250, 1105
John Brooks, 30, 70, 500, 10, 370
Reuben Kesterson, 130, 420, 4000, 200, 816
George W. Liford, 50, 150, 1000, 10, 213
Lewis Jones, 100, 275, 3000, 535, 317
David Kesterson, -, -, -, 10, 155
John Williams, -, -, -, -, 28
Rebecca Wilson, -, -, -, 5, 145
John Grimes, -, -, -, -, 33
George McNeil, 60, 60, 1500, 40, 515
Isiah Standifer, -, -, -, 15, 227
Blackston Williams, -, -, -, 5, 127
John Campbell, -, -, -, -, 45
Henly Croxdale, -, -, -, 10, 275
Lucinda Croxdale, 125, 125, 3000, 40, 720
Peyton Mannar (Marrman, Marnman), -, -, -, 5, 175
David Smith, -, -, -, -, 35
Evan Frye, -, -, -, -, 75
Henly Fugate, 125, 327, 5000, 100, 1361

Samuel Harris, -, -, -, -, 185
William Parkey, 250, 550, 10000, 100, 1720
Mary Lindsey, -, -, -, -, 20
William Woodward, -, -, -, -, 20
Calvin Brooks, -, -, -, 10, 225 (appears to be second entry)
John T. Brooks, -, -, -, -, 20(appears to be second entry)
John Henderson, 100, 160, 3500, 40, 1050(appears to be second entry)
Isaac Massingale, -, -, -, 5, - (appears to be second entry)
Zachariah Fugate, 50, 110, 600, -, 75 (appears to be second entry)
Joseph Estes, -, -, -, -, 60 (appears to be second entry)
Mark Collins, 3, 22, 50, -, 17 (appears to be second entry)
John Miller, -, -, -, -, 140 (appears to be second entry)
John Welch, -, -, -, -, 96 (appears to be second entry)
Ambrose Johnson, 30, 30, 350, 40, 172 (appears to be second entry)
William Lanham, 100, 70, 2500, 100, 815 (appears to be second entry)
Toliver Campbell, 60, 115, 900, 10, 295 (appears to be second entry)
Elijah Harris, -, -, -, -, 25 (appears to be second entry)
William Harris, -, -, -, -, 267 (appears to be second entry)
Andy Callahan, -, -, -, 80, 430
Alfred Serber, -, -, -, -, 35
Alvis Cateman, 300, 576, 6000, 100, 1245
Purlina Lanham, 60, 60, 1200, 40, 340
Clarasa Parks, 1, -, 100, -, 5
Stephen Jones, -, -, -, -, -
George Carter, -, -, -, -, 135
Obadiah Riley, 100, 267, 4000, 75, 528
Obadiah Riley, 90, 210, 3000, -, -

Guardian of Riley's heirs, -, -, -, -, -
Eliza Frazier, -, -, -, -, 30
Jane Campbell, 75, 57, 1000, 30, 496
Levi Brooks, 75, 125, 1500, 65, 566
Elizabeth Brooks, -, -, -, -, 178
Evan Coleman, -, -, -, -, 20
Bartley Brooks, 40, 60, 350, 30, 200
Mary Walker, 100, 100, 5000, 10, 290
John Lewis, 25, 40, 1000, 10, 283
Joseph Campbell, 140, 420, 2000, 100, 632
Andrew W. Campbell, 40, 135, 3000, -, -
Joseph Y. Campbell, -, -, -, 50, 548
John F. Thompson, -, -, -, -, 15
William Sulfrage, -, -, -, 5, 45
Samuel Walker, -, -, -, 5, 165
William Mize, -, -, -, 5, 20
Colin Mize, -, -, -, 5, 55
Rebecca Mize, -, -, -, -, 25
Joseph Mize, -, -, -, 5, 25
Jacob Campbell, -, -, -, 10, 490
Elizabeth Overton, 200, 200, 6000, 50, 1125
James Overton, 100, 100, 2000, 150, 970
Mark Brannum, -, -, -, 320, 1620
Kendrick Holt, -, -, -, -, 15
Carlton Coffee, -, -, -, -, 35
Thomas C. McVey, -, -, -, 5, 735
John Sulfrage, -, -, -, -, -
Joseph McVey, 175, 415, 8000, 200, 2133
Priar Liford, -, -, -, -, 110
James Waller, -, -, -, -, 190
William Cheetum, -, -, -, -, 35
Alfred Busick, -, -, -, 10, 449
Joshua Miza, 20, 280, 250, 35, 325
Matthew Ritchie, -, -, -, 5, 165
Martin Fugate, 100, 200, 3000, 30, 295
Hugh Mize, -, -, -, 5, 31
Charles Courtney, -, -, -, -, 39
Elihu Walker, -, -, -, 10, 160

John Maser (Moser), 350, 700, 6500, 160, 2065
William Campbell, 200, 300, 5000, 50, 772
Isaac Cole, -, -, -, -, 17
Pleasant Cook, -, -, -, 40, 345
Tennessee Cook, -, -, -, 15, 385
William Cook, 160, 100, 3500, 75, 340
Moses Smith, 60, 250, 2000, 30, 473
Thomas Campbell, -, -, -, 5, 155
John Eastes Sen., -, -, -, -, 35
Frank Cunningham, -, -, -, 1, 57
Martha Cook, -, -, -, -, 45
Marquis Cook, -, -, -, 5, 88
Henry Cole, -, -, -, 5, 45
Daniel Jones, 150, 220, 3500, 15, 273
William W. Greer, 140, 170, 4500, 200, 860
Silas Williams, -, -, -, 5, 92
Goerge Eppes,-, -, -, -, 25
Mont. Herrell, 30, 60, 300, 20, 262
William Harper, -, -, -, -, 28
Bazelul Doolin, -, -, -, 10, 80
Samuel Hunt, 140, 120, 3000, 180, 795
Samuel Minton, 45, 115, 800, 10, 185
William Venable, 100, 75, 2500, 75, 700
Christie Plank, -, -, -, 30, 278
Ellis Nunn, 20, 80, 400, 10, 190
Jehu Hall, 60, 75, 600, 35, 145
William Edwards, -, -, -, 10, 735
Eldred _. Campbell, 80, 170, 1500, 35, 445
William England, -, -, -, 5, 145
Calvin Massingale, -, -, -, -, 10
James Williams, -, -, -, 55, 208
Eduard Fields, -, -, -, 10, 77
Bechanias Estes, 50, 100, 600, 15, 325
James M. Hurst, -, -, -, 25, 213
Leroy Hurst, -, -, -, 100, 165
Hawkins Campbell, -, -, -, 125, 295

Charles Campbell, 80, 38, 1000, 10, 275
Nathan Mize, -, -, -, 10, 170
Wells Baker, -, -, -, -, 15
Thomas Baker, -, -, -, -, 97
Mord. Cunningham, 50, 40, 300, 5, 337
Daniel Sutton, -, -, -, -, 15
Nancy Fugate, 200, 240, 6500, 175, 1050
Rachael Overton, 200, 110, 6000, 200, 1225
Andy Campbell, 100, 240, 2000, 30, 557
Henderson Sumpter, -, -, -, 25, 247
John Wells, -, -, -, -, 188
Isaac Buchanan, 100, 200, 5000, 60, 861
John Barnard, 50, 166, 800, 30, 356
Jonathan Barnard, 150, 550, 2500, 50, 653
Susan Posey, 30, 40, 350, 10, 95
Meredith Adams, 50, 50, 400, -, 35
John Collins, 40, 60, 400, 10, 67
John Cain, -, -, -, -, 100
James Singleton, -, -, -, -, 52
Lucy Singleton, -, -, -, -, 17
Joel Collins, -, -, -, -, 20
William P. Collins, -, -, -, -, 26
Jacob Shiplet, -, -, -, 5, 67
Moses Collins, -, -, -, -, 25
Milam Shiplet, -, -, -, -, 6
Isaac West, 15, 25, 300, 5, 115
Zerakobel Harvey, -, -, -, -, 20
John Lakins, -, -, -, -, 23
Milan Kirby, -, -, -, -, 33
Randol Thacker, 40, 95, 400, 10, 115
Peter Adkins, -, -, -, -, 65
George Johnston, -, -, -, 5, 105
Margaret Lane, 30, 40, 400, 5, 335
Janus Barnard, 40, 60, 800, 50, 580
Eliza Cheek, -, -, -, 5, 166
Eldridge Dunsmore, -, -, -, 10, 407
Hiram Davault, -, -, -, 15, 280
Abraham, Davault, -, -, -, 75, 265
John Davault, 200, 1500, 8700, 100, 855
Thomas Cash, -, -, -, -, 180
Elizabeth Garland, -, -, -, -, 15
Rial Stansberry, -, -, -, -, 48
Eliza Ward, 25, 100, 1000, 20, 240
James M. Carpenter, 60, 240, 2500, 15, 425
Bartley Willis, -, -, -, -, 80
Richard Howerton, 7, 90, 300, 80, 523
Catherine Howerton, 70, 275, 3300, -, 135
Sarah Howerton, 30, 400, 500, 10, 152
John Howerton, -, -, -, 10, 147
Cynthia Moseley, -, -, -, -, -
William Smith, 190, 600, 3000, 30, 970
John West, -, -, -, -, 95
P. H. Pearson, 140, 140, 2500, 80, 1005
Elender Mitchell, -, -, -, 5, 160
Sterling Pearson, 100, 500, 4000, 100, 870
Jeremiah Moseley, -, -, -, 10, -
Francis Maden, -, -, -, -, 50
George Moseley, -, -, -, 5, 115
John Davidson, -, -, -, 5, 100
Elizabeth Rogers, -, -, -, -, 20
Robert Housley, -, -, -, 250, 875
James Spradling, 75, 80, 2500, 40, 435
William Spradling, -, -, -, 10, 270
John M. Mitchell, 50, 75, 1500, 15, 405
George W. Brooks, 25, 1200, 1000, 10, 277
Bennet Bell, -, -, -, -, -
Saml. P. Burdine, 90, 1000, 2750, 10, 684
T. P. Burdine, 46, 44, 1250, 80, 693
Rachael Wilson, 80, 100, 3000, 75, 545
Margaret Trammel, -, -, -, -, 187
Lee Young, 20, 30, 100, -, 65

Jas. H. Davis, 225, 500, 5000, 100, 1510
Wiley Epperson, 100, 200, 2000, 15, 485
Henry Taylor, -, -, -, 5, 20
Elisha Clarke, 140, 300, 1150, 10, 231
Edward Slavins, -, -, -, 5, 121
Edmon Collins, -, -, -, -, 25
James McDaniel, 100, 210, 1700, 30, 358
Anderson Helton, 2, 168, 400, 10, 185
P. M. Johnston, 175, 325, 3500, 150, 991
Eliza Barnard, 40, 60, 1000, 50, 506
Anderson Cain, -, -, -, 10, 280
James Johnston, -, -, -, -, 380
P. W. Barnard, 300, 500, 6000, 100, 1340
John Smith, 32, 20, 300, 25, 183
Sterling Collins, 25, 115, 450, 20, 265
Geo. W. Lane, 40, 60, 600, 15, 310
L. H. Harper, 60, 40, 1500, 15, 235
Sarah Glandon, -, -, -, -, 55
A. Collinsworth, -, -, -, -, 80
Shane Overstreet, -, -, -, 5, 45
John Dobbs, -, -, -, -, 30
Azariah Hurst, -, -, -, 5, 115
William Hall, -, -, -, 10, 250
Charles Noblem, -, -, -, 10, 140
John Thacker, -, -, -, -, 15
Hugh Jones, 300, 3000, 12000, 500, 2315
Robert Durham, -, -, -, -, 5
Priar Garland, -, -, -, 5, 135
William Hurst, 400, 600, 6200, 200, 1075
Calmay Hurst, -, -, -, 5, 353
Terry Holland, -, -, -, 5, 80
Samuel Morison, -, -, -, 2, 15
Sterling Nun, -, -, -, 10, 62
Nancy Bartlett, 200, 300, 3000, 20, 400
Thomas Stamp, -, -, -, 5, 128

John McNeil, 200, 300, 5000, 300, 907
Wiley Sanders, 112, 300, 3000, 125, 890
Elijah Hendrix, -, -, -, -, 535
Charles Davis, -, -, -, -, 347
Priar Davault, -, -, -, -, 15
William Martin, -, -, -, -, 95
George N. Cheek, 25, 35, 600, 5, -
R. F. Stone, 200, 350, 5000, 150, 905
Catherine Thacker, -, -, -, -, 65
Mason Dummond, 25, 25, 2000, 50, 435
Dan G. Miller, 100, 50, 3000, 200, 1420
Theophilus Webb, -, -, -, -, 5
Nat Willis, -, -, -, -, -
Thomas Martin, -, 25, 100, -, 15
F. M. Scott, -, -, -, -, 35
John Martin, -, -, -, -, 150
Levi Hurst, -, -, -, -, 255
S. J. Barnard, 625, 1708, 14000, 300, 3012
Samuel Barnard, 125, 375, 400, 30, 523
Daniel King, -, -, -, -, 20
Benjamin Young, -, -, -, -, 155
H. Rosenbalm, -, -, -, 5, 90
P. L. Hurst, 35, 75, 250, 10, 175
John Ritter, 15, 50, 250, 10, 92
John Overholster, 7, 68, 300, 3, 35
B. R Noblen, -, -, -, 5, 24
Olly Kirby, -, -, -, 5, 153
Abner Nun, 100, 200, 1500, 100, 311
David Rosenbalm, 25, 50, 325, 5, 220
Mar Chittum, -, -, -, -, 15
Wiley Dunsmore, -, -, -, 10, 215
Thomas H. Stone, 75, 300, 3000, 100, 500
Nancy Shipley, 80, 20, 1000, 5, 145
Saml. Breeding, 50, 75, 1000, 10, 140
Richard Evans, -, -, -, 10, 20
Priar Evans, -, -, -, 10, 150

Henry Evans, 35, 10, 700, 75, 215
Jesse Evans, 170, 150, 5000, 250, 765
Andy Hurst, 40, 40, 1000, 15, 138
George Corbin, -, -, -, 10, 141
Thos. H. Cowduf, 160, 650, 3500, 50, 375
William Willis, 40, 50, 300, 5, 158
M. V. Shultz, -, -, -, 100, 340
William Hurst, -, -, -, -, 30
George Allen, -, -, -, 15, 20
Wilson Hurst, -, -, -, -, 20
Enoch Wright, -, 80, 800, -, 20
Seine Waller, 70, 28, 1200, 40, 630
John Barnard, 40, 40, 700, -, 100
John Rosenbalm, -, -, -, 10, 210
Wm. N. Waller, 30, 270, 600, 10, 140
Bluford Woodall, 10, -, 50, -, 15
Thomas Hodges, 50, 150, 1500, 10, 360
Isaac Shumaker, -, -, -, -, 38
Ruth Bundrew, 70, 130, 800, 15, 240
Oba Collins, 50, 150, 1000, 20, 310
William Hurst, -, -, -, 5, 110
Jesse Sanders, -, -, -, 10, 373
Elizabeth Corbin, -, -, -, 50, 580
Thompson Hurst, -, -, -, 10, 245
Thomas B. Hopson, -, -, -, 5, 28
Herod Hopson, -, -, -, 5, 125
James Hopson, -, -, -, 5, 73
Dock Willis, -, -, -, 5, 182
Joel Taylor, -, -, -, 5, 135
G. P. Rosenbalm, -, -, -, 5, 105
John Bunch, 40, 100, 600, 50, 280
D. P. Herrell, -, -, -, 100, 270
J. J. Herrell, 30, 70, 1500, 15, 525
Wesly Simmons, 60, 75, 700, 10, -
Wesly Bullen, -, -, -, -, 35
Sally Shelton, -, -, -, -, 30
Martin Bunch, -, -, -, 15, 125
David Bunch, -, -, -, 5, 35
Susan Baltrip, 1, 99, 300, 2, 30
G. B. Bundren, -, -, -, 5, 25
Henry Ritter, 25, 25, 300, 10, 43

Thomas Anderson, 1, -, 1000, 25, 1965
Joseph Wallin, 20, 60, 600, 10, 30
Henry Wright, 50, 124, 1400, -, -
John Cates, 35, 50, 300, 10, 65
N. W. Hooper, 20, 90, 500, 5, 55
Martin DeBurll, 74, 235, 1000, 150, 853
James Heathurly, -, -, -, -, 25
Elisha Hardy, 50, 200, 500, 20, 243
James Carrell, -, -, -, -, 115
B. M. Poore(Moore), -, -, -, -, 87
Thos. W. Breeding, 50, 140, 1500, 75, 525
John Lovelace, 100, 300, 2000, 75, 505
Marins (Mann) Poore, 60, 120, 600, 30, 240
John N. Ellis, 25, 25, 340, 10, 227
Robert Hurst, 75, 100, 1000, 50, 530
Hezekiah Rowth, -, -, -, -, 150
Jno. W. Simmons, -, -, -, -, 195
Andy Phillips, 30, 30, 300, 5, 230
Samuel Moore, -, -, -, -, 310
Mat Whitaker, 50, 130, 600, 40, 200
Nathan Dunsmore, 110, 90, 1000, 80, 675
G. W. Richardson, 18, 116, 300, 5, 240
John Y. Chadrick, 10, 70, 200, -, 130
J. H. Burchfield, 10, 304, 3000, 125, 653
Benj. F. Cloud, 600, 3604, 25750, 350, 1648
Emaline Chadwell, 100, 185, 3000, 100, 638
Wilson Jackson, -, -, -, -, 150
Florney Jones, 200, 530, 4500, 200, 1648
William Houston, 200, 350, 18000, 500, 1555
Wm. J. Blackburn, 2, -, 2500, -, 165
Moses W. Love (Lane), -, -, -, -, 20
Wm. L. Freeman, -, -, -, -, 322
Liza Garrett, -, -, -, -, 10

Anna Powers, 100, 200, 1500, 75, 340
Nelson Robinson, -, -, -, 10, 340
Ann J. Kelley, -, -, -, 600, 1355
Charles Haveley, -, -, -, 200, 147
E. M. Anderson, -, -, -, 85, 390
Mrs. P. Presnell, -, -, -, -, 30
James Deaton, -, -, -, -, 190
Wm. H. Hurst, -, -, -, -, 67
Jos. Shoemaker, 75, 75, 800, 30, 318
Jo. W. Buis, 80, 120, 1500, 50, 728
John H. Burke, 140, 60, 3000, 200, 745
N. M. K. Rector, 100, 150, 1500, 20, 328
Ephraim Dobbs, 6, 50, 50, 5, 62
Elkana Stotts, -, -, -, 75, 90
Eliza Deburk, 50, 304, 2000, 250, 695
Hiram Deaton, -, -, -, 5, 67
Jas. F. Hooper, -, -, -, -, 90
John Vermillion, -, -, -, 15, 30
John Belamy, 50, 100, 400, 20, 95
David Cardwell, 30, 270, 1800, 230, 230
Lem Margraves (Hargraves), 40, 200, 3900, 10, 300
Jery Burchfield, -, -, -, 70, 226
Eliza Johnson, 138, 200, 200, 100, 453
Z. Hodges, 3, -, 2310, 125, 215
R. T. Pur (Pus,Pas), 75, 175, 1500, 20, 255
Jos. N. Pas, -, -, -, -, 23
James Chick, -, -, -, 25, 113
William Chick, -, -, -, 5, 98
Geo. Massengail, -, -, -, -, 37
Robert Cheek, -, -, -, -, 65
Richard Hopson, 35, 300, 750, 40, 145
John Jennings, 40, 20, 400, 10, 175
West__ McKhan, 75, -, 1500, 110, 470
Josiah Chadwick, 8, 7, 500, 5, 125
C. N. Cowan, 15, -, 1500, 5, 115
James Hurst, -, -, -, 5, 20
David Cline, 12, 20, 150, 5, 140
James Bunch, 150, 550, 2000, 20, 540
Thomas Jones, 12, 60, 300, 10, 208
John Z. Estus, -, -, -, 8, 65
Nelson Rutledge, -, -, -, -, 45
John Brown, 2, -, 100, 5,153
Henry Guin, -, -, -, -, 104
Frank Fugate, 150, 490, 6000, 40, 880
William Rely, -, -, -, -, 205
R. C. Woodson, 300, 738, 1200, 750, 2285
N. H. Cruisehouse, -, -, -, 75, 295
N. G. Davis, -, -, -, 5, 108
Elisha Lake (Lane), -, -, -, 5, 82
William Carroll, 40, 60, 500, 10, 275
Littleton Brooks, -, -, -, 5, 245
Thomas Brooks, -, -, -, 10, 190
T. H. Hawthorn, 75, 170, 200, 20, 336
David Burk, -, -, -, -, 25
Celia Owens, -, -, -, -, 30
Josiah Cole, 15, 240, 1000, 125, 209
R. Patterson, -, -, -, -, 103
W. D. Patterson, -, -, -, -, 230
A. Whitaker, 50, 240, 800, 35, 238
John Ellison, -, -, -, -, 30
Jas. Whitaker, 70, 160, 1200, 50, 215
Enoch Moore, 50, 400, 1300, 150, 681
J. C. Whitaker, -, -, -, 5, 80
William Cox, 30, 70, 400, 15, 120
Peter Marcum, 80, 620, 3000, 5, 103
Robt. Patterson, 160, 200, 2500, 100, 424
John Fergerson, 100, 98, 2500, 200, 543
Tho. Ellison, 15, 65, 300, 5, 147
Jerry Brooks, 50, 90, 500, 10, 255
William Gross, 40, 300, 400, 20, 226
John Lambert, 34, 15, 300, 25, 65
Jefferson Lambert, 50, 175, 500, 10, 100
Mary Messer, -, -, -, 5, 100
Jas. Lambert, 75, 112, 550, 35, 258

M. B. Nunn, 25, 25, 250, 15, 80
Stephen Craft, 20, 80, 350, 10, 233
Wilson Goin, 80, 100, 500, 15, 127
Jno. C. Simmons, -, -, -, -, 5
James Carroll, 40, 100, 500, 10, 132
Levi Goins, 15, 35, 300, -, 83
John Goin, -, -, -, -, 58
William Riter, -, -, -, -, 45
A. Campbell, -, -, -, -, 86
J. D. Mayse, 100, 600, 3000, 150, 500
Jas. M. Patterson, 850, 1280, 32000, 810, 6790
William Blansett, -, -, -, -, 55
Jas. Owens, -, -, -, -, -
John R. Carnow (Carmon), -, -, -, -, -
William Hays, -, -, -, 60, 357
William Hill, -, -, -, -, 93
Geo. W. Pridley (Pridily), -, -, -, -, 125
Mary Wiseman (Wireman), 35, 65, 300, 10, 190
Joseph Moody, -, -, -, -, 188
Isaac Guinn, -, -, -, -, 25
Raymond Owens, 50, 150, 1000, 30, 320
Willis Grantham, 70, 100, 800, 75, 303
Louiza Lynch, 30, 50, 500, 10, 175
William E. Dunsmore, 30, 75, 1200, 15, 487
Thomas Hicks, -, -, -, -, 30
William Condry, 15, 30, 300, 20, 230
Nat Hamilton, 47, 213, 200, 5, 56
Jas. A. Hamilton, -, -, -, 25, 170
William Cook, 20, 113, 350, 10, 145
William Baltrip, -, -, -, -, 15
William Murphy, 75, 225, 1000, 30, 370
John Richardson, -, -, -, 10, 53
Allen Thomas, -, -, -, 5, 220
M. Burchfield, 300, 400, 7000, 400, 1920
M. Burchfield, -, -, -, -, -
Guardian & C., 100, 400, 9000, -, 70
B. V Moody, 35, 135, 700, 5, 45
Jas. Bassell(Bussell), 50, 400, 800, -, 25
Thos. Henderson, -, -, -, 50, 845
Elizabeth Henderson, 100, 125, 300, 25, 751
George Hill, -, -, -, 5, 30
Russel Breeding, 50, 30, 3000, 150, 550
Alex Brooks, 25, 148, 400, 30, 218
Neil Southern, 140, 160, 3200, 100, 660
William Bartlett, 50, 100, 250, 15, 310
Thomas Evans, 15, -, 300, 10, 200
Adam Fox, 50, 110, 400, -, 105
R. B. Lane, -, -, -, -, 520
Ananias Ely, 110, 110, 1800, 100, 885
Elijah Jones, 25, 300, 2000, 5, 271
Ben Campbell, 200, 370, 2000, 30, 780
Jos. Eastrige, 50, 148, 1500, 5, 41
Timothy Roark, 75, 325, 2000, 100, 560
William Whitaker, -, -, -, 10, 230
M. Hatfield, -, -, -, -, 20
Jas. Whitaker, -, -, -, 8, 100
Leander Frazier, -, -, -, 8, 152
J. C. Cunningham, -, -, -, -, 109
James Eastrige, 18, 82, 500, -, -
Libery Ferguson, -, -, -, -, 150
Reuben Rose, 300, 200, 9000, 560, 1081
Nancy Rowlett, 30, 30, 500, 10, 185
John Hurst, 250, 700, 1000, 220, 1180
Geo. W. Runions, 200, 200, 3000, 250, 600
Hugh Graham, 1802, 1484, 39825, 350, 3927
C. Y. Rice, 100, 191, 3000, -, 70
G. W. Smith, 100, 300, 1200, 20, 660
William Epps, 70, -, 550, 5, 20
John L. Evans, 10, -, 2500, 5, 260

Jehue Fugate, 80, 130, 1000, 200, 360
William Nave, -, -, -, 10, 370
Levi Nave, 110, 80, 3500, 30, 540
Walter R. Evans, 9, -, 1300, 8, 185
James Higgins, 20, 80, 300, 25, 205
W. R. Buchanan, 40, 50, 1000, 250, 575
Andy Buchanan, 40, 50, 2700, -, -
Joseph B. Niel, 1, -, 200, 5, 625
William Niel, 200, 350, 4900, 400, 825
Benjamin Lundy, 138, 185, 2825, 250, 970
George McCray, 150, 75, 2000, 75, 636
William Wilson, 60, 60, 1200, 40, 600
Levi Goin, 50, 75, 800, 10, 220
Nelson Goin, 40, 40, 600, 15, 290
Henry Scurd (Scard), 125, 200, 1500, 50, 270
Hugh Houston, 100, 100, 2000, 200, 625
Henry Reynolds, 40, 40, 400, 20, 45
Thomas Clark, 25, 100, 400, 5, 93
Lee White, -, -, -, -, 25
Elijah Ferguson, -, 75, 200, -, -
A. Robinson, 180, 220, 9000, 100, 1405
Isaac Goins, 100, 100, 300, 20, 170
John E. Day, 150, 250, 500, 50, 1010
William Skaggs, 30, 30, 500, 10, 285
Jno. Cunning, 40, 80, 500, 5, 180
John H. Brooks, 100, 200, 200, 20, 320
David Chadwell, 35, 95, 500, 5, 150
Isaac M. Hurst, 125, 125, 2500, 25, 270
Sam Stansberry, 10, -, 100, 8, 120
Calvin Y. Nun, 13, -, 300, 10, 150
Hezekiah Burchet, 100, 105, 2000, 20, 535
Harman Hurst, 85, 80, 1500, 25, 650
John West, 45, 55, 100, 25, 405
John Bolton, 100, 150, 5000, 50, 800
W. H. Corlin(Corbin), 25, 100, 500, 15, 210
Stoke Lanham, 50, 75, 1500, 50, 680
Mark Hurst, 150, 170, 1500, 60, 100
Isaac C. Lane, 40, 60, 1700, 175, 605
Charles Bassel, 100, 600, 3000, -, -
Jas. C. Simons, 100, 200, 3500, 150, 1080
Tho. J. Neil, 42, 220, 1000, 50, 280
Stephen Cazewell, 100, 300, 2000, 100, 855
George Shultz, 180, 260, 5000, 50, 800
John Breeding, 110, 360, 3000, 75, 570
Henry Hupsher (H. Upsher), 400, 1200, 9000, 350, 4050
Elihu E. Jones, 100, 175, 600, 100, 440
John Pearson, 300, 1500, 8000, 50, 855
James M. Pearson, -, 50, 200, -, 650
William H. Pearson, -, -, -, -, 865
Walter Davis, 200, 200, 2500, 250, 1870
James Hodges, 80, 100, 1500, 50, 185
Jas. R. Jennings, -, -, -, -, -
Jas. Lanham, 150, 200, 2000, 100, 525
Wm. Willis, 50, 75, 600, 5, 60
Franky Willis, -, -, -, -, -
Cynthia Mitchell, 100, 400, 3000, 75, 755
WeslyEngland, 75, 160, 700, 75, 300
George Sutton, -, -, -, 5, 20
Willis Harper, 20, 8, 800, 10, 220
Mat Helton, -, -, -, 5, 115
Jno. Burchfield, 50, 85, 600, 80, 295
Mary Burchfield, -, -, -, -, 45
Lucy Nelms, 50, 100, 1500, 60, 320
Benj. P. Bullard, 40, 20, 2000, 150, 255
Augustus Carrell, -, -, -, -, 45
Phil Thompson, 50, 100, 1000, 80, 600

Thomas Jessee, 50, 70, 750, 80, 855
John Brooks, 12, -, 120, 5, 45
Louis Harmon, 200, 300, 4000, 50, 330
James Harmon, -, -, -, 10, 195
John Harmon, 40, 110, 1000, 5, 332
John Neil, 100, 280, 250, 150, 428
Jas. Killion, -, -, -, 10, 170
Biddy Phillips, -, -, -, -, 40
Minerva Bullard (Ballard), -, -, -, -, 145
Mary Thompson, 30, 100, 500, 10, 145
Henry Greer, 30, 110, 500, 75, 240
Jacob Cloud, 100, 150, 2000, 150, 505
WM. L. Hannan, 30, 120, 500, 5, 416
Greer B. Cloud, 110, 200, 2000, 100, 637
Henry Carrell, -, -, -, -, 30
J. W. Bufford, 40, 160, 1000, 40, 110
Andy J. Holt, -, -, -, 5, 85
Tho. L. Clarke, 32, -, 150, 10, 120
Elkarena Trease, 75, 500, 1000, 10, 400
Maris Tribbles, 80, 95, 300, 5, 170
James Hill, 10, 800, 200, 5, 84
Robert Hicks, 30, 20, 300, 5, 90
John Stone, 30, 20, 250, 35, 270
Reuben Smith, 30, 100, 300, 5, 140
Ard___ Drummons, 17, 180, 250, 25, 165
Reuben Mason, 55, 261, 1000, 15, 470
Christian Cox, -, -, -, 50, 80
Fanny Fulkerson, 200, 200, 8000, 200, 2510
James Stansberry, -, -, -, 50, 88
Isaac Bowman, -, -, -, -, 70
James M. Brown, 20, 18, 2300, 12, 30
Joseph Neil, 100, 100, 4000, -, -
William H. Reese, -, -, -, -, 35
James Deburk, 30, 80, 600, 15, 435

Houston Sewell, 120, 80, 3000, 105, 531
Franklin White, -, -, -, -, -
Thomas Graham, 1, -, 1000, 10, 1420
William Parker, -, -, -, 75, 75
Tim Whitaker, 25, 75, 250, 25, 165
Preston Morgan, -, -, -, -, 70
William Alis, -, -, -, 10, 126
Saml. Dodson, 100, 200, 1000, 150, 1015
John Hayse, -, -, -, -, 245
Sarah Fultz, -, -, -, -, 55
John Fultz Jr., -, -, -, -, 50
J. D. Murphey, 8, 5, 200, -, 23
John Fultz Sen., 50, 293, 2000, 50, 340
Frank M. Fultz, -, -, -, -, 38
John Owins, 16, 80, 500, 10, 120
David Nance, -, -, -, 10, 204
Daniel H. Owins, -, -, -, 5, 30
James Richardson, 35, 80, 500, 25, 147
Sidney Rowlett, 150, 300, 1500, 100, 835
Jacob J. Parks, 6, 36, 250, 20, 95
Samuel Ellis, -, -, -, 5, 45
G. R. S. McNeil, 70, 55, 1000, 15, 365
Z. C. Brooks, -, -, -, 5, 123
Thomas Cowdry, -, -, -, 5, 123
Travis Brooks, 50, 70, 500, 10, 195
Abraham Buis, 150, 150, 4000, 75, 845
James Owins, -, -, -, 7, 62
Alexander Nance, -, -, -, 5, 50
Daniel Parsons, -, -, -, 100, 525
James Dobbs, -, -, -, 70, 215
_. G. White, -, -, -, 20, 172
Claiborne Bartlett, 50, 75, 500, 10, 118
Jas. Blansett, 40, 135, 500, 5, 55
Pleas. McBee, -, -, -, 20, 75
Jas. Blansett Jr., -, -, -, 5, 20
Martha Gray, -, -, -, -, 15
Boston Clapps, 2, -, 100, -, 215

William Lewis, 235, 790, 8000, 150, 990
Abram Lewis, 13, -, 100, 5, 143
George Lewis, 16, -, 160, 5, 130
William Lewis, 15, -, 160, -, 130
Reubin Muncy, -, -, -, -, 15
John Muncy, 12, 35, 300, 8, 65
Jas. Thacker, 16, -, 200, 5, 60
Saml. Perry, 10, -, 200, 5, 78
Preston Dunsmore, 20, 100, 800, 30, 268
John Cardwell, 100, 50, 600, 5, 135
Henry Ballard, -, -, -, -, 20
James D. Walker, 120, 180, 2000, 30, 4 00
Saml. Wolf, -, -, -, -, 110
A. Sulfrage, 15, 9, 100, 5, 101
Saml. Crawford, 35, 100, 500, 10, 208
Frank Morgan, 12, 30, -, -, 65
Jane Walker, -, -, -, 10, 215
John Grubb, 70, 130, 1500, 15, 388
Barton Sweet, -, -, -, 10, 115
Malisa Sweet, -, -, -, 5, 60
John Subblefield, 40, -, 400, 10, 340
Jas. Hacker, -, -, -, -, 40
W. Inkleburger, -, -, -, 55, 80
Heston Davis, 75, 225, 2500, 15, 265
B. F. Davis, 40, 195, 2000, 10, 300
James Nicely, -, -, -, 5, 133
David Nicely, -, -, -, 8, 60
Catharine Hunter, 30, -, 80, -, 32
Ha. Copeland, 35, 100, 2000, 10, -
Jas. Nicely, 30, 100, 800, 5, 253
Drury Dunn, 25, 66, 500, 10, 191
Zepheniak Dunn, 40, 60, 700, 10, 151
Saml. Vance, 30, 100, 500, 5, 242
Danl. Vance, 30, 130, 200, 5, 55
Joseph Dyer, 40, 100, 500, 5, 25
Chesly Airwine, 40, 60, 1000, 100, 560
Jas. M. Lewis, 20, 100, 2000, 100, 721
Daniel Hopson, 12, 50, 100, 5, 152
Hiram Airwine, 70, 200, 1200, 100, 495
Dempsey Harrell, 25, 50, 200, 25, 140
Fielding Airwine, -, -, -, -, 213
Elijah Airwine, 8, 60, 325, 5, 245
Hugh Farmer, 60, 50, 2000, 175, 1085
Mahalah Hurst, 20, 30, 300, 5, 140
William Day, 100, 400, 4500, 150, 520
Samuel Day, 100, 400, 3500, 150, 839
James Johnson, 75, 75, 1500, 150, 495
Richard Wells, -, -, -, -, 195
A. C. Howard, 100, 350, 5500, 100, 250
Susan Kincaid, 150, 750, 5000, 2500, 1050
D. C. Cattrell, 250, 800, 13525, 300, 2170
W(U). G. Payne, 3, -, 1800, 10, 200
Green Cardwell, 100, 75, 1500, 30, 617
A. M. Jennings, 65, 100, 1500, 10, 113
Granville Hodges, -, -, -, 10, 180
Royal Lebow, 100, 400, 2000, 50, 510
John Lebow, -, -, -, -, 375
James Buy, 25, 50, 250, 30, 680
Wilson Guy, 25, 50, 250, 5, 75
Reuben Dail, -, -, -, 10, 75
John Bird, -, -, -, 2, 15
Zelpha Jennings, 300, 600, 3000, 200, 960
M. McDonell, 2, 6, 50, -, 136
Daniel Shumate, 75, 75, 250, 10, 175
Dan Chadwick, -, -, -, -, 115
William Janeway, 75, 40, 800, 25, 273
Thos. Sulfrage, 23, -, 500, 10, 70
Sam Shoemaker, 40, 60, 700, 10, 205
Alexander Loop, 15, -, 300, 5, 235

W. B. Hodges, 25, 200, 700, 5, 204
James Hodges, 25, 50, 400, 10, 275
J. Vanbebber, 50, 85, 2000, 40, 371
E. B. Yoakum, 100, 116, 4000, 125, 506
George Rodgers, -, -, -, -, 92
Geo. Campbell, 125, 175, 4000, 300, 1035
Howard Kind, 6, -, 20, 10, 58
Garret Southern, -, -, -, -, 57
Mark (Mack) Shumate, 22, -, 400, 7, 280
W. Inkleburger, 9, -, 150, 5, 25
F. G. Yoakum, 150, 150, 4000, 200, 1330
John Berry, 14, -, 200, 5, 95
J. B. Lewis, 20, -, 400, 5, 351
William G. Lyent, 20, -, 400, -, 163
Joseph Janeway, 40, 100, 600, 10, 364
William Gray, 4, 6, 150, 5, 90
Arther Harrell, -, -, -, -, -
L. L. Herrell, -, -, -, 80, 165
John Gray, 40, 120, 1000, 5, 130
M. Burchfield, -, -, -, 100, 235
Archy Gibson, -, -, -, 5, 150
Louisa Philips, -, -, -, -, 25
Ann Lemky, -, -, -, -, 5
Jerry Hopper, 60, 100, 600, 15, 155
J. M. England, 7, 63, 250, 75, 135
P. M. Hodges, 135, 200, 2500, 250, 535
James Hodges, 100, 150, 2000, 100, 635
John Reynolds, 50, 50, 400, 8, 130
James Pointer, -, -, -, -, 15
James Brewer, -, -, -, 5, 130
John Minton, 40, 100, 800, 10, 200
Sam C. Dinger, -, -, -, -, 15
Amos Minks, -, -, -, -, 15
Gawain McBee, -, -, -, -, 80
Abram Fox, 200, 200, 3000, 125, 550
Edward Kelly, 75, 200, 1200, 175, 245
Wm. Edmonson, 75, 200, 1200, 120, 338
Francis Edmonson, -, -, -, -, 150
Isaac Walker, 50, 161, 1500, 80, 333
Daniel Kelly, 20, 180, 1200, 100, 242
Enoch Owsly, 30, 10, 300, 5, 280
John T. Jessee, 100, 250, 2250, 35, 210
Noah Harrell, 30, 50, 200, 85, 45
Jacob Davis, 40, 40, 200, 5, -
Rebecca Fulps, 20, -, 100, -, 30
Augustin Fulps, 30, 5, 350, 10, 138
Samuel McBee, -, -, -, -, 15
Valentine Fulps, 100, 200, 3000, 75, 395
Isaac McBee, -, -, -, 10, 95
Geo. Fulps, 45, 40, 500, 10, 70
Warren Loftus, -, -, -, 10, 295
Philip Minton, 35, 70, 700, 10, 250
Will Minton, -, -, -, 5, 46
John Owsly, 70, 230, 600, 60, 462
Tilman Owsly, -, -, -, 5, 23
W. Gwathny, 90, 90, 1000, 10, 361
Shane Owsly, -, -, -, 5, 161
William Owsly, 50, 65, 500, 6, 120
Andrew McKee, 75, 200, 1000, 30, 152
Aiken Larmer, 35, 40, 400, 5, 125
Jarmen Maintain, 10, 6, 80, 5, 85
Isaac Burket, -, -, -, -, 15
Jonathan Maury, -, -, -, -, 20
Jacob Minton, 100, 140, 1500, 75, 460
Tilman Brogan, 60, 73, 800, 5, 80
W. W. Holensworth, 50, 100, 1200, 50, 145
P. F. Mountain, 110, 290, 3000, 75, 666
Charles Cupp, -, -, -, 5, 320
Albert Simmons, 75, 275, 2500, 40, 238
Fido Philips, -, -, -, -, 25
Levi Herren, -, -, -, -, 50
Jacob Cupp, 3, 97, 150, 15, 200
Eli Goin, 150, 200, 1500, 75, 610
Sterling Goins, 100, 250, 2000, 150, 880

Wiley A. Ford, 75, 100, 500, 20, 389
Calvin Sparks, 20, 60, 400, 10, 140
John Fortner, 27, 175, 500, 10, 260
William Johnson, 10, -, 75, 5, 48
Solomon Fortner, 15, 185, 300, 5, 155
Jonathan Fortner, 40, 175, 500, 10, 370
Elisha Fortner, 15, 185, 400, 5, 198
Isabela Day, -, -, -, -, 105
Pleasant Goins, 75, 600, 1000, 20, 430
Ralph Goins, -, -, -, -, 180
Thomas Goins, -, -, -, -, 100
Jesse Lysick, 50, 50, 5000, 100, 530
Isaac Ford, 20, 96, 500, 10, 176
James P. Ford, 100, 260, 1500, 100, 340
Samuel McClure, 40, 100, 300, -, 95
James Lay, 40, 260, 700, 5, 170
Benjamin Pike, 23, 77, 500, 50, 310
Colbert Day, 52, 300, 800, 10, 85
George Day, -, -, -, 5, 125
Jacob Myers, 50, 50, 500, 100, 380
Stephen Drummons, 25, 30, 200, 10, 120
J. C. Langford, 60, 200, 1300, 15, 105
Samul Hunly, 10, 200, 200, 5, 38
Alex. England, 8, 100, 200, 5, 35
Ellison England, 2, 100, 100, -, 15
Jesse Lindsey, 30, 170, 600, 5, 140
Jos. England, 6, 70, 300, 5, 55
Abram Moyers, 40, 150, 600, 100, 450
Henry Myers, 10, 190, 200, -, 60
Wm. Priddy, -, -, -, -, 30
William Freeman, 70, 280, 2500, 100, 670
Squire Sulivan, 50, 100, 1000, 50, 435
J. W. Creech, 80, 50, 1000, 10, 90
Daniel Souther, -, -, -, -, 30
Celia Burch, 75, 75, 2000, 50, 260
Stephen Gose, -, -, -, 5, 366
Stephen Ousley, 80, 100, 2000, 100, 265
Christopher Lewis, -, -, -, 5, 125
Larkin Vandeventer, -, -, -, -, 135
P. Vandeventer, 75, 125, 800, 150, 370
Noel Seals, -, -, -, -, 55
Geo. W. Lewis, 200, 200, 2500, 50, 685
Nancy Helms, 50, 100, 500, 40, 390
Nathiel Cole, 50, 200, 2500, 90, 330
Andrew Edmonson, 30, 300, 1500, 75, 155
Jas. Edmonson, -, -, -, -, 130
E. Edmonson, 20, 60, 500, -, 110
Valentine Myers, 10, 190, 200, -, 30
Jas. Daniel, 20, 130, 300, 10, 85
Ransom, Cupp, 35, 150, 300, 15, 185
John McDaniel, 50, 82, 700, 250, 415
Sharn (Shan) Cupp, 50, 350, 600, -, 75
John Daniel, 75, 150, 600, 50, 515
John Branson, -, -, -, -, 85
John Daniel, 75, 100, 1000, 15, 190
Isaac Cupp, -, -, -, -, 30
John Kelly, 50, 92, 800, -, 400
Martha Simmons, 50, 125, 1000, 50, 215
O. C. Cardwell, 40, 150, 600, 40, 385
Joab Fortner, 1, -, 50, -, 70
Nancy Minton, 80, 20, 300, 5, 115
Elisha Deburke, 50, 70, 600, 50, 150
James Snider, 25, 25, 250, 5, 97
Edward Larmer, 24, 75, 450, 10, 250
Charles Neely, 30, 60, 350, 10, 95
Samuel Chance, 30, 60, 500, 5, 160
James Minton, 75, 200, 1500, 40, 820
E. Goins, 35, 75, 1000, 20, 175
James A. Berry, 25, 1, 150, 10, 75
Sterling Moss, 100, 250, 2000, 25, 985
David Carr, 65, 50, 700, 10, 285
Jas. D. Hays, -, -, -, 5, 130

Johnson Mays, 100, 170, 2500, 125, 680
Francis Cox, 35, 65, 500, 5, 248
Christian Keck, -, -, -, 3, 80
Joseph Simmons, -, 100, 300, -, 35
Jesse Jones, 30, 20, 300, -, 320
W. Cullyhouse, 7, -, 75, -, 110
Wiley Sharp, 50, 250, 2000, 100, 295
Asa Brogan, 75, 225, 2000, 75, 615
William Harden, -, -, -, -, 40
James Beason, 15, -, 300, 5, 75
George Needham, 130, 570, 2500, 250, 520
Thomas Hurnly, -, -, -, -, 75
William C. Sharp, 120, 300, 4000, 75, 685
Anderson Ray, -, -, -, 80, 246
Abram Myers, -, -, -, 40, 480
Isaac Goins, 150, 450, 4000, 200, 1085
Preston Goins, -, -, -, 75 200
Uriah Goins, 75, 50, 400, -, -
John Cole, 40, 20, 500, 20, 260
John H. Carr, 85, 65, 1500, 50, 250
Louis R. Carr, 30, -, 150, 15, 125
R. P. Seals, 40, 40, 600, 100, 300
Jesse Hamoneck, 13, 137, 200, 15, 200
Livingston Hoffur, 13, 75, 75, 10, 105
William Nash, -, -, -, -, 15
James M. Carr, 120, 130, 1500, 300, 790
John D. Green, 15, 200, 100, 30, 85
Robert Simmons, 3, -, 25, 5, 80
William H. Mayse, 60, 130, 2000, 10, 185
John Simmons, 15, -, 150, 5, 50
John J. Burke, 20, 60, 125, 10, 70
Richard Burke, 17, 60, 175, 50, 350
John Haly, 19, 60, 175, -, 55
Timothy Williams, 20, 60, 600, 15, 150
Artemacy Edwards, 80, 170, 1000, 50, 550
Isaac Beason, 100, 100, 1000, 25, 700
Jeptha Edwards, -, -, -, -, 160
Philip Keck, 20, 180, 1000, 25, 370
William H. Sparks, 25, 300, 1200, 10, 175
Jesse Hopper, 75, 100, 800, 50, 140
Alfred Hopper, 8, 55, 200, 10, 100
David Hopper, 8, 55, 200, 10, 245
John Goins, -, -, -, -, 45
Daniel Hopper, 30, 200, 800, 10, 125
John Hopper, 18, 200, 500, -, 60
Thomas Killion, 25, 250, 500, 10, 90
Joshua Collins, -, 50, -, -, -
Joshua Collins, 30, 200, 200, 15, 170
Mathew Collins, 40, 300, 700, 25, 370
Abijah Collins, -, -, -, 10, 155
Hezekiah Hopper, 45, 455, 800, 20, 255
John Goins, -, -, -, -, 40
Wm. H. Sparks, 25, 300, 1100, 100, 200
Frank Brogan, 65, 75, 1200, 10, 150
John Hopper, 18, 200, 500, 5, 60
Jane Rassin, 20, 60, 250, 10, 175
James C Dykes, 30, 250, 700, 100, 350
Wm. H. Hopper, 25, 30, 500, 5, 125
William Toliver, 40, 160, 300, 100, 310
William Moore, 10, -, 100, -, 100
Nancy Robinson, 15, 85, 200, 5, 20
Scrofield Madox, 30, 170, 500, 5, 115
Jas. M. Seals, 30, 150, 500, 10, 210
Thos. Sutton, -, -, -, -, 20
Elizabeth Presly, 15, 100, 200, 5, 115
Nancy Smith, 50, 250, 1000, 25, 30
Deedler Smith, -, -, -, 5, 125
James Fortner, 32, 300, 500, 20, 425
John Keck, 100, 300, 1500, 30, 800
Mathew Keck, 100, 300, 1500, 30, 700
William Raney, -, -, -, -, 20

Elizabeth Hatton, 50, 50, 500, 15, 2000
Richard Ford, 15, 525, 600, 15, 225

George Ford, 90, 260, 100, 25, 188
Andrew Davis, 100, 300, 3000, 100, 1405

Cocke County Tennessee
1860 Agricultural Census

The Agricultural Census for Tennessee for 1860 was microfilmed by the University of North Carolina Library under a grant from the National Science Foundation and filmed from original records held at Duke University Library, Durham North Carolina.

There are some forty-eight columns of information on each individual. Only the head of household is addressed. I have chosen to use only six columns of the information because I feel that this information best illustrates the wealth of the individuals. These are shown below:

1. Name of Owner
2. Acres of Improved Land
3. Acres of Unimproved Land
4. Cash Value of the Farm
5. Value of Farm Implements and Machinery
13. Value of Livestock

Thus, the numbers following the names represent columns 2, 3, 4, 5, 13.

The following symbol is used to maintain spacing where information in a column is left blank (-). This symbol is used where letters, names or numbers are not legible (_).

L. M. Sting, 130, 50, 2000, 125, 770
Andrew Ramsey, 260, 1000, 20000, 200, 4500
Colinaire (Colmare) Burges, -, -, -, -, 25
White Moore, 145, 219, 5000, 200, 1969
Alvin Brady, 60, -, 300, 10, 90
John H. Glaze, 70, 40, 1300, 150, 525
J. W. Slade, 20, -, 200, 15, 210
John Brady, 50, 250, 1500, 20, 296
David Wagmires (Waymires), 35, 65, 350, 15, 270
Ranson Fox, 50, 60, 1000, 15, 280
Preston Campbell, 20, 30, 500, 10, 151
Wm. Reeves, 25, 75, 600, 10, 275
Isaac Fowler, 25, 50, 400, 15, 125
David Smith, 10, 30, 150, 5, 120

David Waymires (Wagmires), -, -, -, -, 25
W. W. Dickson, -, -, -, -, 25
Jonas Wagmires, 43, 120, 1000, 10, 300
B. H. Solomon, -, -, -, -, 10, 210
B. G. Tally, 35, 165, 650, 10, 325
John Lester, 80, 120, 900, 15, 506
John Owens, -, -, -, -, 100
Thomas W. Innman, 65, 95, 4000, 5, 260
Cal Solomon, 40, 300, 2000, 25, 260
T. _. Solomon, -, -, -, 10, 280
Samuel Reid, -, -, -, 2, 8
C. H. Bragg, -, -, -, 10, 266
Jos. H. Thrash, 40, 80, 1200, 110, 348
Jane Solomon, 22, 30, 500, 10, 75
Mary Solomon, 75, 125, 1300, 125, 500

C. C. Turner, 130, 300, 6300, 70, 1580
James Turner, 20, -, 200, 10, 215
Geo. W. Irumase, 100, 116, 3000, 50, 605
Geo. W. Ward, -, -, -, -, 250
Jos. Tally, 80, 70, 2600, 150, 1430
David Driskill, -, -, -, 3, 40
John Innmase (Innmore), 200, 140, 8000, 100, 1740
Jas. H. Turner, -, -, -, 10, 145
James Fox, -, -, -, 2, 12
G. W. Dickson, 70, 130, 1000, 10, 101
S. H. Innmose, 125, 225, 4000, 150, 1000
J. H. Robinson, 100, -, 1000, 120, 900
J. C. Murry, 160, 80, 5000, 250, 925
G. I. Thomas, 180, 120, 5000, 300, 2163
L. E. Smith, 600, 831, 73180, 356, 8400
A. K. Garrison, 90, 100, 1500, 20, 350
Job Odell, 95, 55, 1500, 125, 700
H. H. Baer, -, -, -, 6, 20
J. M. Thomas, 110, 140, 1900, 90, 650
D. & A. Odell, 200, 143, 6800, 200, 1960
Jacob Thomas, 200, 71, 4000, 170, 1500
Richard Evans, -, -, -, -, 14
Eli Hill Jr., -, -, -, 7, 50
Eli Hill Sr., 20, -, 200, -, 25
Dr. McCleskin, 50, -, 500, 125, 460
D. McKay, -, -, -, 10, 65
W. M. Maloy, 80, 100, 3000, 100, 400
John Gessell (Gerrell), 100, 60, 980, 300, 1190
David Quinton, -, -, -, -, 13
Pres Sutherland, -, -, -, -, 36
John Brown, 96, 65, 3600, 75, 664
James Holt, -, -, -, 110, 150

Mary Moore, -, -, -, -, 40
Absolom McKay, 16, 64, 1200, 40, 40
C. Elwood, 48, -, 480, -, 27
Henry Balch, 50, 20, 1000, 185, 560
David Boyer (Bayer), 55, 100, 1650, 40, 240
J. L. Suggs, 15, -, 150, 10, 225
Sarah Cureton, 20, 10, 150, 10, 120
E___ Kendrick, -, -, -, -, 360
Harriet Kendrick, 200, 400, 8000, 200, 1732
Wm. Robinson, 300, 600, 1400, 200, 2475
John Stuart, 270, 505, 25000, 400, 2195
Wm. McNabb, -, -, -, 10, 740
Alay Jack, 275, 325, 15000, 240, 3180
Aaron Hatly, -, -, -, -, 35
W. F. White, -, -, -, -, 20
Charles Mosell, 75, 40, 1200, 200, 400
Grigsby Wood, 300, 150, 6500, 100, 880
Robert McKay, 40, -, 400, 10, 450
John Maloy, 100, 100, 4000, 50, 225
John Stokeley, 240, 300, 8000, 300, 1900
Jos. Ottinger, -, -, -, 25, 430
M. Ottinger, 131,140, 8200, 100, 894
J. P. Ragan, 30, -, 450, 15, 300
P. H. Cline, 3, 42, 1050, 10, 35
M. Brooks, -, -, -, -, 15
Alex Stuart, -, -, -, -, 200
J. H. Randolph, 25, 17, 1050, -, 308
Loucinda Dawson, -, -, -, -, 880
Wm. Cureton, -, -, -, -, 270
Sarah A. Crawford, 75, 120, 2500, 5, 150
H. H. Bean, 30, 140, 1200, 5, 200
Wm. McSwain, 250, 14750, 8250, 200, 1280
L. E. Flune, -, -, -, -, 55
H. Gouchnous (Gouchmans), -, -, -, -, 390

R. A. Dewitt, 5, 8, 260, 100, 1255
Wm. H. Smith, 12, 49, 1500, 5, 183
Jas. Rankin, -, -, -, -, 370
A. A. Ragan, -, -, -, 5, 120
S. Basinger, -, -, -, 5, 210
Mahala Porter, -, -, -, -, 175
C.D. Fairfield, -, -, -, 30, 175
M. V. Miller, -, -, -, -, 20
Job Carneson, 125, 445, 9600, 100, 1035
D. Farmer, -, -, -, -, 15
Ab Barnett, -, -, -, -, 52
Jas. Barnett, -, -, -, -, 45
Jane Basset, -, -, -, -, 470
Mary Wilson, 25, -, 250, -, 270
J. M. Hurly, 330, 500, 11500, 400, 4582
Saml. Levatzel, 25, -, 250, 10, 190
M. Barnett, 30, 20, 300, 10, 220
James Parks, -, -, -, 10, 320
John Parks, -, -, -, 5, 75
Wright Brooks, 30, 30, 1000, 10, 340
Wm. Brooks, 30, 70, 700, 20, 180
Saml. Holt, 20, -, 200, 50, 50
Royal Brooks, 6, -, 60, 4, 20
P. M. Brooks, 8, 55, 700, 10, 175
A. Parks, 100, 50, 1000, 10, 700
H. A. McCarney (McCary), 20, 100, 500, 10, 170
T. Holt, 25, 300, 450, 75, 400
John Gragg, 16, -, 112, 4, 80
Samuel Warren, -, -, -, -, 20
A. Hightour, -, -, -, -, 12
Wm. Brotherton, 20, 48, 350, 30, 60
H. Bridges, 50, -, 500, -, 20
J. Dawson, 80, 120, 1000, 85, 450
B. F. Harris, 50, 37, 1000, 100, 275
Thomas Smith, -, -, -, -, 220
Geo. P. Huff, 40, 60, 2000, 100, 120
Sarah Huff, 300, 350, 19500, 200, 1500
B. Kelly, 120, 75, 3000, 5, 100
D. M. Graham, -, -, -, -, 70
Jas. Clark, 275, 250, 9000, 200, 1591
A. Holt, 40, 75, 1000, 5, 160
D. Manning, 50, 50, 2000, 75, 800

O. Freshour, 28, 75, 500, 6, 110
Cal Hudson, 100, 100, 800, 125, 228
Jos. Hill, -, -, -, -, 20
Wm. L. Murphy, -, -, -, -, 220
J. H. Clark, 175, 155, 7000, 175, 1056
John Wise, -, -, -, -, 50
C. P. Adkins, -, -, -, 4, 30
M. G. Clark, 150, 170, 3500, 125, 1540
G. B. Rodgers, 80, 70, 2000, 150, 967
C. W. Rankin, -, -, -, -, 205
John Moore, 25, -, 250, 5, 66
Jos. Buckner, -, -, -, -, 45
Cal Adkins, -, -, -, -, 80
Wm. Jones, 20, 80, 400, -, 12
A. J. Buckner, 80, 320, 1500, -, 228
L. Guinn, -, -, -, -, 20
And. Wise, 25, -, 250, 6, 110
Levi Adkins, 14, -, 140, 2, 45
Wm. Moore, 35, 145, 1300, 34, 650
E. Buckner, -, -, -, 5, 175
Geo. H. Tally, -, -, -, 1, 160
M. P. Freeman, -, -, -, -, 40
Jos. Burgess, -, -, -, 4, 40
J. B. Castiller, 70, 180, 2500, 150, 1124
Jas. Tally, 65, 72, 3500, 125, 1123
Thos. J. Brisanden, -, -, -, 5, 100
W. G. Martin, 65, 70, 1000, 8, 90
B. W. Tally, 150, 350, 3000, 60, 416
C. H. Fox, 20, 25, 350, 5, 283
Geo. Russel, -, -, -, 5, 50
Sarah Fox, 80, 105, 650, 15, 200
L. Reid, -, -, -, -, 175
Arther Reid, 20, 180, 500, 10, 160
Martha Reid, 50, 80, 400, 10, 335
E. Reid, 20, -, 100, 5, 210
John Turner, 150, 95, 1800, 100, 617
P. M. Turner, 20, -, 200, 6, 209
John Tally, 75, 100, 900, 15, 294
Wyly Nolen, 35, 75, 350, 10, 90
B. B. Tally, -, -, -, 10, 105
J. Crumley, 40, 110, 300, 30, 450
Wm. Crumley, -, -, -, -, 150

Jos. Calfie, 40, 60, 750, 10, 280
C. C. P. Tally, 65, 225, 1000, 10, 121
R. Kelly, 20, 93, 400, 10, 140
M. Driskill, 100, 220, 2000, 75, 797
Lem Wilder, 3, 105, 300, -, 118
W. H. Ellis, 30, 50, 650, 10, 200
C. Ellis, 125, 170, 1000, 100, 629
Daniel White, 50, 117, 700, 10, 423
Sandifson Ward, 20, -, 200, -, 65
Wm. Holt, 30, -, 300, 10, 270
Demp Moore, 70, 225, 2700, 20, 445
Wm. Moore, 30, -, 300, 10, 165
T. M. Jones, 60, -, 600, 60, 714
Elis Driskill, 110, 406, 3200, 10, 110
Tilman Ledford, 60, 100, 1000, 10, 60
John Kelly Sr., 50, 141, 433, 15, 200
John Kelly Jr., -, -, -, 5, 150
John Nolin, 50, 50, 350, 10, 160
Simeon Kelly, 30, 12, 200, 10, 160
Lavina Fox, 20, -, 200, 5, 28
Jas. S. Holt, 45, 115, 400, 4, 60
Henry Hall, -, -, -, 10, 225
A. C. Christian, 60, 75, 3000, 100, 827
Judith Bailey, -, -, -, -, 30
F. D. Taylor, -, -, -, -, 15
Saml. Malone, 20, 80, 350, 10, 90
John Wise, 65, 120, 1000, 15, 180
Y. E. Brooks, 40, 110, 1000, 80, 531
Sarah Wood, 300, 295, 9000, 200, 2916
James Jones, -, -, -, -, 136
M. M. Bible, 35, 30, 600, 75, 260
T. C. Bible, 100, 100, 2000, 150, 502
John Midcalf, 28, 32, 600, 30, 220
Wm. Buckner, 80, 140, 1200, 60, 600
Chas. Kelly, 80, 120, 2000, 160, 751
John Gillett, 100, 940, 4800, 492, 1786
John Fox, -, -, -, -, 145
John Mayfield, 60, 180, 2000, 10, 185
John Harper, -, -, -, -, 80

E. Fox, 30, 36, 900, 15, 200
Geo. Holt, 100, 150, 2500, 15, 220
A. J. Gillett, 100, 72, 1700, 250, 1405
Wm. Thomas, 75, 130, 1750, 125, 787
John Thomas, 100, 300, 2500, 125, 1010
Saml. Rogers, -, -, -, -, 20
Geo. Thomas, 40, 140, 800, 15, 461
Drury Dawson, 75, 215, 2000, 50, 815
J. E. Conway, -, -, -, 10, 150
A. Dawson, -, -, -, 5, 175
E. Buckner, 20, -, 200, 5, 360
Alex Fowler, 25, -, 200, 20, 230
Danl. Driskill, -, -, -, 35, 250
Robt. Inman, 55, 225, 2700, 100, 759
Alex Tally, 80, 200, 4000, 200, 1454
J. H. Jones, 115, 209, 6000, 250, 1349
Wm. Martin, 62, 38, 4000, 15, 481
Danl. Jones, 260, 350, 11400, 200, 1647
Thos. Buckner, -, -, -, 10, 118
Ruth Odell, 480, 320, 60000, -, -
Thos. Christian, 655, 132, 7000, 150, 1532
John Banks, -, -, -, -, 50
John Dykes,-, -, -, -, 120
A. J. Holt, 25, 40, 300, 10, 170
Louiza Bible, 50, 50, 1500, 30, 406
W. S. Oury (Ousy), 100, 260, 2150, 100, 706
Jo. Dawson, 40, 70, 800, 20, 324
Wm. Carmichael, 25, -, 40, 6, 12
Jeptha Yarber, 15, -, 150, 10, 139
Jo. Dawson, 35, 95, 650, 40, 358
H. A. Smith, 15, 18, 300, 15, 60
A. Ottinger, 35, 15, 600, 10, 140
E. J. Knott, 80, 22, 1000, 65, 230
Israel Cline, 15, 85, 500, 10, 190
Wm. Guinn, 50, 150, 700, 14, 80
Wm. Gammon, -, -, -, 6, 50
H. Gammon, -, -, -, 8, 125
W. H. Bunting, 70, 130, 800, 60, 130

A. Yarber, 50, 20, 420, 12, 303
Tim Shaver, 45, 105, 600, 10, 255
Saml. Hickey, 45, 157, 1000, 5, 112
Joel Reer (Kerr, Ren), 40, 132, 1000, 60, 472
John Reddix, 40, 115, 750, 10, 200
Levi Daniel, -, -, -, 5, 20
John Green, 50, 200, 1200, 20, 271
Wm. Palmer Jr., 40, -, 400, 25, 550
J. E. Palmer, 70, 13, 600, 250, 887
Wm. Palmer Sr., 80, 430, 5000, 150, 400
Thos. Black, 60, 66, 900, 5, 55
Jasper Palmer, 45, -, 450, 256, 804
Wm. Burges, 30, -, 300, 10, 100
M. J. Hines, 75, 110, 3500, 150, 1173
W. H. Evans, 100, 100, 4000, 100, 812
Geo. Banks, -, -, -, -, 45
Jo. Banks, 45, 117, 1000, 10, 260
J. H. Lovel, 130, 220, 2000, 70, 528
Mary O'Neil, 60, 79, 1600, 10, 170
Martha Geen, 175, 525, 7000, 50, 1331
P. R. Gwinn, -, -, -, -, 120
Wm. Green, 40, 85, 750, 100, 535
John Dyke, -, -, -, -, 10, 249
Isom Edington, 20, -, 500, 105, 680
John Stansbery, 14, 40, 1500, 5, 110
Thos. Kesterson, 35, 75, 2500, 75, 453
W. Holdway, 100, 220, 4000, 150, 1100
Rebecca Heath, 10, 160, 1500, -, 20
W. D. Nelson, -, 180, 900, -, -
Jos. Hall, -, 100, 500, -, -
C. Haun, -, 20, 20, -, -
Jas. Murry, -, -, -, 10, 185
A. Dawson, 20, 50, 400, 10, 131
Lem Bible, 40, 147, 3000, 280, 550
John Gilbert, -, -, -, 5, 16
C. T. Conway, 40, 16, 560, 30, 307
Hez. Moore, 35, 100, 1000, 40, 65
Sineris Mise, -, -, -, -, 15
H. Williams, -, -, -, 10, 78

A. C. Smith, 50, 55, 800, 150, 670
W. D. Smith, 45, 240, 1000, 70, 158
Mort Edington, 30, 270, 1000, 20, 136
Jude Brown, -, -, -, -, 20
Hez. Holdway, 30, 91, 1000, 25, 340
M. Hall, -, -, -, -, 135
A. Scruggs, 130, 150, 4000, -, -
Wm. Hall, 55, 45, 2500, 165, 895
P. Hall, 75, 181, 1300, 15, 333
Van Bible, 125, 550, 5000, 20, 678
Jo. Holt, 65, 185, 1800, 30, 660
L. Smith, 55, 190, 2000, 65, 550
Sarah Mason, 55, 190, 2500, 35, 764
John Holt, 100, 200, 1000, 100, 620
Nancy Reese, 20, 20, 200, 10, 280
David Smith, 20, -, 500, 15, 368
Jos. Mathis, -, -, -, 10, 215
T. J. Tally, 75, 95, 1360, 10, 280
Chas. Tally, 50, 120, 1360, 25, 179
Val. Cline, 30, 120, 500, 10, 373
Berry Holt, 40, 280, 1200, 15, 368
Geo. Holt, -, -, -, 5, 75
Richd. Civiston, 150, 140, 4000, 70, 1476
E. J. Dyke, 50, 100, 1000, 140, 234
William Smith, 22, -, 200, 10, 150
John Swatzel, -, -, -, 5, 108
Joseph Basinger, 35, 53, 600, 75, 142
W. H. H. Fowler, 20, 160, 400, 12, 65
J. M. Shelton, 25, -, 500, 10, 43
Geo. Ricker, -, -, -, 10, 35
Weston Swatzel, 30, 170, 1200, 140, 313
Wm. Worth, 80, 300, 2000, 75, 148
H. M. Worth, 30, 70, 500, 10, 34
V. S. Maloy, -, -, -, -, 422
D.V. Stokely, 150, 500, 000, 150, 1100
Alfred Hill, -, -, -, -, 180
James Swagerty, 580, 400, 20000, 300, 3955
John Rosex, 340, 644, 30000, 500, 4345

William Carter, 250, 887, 18000, 350, 436
John Kenyon, 50, 16, 1120, 100, 270
F. M. Ward, 15, -, 150, 100, 75
Jonas Alman, 80, 30, 1800, 20, 400
Thos. Ellison, 65, 35, 5000, 200, 414
P. M. Nease, 125, 75, 3000, 200, 539
A. Shepard, -, -, -, -, 59
D. Eisenhour, 100, 250, 3500, 50, 957
H. J. Kard, 20, -, 200, 25, 140
Hiram Balch, 80, 75, 2000, 130, 630
And. Ottinger, 130, 200, 4000, 100, 633
Elizabeth Boger, 50, 125, 2000, 30, 475
C. Eisenhour, 170, 320, 8600, 300, 1825
Aden Smith, 100, 135, 2600, 50, 340
Thos. Bugg, 60, -, 1105, 50, 250
Alfred Ellison, 60, 44, 2500, 75, 590
E. Patterson, -, -, -, -, 76
Thos. Smith, 80, 170, 3000, 5, 361
Thos. Smith Jr., 40, 61, 600, 15, 140
Wm. Cooper, 30, -, 300, 15, 150
Sarah Cooper, 45, 40, 1500, 20, 105
George Stuart, 50, 75, 1800, 21, 742
Sarah Black, 18, 32, 600, -, 30
Thos. Stafford, -, -, -, 5, 40
John Worth, 30, 44, 1803, 15, 348
Jobe Odell, -, 6, 120, 15, 130
L. D. Fox, 70, 200, 1400, 50, 375
W. Davis, 30, 70, 300, 10, 200
D. Winniford, 30, 88, 1200, 25, 280
Wm. Mims, 50, 135, 3800, 400, 552
A. Walker, 50, 150, 2400, 75, 320
C. Holt, -, -, -, 10, 55
W. R. Walker, 13, 27, 200, -, 95
Geo. Cline, 50, 50, 600, 24, 308
J. W. Holt, 35, -, 700, 25, 170
Wm. Fowler, 45, 135, 1000, 30, 300
Isaac Fowler, 10, -, 200, 20, 210
Amos Dawson, 80, 245, 2800, 50, 752
Isaac Dawson, 30, -, 500, 15, 444
Eliz. Fowler, 40, 59, 500, 20, 150

J. Fowler, -, -, -, 15, 105
Jos. Wood, 50, 85, 800, 10, 465
D. Heifner, 25, 165, 1500, 24, 200
M. Duncan, -, -, -, 10, 90
J. D. Ottinger, 40, 100, 800, 15, 450
Peter Reece, 45, 150, 450, 20, 125
A. Dawson, 20, -, 200, 20, 236
C. Faubian, 30, 40, 800, 50, 175
N. W. Easterly, 140, 200, 7500, 408, 600
Bas. Carter, -, -, -, -, 30
Wm. Ottinger, 50, 50, 3000, 150, 675
Geo. Easterly, 200, 225, 5000, 200, 1030
D. Owins, 30, -, 400, 10, 55
Elias Owins, 20, -, 200, 10, 80
J. R. Ottinger, 100, 100, 2000, 125, 736
J. Swatzel, 40, -, 1000, 75, 823
D. Harned, 260, 460, 11000, 200, 1470
C. R. Lowe, -, -, -, -, 115
A. Fleener, 70, 140, 2000, 200, 357
Jonas Toby, 25, 500, 50, 100, 140
A. Peters, 50, 125, 2000, 25, 210
M. Golsby, 10, 119, 1050, 15, 120
H. H. Headrick, 25, 31, 1200, 50, 125
J. Mims, 100, 450, 5000, 50, 560
W. A. Malone, -, -, -, 8, 70
Peter Bussel(Burrel), -, -, -, 15, 60
Samuel Fowler, 15, 75, 640, 425, 370
C. P. Miller, 75, 155, 2200, 100, 525
Nancy Faancier, 100, 300, 1000, 75, 785
Joseph Balch, 65, 160, 2250, 75, 680
G. M. Allen, 100, 150, 1500, 50, 955
Green Allen, 150, 150, 2000, 100, 995
Mary Allen, 150, 200, 5000, 351, 1275
A. Smith, -, -, -, 400, 2475
Bartlett Sisk, 100, 75, 3500, 70, 711
Wm. Holland, 175, 2500, 7000, 300, 1605

Charles Holland, 90, 80, 3000, 25, 1002
Balom Dockery, -, -, -, 10, 215
L. W. Jones, 18, 40, 1250, 10, 20
C. M. Miller, 200, 100, 8000, 300, 1647
David Sprunse, -, -, -, 10, 400
J. R. Allen, 240, 120, 6820, 350, 1716
George McNabb, 120, 50, 3600, 140, 1008
Jacob McNabb, 45, -, 900, 20, 225
Joel Brooks, 115, 50, 2200, 300, 1793
Thomas M. Gragg, 65, 65, 1800, 140, 581
Catharine Holoway, 20, -, 300, 15, 176
Eligah Wily, 50, 70, 600, 15, 204
Green Innman, 60, 120, 1500, 65, 400
William Wily, 20, -, 300, 10, 101
George Wily, 30, -, 600, 10, 142
M. A. Readman, 185, 233, 12000, 125, 2253
Faubin & Mims, -, -, -, -, 200
R. S. Roadman, -, -, -, -, 700
_. N. Stase, -, -, -, -, 60
Mathias Faubian, -, -, -, -, 175
Joseph Duncan, -, -, -, 10, 1260
G. W. Suggs, 45, -, 900, 100, 163
Thomas Winiford, 160, 100, 5000, 500, 1492
Vina Boldin, -, -, -, -, 50
W. B. Wall, 140, 360, 5000, 150, 1393
Henry Parrott, 100, 100, 3000, 25, 215
Samuel Parrott, 40, 15, 1100, 10, 145
Job Parrott, 75, 75, 2500, 125, 438
Thomas Holaway, 60, 420, 4700, 100, 300
Joseph Michaux, -, -, -, 40, 350
John Hale, 140, 90, 6660, 150, 1167
Joseph Smith, 30, 25, 1100, -, -
L. B. Young, 50, 5, 1400, 20, 155
_. Yett, 135, 300, 8740, 300, 1001
Wm. West Sr., 18, -, 360, 10, 111
Jacob Stephens, 120, 50, 4500, 200, 1060
James Swagerty, 134, 40, 5500, 75, 884
Rufus Geslin, 35, -, 700, 5, 92
Alex Freshour, 40, -, 800, 100, 210
J. H. Yett, 300, 175, 16000, 500, 2610
Wm. B. Templen, 100, 125, 2000, 150, 944
A. H. Ottinger (Big), 160, 239, 3000, 500, 776
Henry Ottinger, 60, 62, 2000, 200, 542
M. Ottinger, 40, -, 500, 130, 635
Johnathan Ottinger, 65, 114, 1500, 100, 600
B. B. Hale, 60, -, 600, 125, 512
Henry Rader, 92, 188, 4920, 300, 492
John Rader, 75, 125, 2000, 100, 440
John D. Stinger, 100, 81, 2500, 150, 886
A. Winter, 100, 112, 2300, 300, 893
James Ward, 25, 35, 700, 10, 185
John Winter, 100, 50, 1800, 175, 433
Catharine Ottinger, -, -, -, 10, 115
Mary Ottinger, 120, 40, 1200, 10, 100
C. Ottinger, -, -, -, 120, 126
A. Peters, 100, 100, 1500, 120, 700
Henry Ottinger, 120, 93, 2000, 250, 1129
Amosos Neas, 30, -, 300, 15, 261
David Ottinger, 70, 110, 1500, 25, 294
Jacob Ottinger, 100, 100, 3000, 200, 1265
J. McMastry, 50, 50, 1200, 140, 363
Joseph Rader, 70, 85, 800, 25, 358
John Welty, 300, 530, 3370, 25, 316
George W. Gwin, 35, -, 350, 10, 240
Wm. Runion, 35, -, 245, 5, 101
John Sharp, 55, 20, 380, 10, 265

Elizabeth Blazer, 25, 50, 375, 5, 128
Phillip Neas, -, -, -, 5, 65
Royal Moore, 15, 35, 15, 5, 65
Henry Runner, 100, 100, 1200, 120, 672
James Cooper, 35, 100, 1200, 41, 270
Peter Isenhour, 25, 25, 300, 10, 160
G. W. Gragg, 50, 443, 1000, 21, 420
Robert Gragg, 65, 256, 600, 35, 321
James Gragg, -, -, -, 55, 135
John M. Lane, 75, 30, 600, 20, 533
Jacob Lane, -, -, -, 5, 106
William Gray (Grag), 40, 61, 700, 120, 216
C. Blazer, 27, -, 210, 10, 118
George Neas, 65, 110, 2000, 40, 456
Elijah Gragg, 40, 275, 1500, 10, 293
Andrew Winter, 65, 127, 2000, 100, 758
John W. Gragg, 30, 20, 400, 12, 50
P. H. Easterly, 150, 137, 3000, 200, 950
Elijah A. Holland, -, -, -, 5, 63
John Keas, 80, 57, 1000, 125, 354
Henry Gragg, 39, -, 3900, 20, 264
Ambrose Easterly, 61, 116, 2124, -, -
John Cooper, 140, 85, 2000, 190, 577
G. B. Ebbs, 20, -, 168, 5, 30
Catharine Ebbs, -, -, -, 5, 141
Noah Neas, 100, 110, 2000, 100, 567
George Praswaters, 10, 20, 360, 25, 266
F. M. Ebbs, 59, 120, 1790, 10, 133
Josiah Williams, 75, 125, 4000, 225, 802
Michel Neas, 130, 130, 4000, 350, 1098
Martin Isenhour, 141, 216, 3580, 225, 627
Simeon Isenhour, 37, -, 370, 225, 542
David Redmon, 22, -, 220, 20, 158
Thomas Henderson, -, -, -, 10, 175
John Smith, 50, -, 700, 15, 448
John L. Smith, 60, -, 840, 90, 706
Henry Forbian, 200, 260, 5280, 200, 2225
William Shealds, 85, 90, 3500, 150, 640
James Boldon, -, -, -, -, 55
N. Susong, 340, 260, 11100, 100, 2681
John Hawk, 221, 336, 8420, 100, 1594
D. Headrick, 43, -, 516, 5, 46
Jonathan Smelser, 36, -, 432, 6, 248
W. C. Roadman, -, -, -, -, 33
George Otinger, 100, 200, 3900, 200, 1000
Joseph Otinger, 25, -, 500, 10, 290
Aaron Blazer, 40, -, 800, 20, 360
Peter Rader, 50, 100, 700, 275, 540
William Otinger, 75, 35, 850, 180, 640
Cornelius Smelser, 40, 110, 2500, 100, 325
Andrew Otinger, 60, 10, 1000, 150, 520
Elijah Borden, 50, 100, 1500, -, -
Michel Otinger, 125, 100, 2700, 100, 500
Shade Deburk, 50, -, 1000, 50, 261
Abraham Rader, 125, 225, 4100, 250, 700
George Neas, 75, 100, 2625, 200, 600
John D. Smith, 75, 95, 1500, 200, 500
Daniel Blazer, 50, 100, 1500, 4, 25
John D. Otinger, 30, 90, 1000, 10, 68
Mahaly Maloy, 125, 125, 5000, 100, 772
Henry Blazer, 100, 100, 1700, 65, 300
William Blazer, 50, 40, 600, 50, 500
William Otinger, 75, 30, 2100, 150, 218
John Otinger, 75, 130, 2500, 153, 150

David Otinger, 75, 48, 1332, 200, 575
Ramus Otinger, 35, 30, 600, 125, 536
Lewis Otinger, 130, 250, 2000, 300, 750
Phillip Blazer, 100, 60, 1600, 200, 490
Thomas Otinger, 100, 275, 1800, 200, 400
Moses Blazer, 20, -, 200, 50, 150
John Blazer, 20, -, 200, 50, 100
Benj. Blazer, 75, 150, 2500, 200, 645
Joseph Otinger, 50, 60, 1120, 25, 200
Thomas Cook, 20, -, 300, 25, 250
Isaac Cook, 35, 50, 1275, 100, 300
Robert Smith, 110, 112, 2000, 120, 725
John Freshour, 100, 200, 3900, 200, 520
David Susong, 230, 220, 10000, 165, 2135
James Miller 10, 100, 330, 10, 71
Edmon Po__ry, 50, 60, 500, 50, 150
William B. Bryan, 85, 365, 4000, 300, 590
Ann Bryan, 50, 100, 1400, 100, 500
Elbert Gorrell, 20, -, 360, 15, 418
Daniel Brooks, 90, 242, 3322, 100, 72
Jacob Hose, 50, -, 500, 5, 170
William Brumfield, -, -, -, 8, 50
J. P. Blanchet, 120, 105, 1800, 200, 809
Wm. Blanchard, -, -, -, 8, 183
Thomas Moneyhan, -, -, -, 15, 120
Wm. Brooks, 70, 80, 2000, 85, 330
Jams Ross, 27, 45, 1000, 100, 431
Jas. Moneyhan, 18, -, 180, 10, 20
Wm. Boyer, 60, 180, 3400, 75, 437
James Smith, 44, -, 620, 10, 239
Judith Huff, 160, 125, 3000, 200, 1169
Pete Howlet, 30, -, 300, 10, 148

David Freshour, 45, 60, 1000, 15, 175
John Keisler, -, -, -, 5, 180
Edward Memaehar(McMahan), 45, 30, 900, 75, 475
Wm. Killian, -, -, -, 10, 247
Wm. Kenner, 105, 68, 2600, 350, 604
J. R. McKay, 40, -, 500, 10, 320
Luna Chapman, 100, 40, 3600, 250, 979
Ely Chapman, 90, 175, 2975, 125, 568
Henry Kilgore, 35, -, 595, 25, 222
Martin Kilgore, 65, 50, 1495, 155, 310
Moses Neis, 120, 78, 2000, 150, 654
John Critsellas (Critsellar), 36, 156, 2204, 75, 432
Martin Justice, -, -, -, 10, 40
Pouel Kenner, -, -, 516, 100, 191
Robert N. Huff, 103, 193, 2000, 50, 508
Wm. Kelley, -, -, -, 100, 240
B. F. Neis, 85, 145, 2724, 125, 816
Andrew Lane, 35, -, 420, 5, 36
W. Kelly Sr., 38, 60, 890, 100, 377
Joseph Kelley, 28, -, 252, 10, 150
Sarah Rise, 63, 850, 1432, 120, 161
Wiley Chapman, 60, 43, 800, 125, 255
Wm. Chapman, 65, 70, 2025, 150, 446
Wright Stuart, 20, 5, 880, 110, 552
A. Spencer, 70, 230, 2500, 50, 419
Jacob Killian, 44,-, 5281, 15, 139
John Killian, 48, -, 576, 25, 420
Jacob Freshour, 100, 50, 1000, 10, 64
Susan Lillard (Sillard), 79, 328, 6105, 170, 637
N. H. Dewitt, 150, 210, 10000, 250, 1883
Daniel Headrick, 40, 12, 2000, 20, 529
Rhoda McMahan, 12, 6, 1500, 15, 50

Stephen Huff, 200, 670, 9000, 300, 2632
John Huff, 100, 405, 3500, 120, 850
Sarah Brooks, 40, 25, 1200, 85, 562
John Townsend, 50, 300, 1820, 100, 571
James Townsend, 20, -, 180, 15, 260
Thomas Messer, 20, 80, 150, 10, 201
T. B. Huff, 75, 626, 1500, 50, 664
D. H. Gowin, 12, 38, 150, 12, 174
J. N. L. Barnett, 75, 200, 3100, 125, 492
Jas. N. McKay, 40, -, 1000, 50, 278
A. Jones, 100, 5221, 4500, 130, 1126
A. Sawyers, 11, -, 220, 5, 135
John Wood, 120, 710, 6000, 200, 882
Elizabeth Weaver, 95, 100, 5000, 120, 507
H. T. Weaver, 40, 40, 600, 25, 537
J. B.S. Burnett, 49, -, 800, 25, 380
A. N. Wright -, -, -, 8, 60
William Hooyhere, 25, 100, 625, 20, 460
Pam Aranton, 35, -, 500, 5, 139
Th. Moonyham, 12, -, 120, 15, 87
James Cogdel, 25, -, 150, 15, 717
Lewis Mills, 12, -, 120, 5, 78
Martin Lintz, 50, 200, 800, 125, 412
J. M. A. Burnett, 150, 250, 1200, 100, 833
P. N. Williams, 85, 170, 4000, 50, 373
A. C. Huff, 215, 700, 10500, 250, 1570
Isaac Clements, 75, 200, 1000, 50, 562
S. M. Burnett, 240, 4264, 20001, 200, 2701
Mary A. Prater, 4, -, 40, 1, 5
Calep Rease, 70, 230, 1000, 15, 221
Zach _. Bible, 6, 94, 200, 10, 50
Mils Woody, 30, 40, 600, 15, 420
William Night, 20, 130, 500, 15, 107
Jno. Ball (Bell), 22, 1049, 1500, 20, 121

Benj. Night, 12, 38, 150, 30, 98
Green Woody, 30, 45, 600, 12, 255
Eli McMahan, 45, 60, 800, 25, 389
Smith Teage, 11, 89, 300, 5, 173
Robert Green, 40, 110, 400, 10, 400
Wyat Jones, 43, 405, 1250, 30, 236
Morail Jones, 11, 100, 450, 10, 155
William Green, 20, 105, 300, 20, 77
Murphy Killpatrick, 55, 200, 1200, 20, 175
Adnezia Ball, 18, 182, 600, 11, 50
H. L. Clark, 35, 83, 3011, 12, 154
Solomon Rice, 8, 150, 850, 20, 395
Joel Smith, 50, 100, 850, 20, 395
Uriah Banks, 14, -, 140, 8, 120
J. J. Price, 15, 35, 100, 10, 150
Solomon Williams, 55, 220, 1407, 100, 340
A. M. Teage, 20, 50, 300, 10, 45
Edmon Ramsey, 25, -, 400, 15, 200
John Henderson, 20, 75, 600, 20, 100
William Henderson, 18, 110, 600, 5, 70
James McMurray, 75, 525, 800, 50, 377
Allmon Coggin,-, -, -, 6, 179
Andrew Henderson, 7, 100, 350, -, 80
Richard Johnson, 20, 150, 1200, 20, 154
N. Jailes, 15, 520, 500, 15, 170
Thos. Coldwell, 10, 190, 200, 10, 67
W.A. Campbell, 140, 90, 2000, 30, 740
George Turnner, 20, 30, 100, 15, 210
Elijah Turner, 15, 40, 100, 10, 95
John Keys, 28, 52, 400, 10, 87
Alen Clements, 14, 90, 400, 15, 191
Nelson Downs, 30, 40, 450, 15, 136
Isaac Sexton, 25, 75, 400, 25, 223
Elijah Sexton, 22, 29, 300, 15, 100
William Franks, 50, 150, 800, 10, 160
R. William Woody, 37, 120, 260, 5, 52
Ambros Sawyers, 17, 233, 250, 6, 50

Lewis Grigsby, 140, 374, 374, 150, 1060
Benj. Davis, 80, 231, 2000, 75, 900
J. J. Renland (Kenland), 65, 235, 1600, 60, 695
John H. Stokely, 80, 420, 3600, 176, 983
Joseph Stokely, 20, 89, 1500, 15, 76
Harrison Marron, 55, 245, 1500, 25, 221
John Justice, 140, 210, 500, 15, 404
John Ellison, 20, 105, 700, 15, 143
Edward Harley, 15, 135, 300, 12, 205
Abe Ellison, 10, 90, 200, 11, 47
Mc. Fox, 15, 85, 500, 10, 100
Alford Reice, 8, 127, 200, 6, 42
William Fox, 75, -, 4000, 20, 70
Charlese Stokely, 100, 350, 6000, 327, 1808
Johnathan Ables, 13, 85, 160, 10, 114
H. Ables, 25, 75, 500, 20, 149
Henry Lee, 40, 200, 1000, 10, 376
Miles Elenburg, 64, 130, 100, 6, 215
Allen Jones, 20, 107, 400, 6, 123
William Davis, 50, 52, 700, 20, 229
Elizabeth Rose, 15, 51, 500, 5, 71
John Messer, 20, 105, 200, 7, 45
William Rains, 32, -, 500, 15, 314
David Guinn, 68, 669, 2000, 200, 933
Edward Teage, 15, 85, 500, 25, 95
Daniel Prine, 25, 475, 500, 10, 96
Rany Black, -, -, -, -, 159
Solomon Rollins, 30, 130, 450, 20, 148
Solomon Sesser(Lesser), 30, 150, 600, 10, 235
Isham Green, 50, 200, 1600, 15, 254
Samuel Yates, 40, 160, 1000, 20, 257
Michel Parker, 50, 245, 600, 15, 176
John Parker, 50, 150, 700, 55, 268
William Ellison, 20, 175, 4000, 21, 154

Thomas Bell, 50, 40, 1500, 20, 400
Alvey Penbond, 10, 40, 150, -, 300
Daniel Bryant, 80, 120, 2500, 150, 500
James S. Jones, 48, 60, 1300, 40, 400
N. H. Stokely, 275, 825, 12000, 250, 2655
Aron Bible, 24, 75, 600, 100, 300
Royal Yeats, 90, 25, 2500, 100, 865
Wm. Jones, 45, 75, 1000, 25, 458
R. Jones, 50, 50, 250, 10, 200
Sarah Jones, 50, 100, 2000, 25, 250
C. H. Jones, 35, 250, 1000, 10, 350
Jas. Jones, 40, 40, 450, 20, 200
A. Colder, 28, 150, 650, 10, 200
S. Jones, 15, 60, 300, 10, 75
J. Bible, 18, 630, 500, 25, 150
Susannah Bible, 10, 40, 100, 10, 175
Ezra Bible, 40, 310, 800, 300, 340
G. Messer, 20, 80, 400, 10, 150
Ben. Ford, 40, 280, 1000, 25, 200
John Ford, 10, 42, 300, 10, 60
R. Black, 50, 350, 800, 6, 200
Mort Davis, 20, 280, 400, 15, 200
E. Turner, 30, 120, 600, 20, 75
L. D. Turner, 30, 70, 300, 5, -
W. Carmer (Cammen,), 27, -, 594, 10, 260
J. Cammen, 15, -, 352, 5, 246
Jo. Ren, 37, -, 814, 10, 265
J. C. Coinger, 95, 40, 4000, 130, 558
J. W. Jackson, 10, -, 105, 10, 120
M. Justice, 17, -, 255, 8, 35
Jo. Pagett, 85, 315, 3000, 200, 606
John Stephens, 80, 73, 5000, 125, 1095
D. D. Brooks, 200, 200, 11666, 352, 3974
W. Manor, 20, -, 400, 15, 275
S. Lattspuck, 125, 110, 1680, 100, 1660
J. G. Click, 20, -, 400, 20, 218
Jac. Click, 100, 225, 4000, 140, 366
Jas. Netherton, 91, 85, 3700, 150, 885
C. L. Netherton, 39, -, 784, 50, 519

B. B. Fox, 100, 85, 1500, 10, 495
Tol. Sisk Jr., 31, -, 620, 20, 206
P. J. Burk, 21, -, 420, 15, 229
M. Williams, 35, -, 1050, 100, 165
Asbery Fowler, 47, -, 940, 25, 213
W. N. Brosk, 30, -, 450, 20, 150
Wm. Wood, 200, 200, 10000, 200, 1317
B. L. Bolin, 81, 28, 2000, 125, 597
J. Hartsel, 30, -, 600, 10, 39
Jas. Wood, 105, 88, 6755, 125, 900
A Wiley, 25, 60, 600, 10, 250
J. A. Click, 25, 75, 400, 20, 160
Wm. Click, 25, 75, 400, 20, 80
W. Grany, 60, 40, 2000, 15, 200
Wm. Mantooth, 16, -, 320, 20, 150
H. Runion, 75, 185, 2000, 100, 507
J. C. Fox, 40, -, 800, 5, 20
W. Cogdill, 15, -, 150, 10, 100
E. Fox, 65, 75, 1500, 20, 900
J. Fox, 60, 40, 2100, 10, 250
J. Davis, 40, -, 880, 25, 190
J. Smithhetor, 45, -, 900, 25, 300
W. Hall, 27, -, 540, 20, 335
W. Evans, 70, 20, 3000, 25, 350
N. Ellis, 30, 15, 1000, 5, 170
C. Ellis, 35, 15, 500, 10, 75
E. Clinger, 150, 95, 3000, 125, 700
Elias Gray, 58, 12, 1400, 25, 450
B. Hightower, 140, 60, 5000, 25, 255
M. Harmon, 40, 25, 1950, 20, 375
Susan Clevinger, 100, 100, 5000, 200, 1350
J. L. Felter, 45, 75, 2500, 100, 660
Wm. Mantooth, 45, 23, 2500, 150, 750
Geo. Sisk, 80, 34, 3000, 100, 619
R. Mantooth, 22, -, 300, 75, 260
J. Burk, 45, 43, 1550, 25, 650
L. L. Roberts, 38, 25, 470, 20, 231
J. H. Justice, 15, -, 180, 6, 70
A. C. Clevinger, 80, 25, 3600, 155, 1274
Danl. Hall, 80, 200, 400, 20, 123
W. A. Hall, 35, 150, 25, 20, 127

John Mantooth, 73, 15, 2700, 250, 522
Tol Sisk, 109, 115, 12130, 225, 708
W. Vinson, 112, 240, 13300, 175, 1450
Winet Firer (Fiser), 18, -, 380, 15, 428
P. Loyd, 38, 54, 8140, 150, 531
Eligah Fowler, 13, 17, 300, 50, 224
Berry Notherton, 56, -, 2800, 75, 380
Anderson, Cook, 36, -, 360, 40, 881
Enoch Notherton, 75, 55, 3434, 75, 404
Joseph Jenson, 50, 60, 12200, 20, 470
Ashly Wood, 120, 100, 2650, 100, 900
Margarett Lee, 25, 63, 2640, 25, 106
Joseph McMullen, 100, 400, 1600, 60, 314
James McNabb, 100, 400, 10000, 250, 744
Malcom McNabb, 175, 170, 16500, 400, 1215
Rubin Harrison, 165, 20, 400, 100, 258
Russel Harris, 40, -, 200, 10, 392
James Yarber, 20, 30, 200, 5,105
John Sutton, 13, 32, 300, 7, 100
Joseph Sutton, 16, 284, 300, 10, 175
Jeremiah Jenkins, 15, 45, 300, 10, 91
Thomas M. Cayton, 55, 239, 1000, 100, 686
James Valentine, 50, 150, 500, 100, 394
Green Valentine, 15, -, 120, 25, 64
Robert Valentine, 10, 40, 150, 25, 47
Holaway Baxter, 25, 188, 480, 25, 193
Daniel James, 15, -, 120, 8, 134
Jesse West, 25, -, 250, -, 63
James P. Waters, 20, -, 200, 6, 113
James Baxter, 20, 40, 500, 75, 155
Pery Baxter, 20, 460, 500, 25, 225
James Baxter Jr., 10, 50, 100, 10, 54
S. B. Adams, 25, 25, 300, 5, 56

Joseph Webb, 93, 1900, 930, 50, 459
Isaac MaGaha, 35, 150, 280, 785, 797
Wm. McMahan, 90, 20, 1500, 20, 495
Saml. Ramsey, 10, 30, 240, 15, 63
J. V Blackwell, 140, 80, 3000, 125, 830
Margaret Gray, 90, 110, 10000, 150, 919
Granthan Davis, 40, 40, 1600, 10, 100
James Allen, 20, 60, 400, 10, 200
Alex Fine, 20, -, 100, 10, 200
John Gilleyland, 24, 26, 250, 10, 65
Cornelius Large, 15, 125, 500, 10, 175
Phillip Jenkins, 30, 200, 350, 4, 94
Rubin Williamson, 30, 20, 500, 10, 220
Anderson McMullen, 50, 150, 1000, 10, 625
Geo. Shults, 50, 254, 2000, 175, 493
Rufus Jenkins, 50, 100, 800, 20, 245
John Giles, 10, -, 100, -, 75
Wilson McMahan, 55, 1545, 2000, 50, 416
Wm. Tucker, 37, 508, 650, 60, 190
Samuel Tucker, 13, -, 150, 10, 147
L. M. Tucker, 20, -, 200, 10, 304
Joseph McMullen, 20, 40, 300, 10, 210
Ben. P. Hopkins, 90, 800, 2500, 100, 600
Jno. Williams, 30, 120, 500, 100, 600
Wm. Lindsy, 25, 150, 500, 50, 386
Wm. Smith, 30, 570, 500, 30, 260
John Ransey, 28, 23, 480, 10, 62
John McGaha, 30, 50, 200, 5, 120
Robert McGaha, 60, 600, 600, 100, 710
John McGaha, 24, -, 200, 15, 55
Jonas Phillips, 12, 663, 1000, 5, 371
John Harrison, 40, 100, 700, 15, 200

Joseph Gilyland, 25, 125, 200, 10, 150
Calab Jenkins, 20, 30, 200, 20, 160
Nathaniel Giles, 15, -, 150, 5, 190
Joel Jenkins, 30, 345, 500, 20, 175
Logan Johnson, 10, -, 100, 75, 75
Robert McGaha Sr., 30, -, 300, 60, 200
Thomas Carber, 15, -, 150, -, 175
Lemuel Whitehead, 6, 45, 100, 31, 50
Joel Derner Jr., 25, 156, 600, 10, 200
Abraham Hopkins, 25, 375, 1000, 20, 200
James Harrel, 70, 700, 860, 25, 390
Varden Whitehead, 14, -, 140, 5, 40
Jessse Baxter, 30, 70, 300, 125, 263
John McMahon, 30, 5000, 600, 150, 600
Richard Smith, 20, 30, 200, 20, 294
Augustine Jenkins, 30, 50, 800, 60, 305
Adam Harris, 13, 287, 500, 20, 213
Daniel Gray, 65, 25, 2200, 35, 491
Alex Sisk, 150, 66, 5500, 75, 692
A. Fox, 140, 60, 6000, 100, 183
C. F. Bewley, 150, 30, 2000, 50, 318
Isaac Hartsel, 45, 45, 1400, 100, 200
Thos. Mantooth, 50, 100, 1500, 20, 490
William Burk, 70, 150, 2000, 125, 490
James Mantooth, 60, 75, 800, 25, 250
Jno. Mantooth, 20, -, 200, 10, 600
James Vinson, 50, 50, 2000, 100, 403
Garrett McNabb, 20, -, 400, 15, 295
W. Vinson, 15, -, 300, 20, 195
James Mantooth, 50, -, 1000, 25, 500
Jno. McNabb, 40, 20, 1600, 150, 650
Jno. Baker, 100, 18, 5000, 400, 782
Jno. McNabb, 100, 325, 4000, 200, 1400
James C. McNabb, 40, 200, 2500, 25, 400

William E. McNabb, 40, 200, 2500, 50, 487
W. Harreson (Haneson), 40, 200, 300, 20, 350
James Rollins, 40, 100, 500, 15, 100
_____ Husky, 10, 25, 400, 5, 60
James Ridings, 40, 100, 1500, 100, 280
Joseph Campbell, 40, 250, 1500, 50, 150
W. A. Larner, 25, 75, 1000, 100, 40
Robt. Smith, 12, 38, 300, 15, 90
Calvin Rollins, 12, 112, 500, 25, 100
Thos. Webb (Wobb), 18, -, 180, 5, 60
E. _. Wobb, 17, -, 170, 5, 50
Jane Jinkens, 15, -, 150, 6, 125
William McGaha, 20, 30, 200, 10, 125
N. Redings, 30, 125, 300, 20, 100
Leonyl Ramsey, 18, 65, 250, 20, 600
M. Ellis, 40, 190, 800, 50, 274
Jame Brotherton, 30, -, 130, 10, 120
Isaac Stuart, 10, 30, 800, 25, 312
Davis Shoults, 100, 300, 3000, 100, 533
Jno. Allen (L), 100, 325, 5400, 200, 165
Isaac Allen, 125, 300, 4850, 200, 1027
James Harvey, 20, -, 200, 10, 72
Edward Holt, 50, 168, 800, 60, 282
William Holt, 40, 132, 700, 20, 367
Tilghman Blazer, 40, -, 400, 100, 260
Thos. McNabb, 100, 75, 3500, 75, 640
William Lillard, 125, 65, 1800, 100, 547
Martin Lewis, 14, 11, 250, 10, 25
Anderson Lewis, 14, 11, 250, 10, 25
Nathan Murrel, 12, -, 100, 15, 141
John Dennis, 130, 30, 4000, 100, 592
James Wilson, 53, 100, 1030, 150, 513
Jos. Wilson, 20, -, 200, 25, 166

Mark Hicks, 27, -, 270, 10, 118
Asa P. Lewis, 6, 94, 150, 10, 475
Saml. Jenkins, 20, -, 200, 20, 160
Abraham Denton, 80, 25, 2600, 200, 1452
Abraham Denton Jr., 80, 70, 800, 50, 415
L. D. A. Harper, 30, -, 300, 20, 221
Richd. Brooks, 100, 120, 1000, 40, 1631
Aaron Bryant, 160, 75, 3000, 200, 896
Burnnet Bryant, 90, 150, 2900, 300, 905
Austin Haw, 70, 35, 1500, 150, 641
John Lewis (B), 31, -, 310, 15, 96
Sarah Smith, 200, 1940, 19000, 250, 2600
A. E. Smith, 100, -, 3000, 150, 1848
M. McMahan, 120, 50, 2800, 375, 339
Wm. Webb, 60, 88, 600, 75, 315
George Baxter, 60, -, 400, 20, 193
Saml. Grgery (Gregory), 10, 300, 200, 20, 48
James Shepherd, 20, -, 3500, 20, 201
John Murrel, 140, 150, 200, 150, 700
Margaret Click, 80, 100, 250, 30, 2008
Elijah Finchan, 12, -, 10000, 2, 58
Edwin Allen, 110, 125, 300, 400, 992
Joseph Cameron, 30, -, 250, 10, 200
Calvin B. McNabb, 25, -, 300, 10, 200
Allen Rains, 30, -, 800, 10, 91
Sanders McMahan, 100, 100, 400, 18, 100
Nancy Rains, 125, 25, 1000, 20, 218
John A. Denton, 80, 20, 1000, 75, 230
Moses Clark, 75, 20, 700, 20, 225
Ezekiel Scroggins, 22, 48, 3000, 21, 300
Mildred Morris, 172, 1140, 7200, 375, 1639

Joseph Manning, 100, 100, 3000, 151, 800
John Rains, 60, 75, 1000, 20, 100
Henry Odell, 15, -, 150, 15, 125
Mark Harper, 40, -, 400, 20, 375
Alfred Ball, 150, 400, 2050, 125, 920
Thos. Barns, 20, -, 200, 10, 150
Wm. Weaver, 60, 175, 2750, 20, 780
Wm. S. Beedle, 24, -, 400, 10, -
Uriah Williams, 80, 100, 1800, 100, 300
William Harper, 60, 125, 1000, 75, 400
John Allen, 20, 63, 300, 30, 172
Preston Lemmon, 100, 40, 4000, 20, 328
James P. Taylor, 200, 150, 6000, 150, 2012
David Hembree, 9, -, 190, 10, 40
Anderson Allen, 35, -, 800, 25, 582
Fanny Allen, 65, 125, 7200, 125, 914
Russell Lillard, 45, 65, 2070, 125, 910
Mark Lillard, 145, 150, 5000, 300, 1405
John Lillard 165, 120, 4000, 150, 78
John J. Allen, 40, -, 600, 160, 514
Jos. Inman, 30, -, 300, 115, 300
Wm. Scroggins, 20, 80, 250, 20, 350
Austin Frazier, 20, -, 800, 20, 125
Susannah Lemmon, 90, 65, 3000, 100, 300
P___ McNabb, 95, 107, 4000, 100, 554
Morris Haskell, 140, 160, 3000, 175, 605
Geo. W. Harper, 20, 125, 400, 25, 200
John Hix, 20, -, 400, 10, 125
James Dennis, 60, 100, 1000, 100, 250
Elijah Large, 30, 40, 400, 20, 300
Danl. Leatherwood, 13, 50, 1000, 75, 600
Allen Dennis, 60, 20, 2500, 20, 200

Wm. Odell, 25, -, 250, 21, 45
Anderson Paggett, 25, -, 250, 20, 250
Sarah Hicks, 40, 30, 1000, 20, 240
Joel Hicks, 30, 30, 600, 20, 200
Cory Dennis, 60, 108, 2500, 150, 500
Robt. McMahan, 40, 80, 1200, 25, 275
Willis Leatherwood, 100, 200, 1000, 30, 450
Enoch Herald, 100, 400, 1000, 30, 100
Caloway Williams, 40, 85, 300, 100, 250
W. P. Brooks, 20, -, 400, 15, 200
Wm. Jospking Jr., 40, 60, 250, 20, 170
Noah Bird, 60, 150, 2000, 200, 350
A. Archer, 30, 35, 1000, 30, 200
James Hix, 30, 70, 1000, 25, 351
Joshua Hartsell, 40, 75, 1200, 30, 300
Francis Jones, 22, 80, 500, 10, 150
Fred Dennis, 60, 350, 1500, 100, 275
Abe Keener, 40, 100, 500, 10, 175
Cary Dennis, 30, 90, 1000, 20, 150
David Miller, 35, 150, 1000, 21, 160
Lawson Sutton, 25, 150, 800, 25, 200
Wm. Calffee, 90, 70, 5000, 150, 1060
Lawson Sisk, 80, 49, 2000, 75, 781
Geo. Roberts, 90, 102, 2000, 25, 281
Sarah Roberts, 30, -, 500, 40, 365
Gipson Wood, 125, 115, 2500, 40, 826
G. W. Larew, 230, 225, 15000, 325, 3333
Jno. B. Denton, 10, 100, 2500, 150, 658
Wm. Hudson, 16, -, 2000, 10, 47
Robt. Henry, 50, 31, 160, 50, 580
Thos. H. Jones, 100, 48, 1000, 35, 273
P. S. Gorman, 200, 125, 800, 250, 1570

F. D. Clark, 300, 900, 10000, 300, 3924
Jos. Rutherford, 150, 175, 15000, 100, 438
Jno. W. Clark, 65, 35, 2500, 650, 1070
Alvey Gray, 45, -, 450, 135, 110
David Gorman, 100, 112, 4500, 225, 1259
Wm. Bird, 20, 30, 500, 65, 113
G. A. Prais, 45, 55, 1000, 50, 2020
S. Barnes, 30, 20, 500, 15, 239
C. Brinkly, 35, 20, 1000, 25, 1207
Geo. Allen, 30, -, 300, 20, 148
S. McGinty, 60, 40, 1500, 165, 706
J. Oneil, 105, 100, 4730, 300, 1029
James Oneil, 25, -, 250, 40, 352
Josiah Samples, 20, -, 200, 15, 990
Jno. Townsend, 111, 136, 2800, 415, 1295
John Ferel, 30, 35, 150, 10, 74
Jesse Uttehly, 15, -, 150, 12, 252
C. A. Henry, 16, -, 160, 26000, 150, 1418
Joseph Hill, 100, 160, 26000, 150, 1418
T. D. Davis, 25, -, 250, 10, 112
R. N. A. Moore, 30, 400, 20000, 300, 1300
Isaac Franklin, 140, 178, 10300, 200, 1200
Joseph Hurly, 60, 40, 1500, 200, 900
D. C. Hurly, 100, 65, 2500, 15, 1317
Harrison Pray, 40, 40, 1600, 15, 180
Wm. Gray, 40, 100, 1500, 100, 182
Henry Halloway, -, -, -, -, 40
Abraham Fine, 300, 250, 7500, 300, 1209
Saml. Patterson, 55, -, 660, 25, 287
Wm. Rutherford, 15, -, 180, 15, 90
Lemuel Hall, 70, 100, 1660, 25, 269
Lewis Click, 170, 150, 5000, 300, 362
Nancy Stuart, 20, 20, 400, 125, 757
Blackburn Sisk, 60, 92, 3600, 125, 394
Campbell Sisk, 20, -, 200, 20, 193
Mark Sisk, 20, -, 200, 20, 218
R. Vn. Sisk, 70, 125, 1000, 10, 254
Miles Gray, 100, 27, 3000, 150, 821
Sarah Willson, 70, 110, 1200, 25, 523
James Otinger, 50, 225, 1220, 25, 395
G. W. Carter, 320, 450, 21900, 400, 1700
Arch. Clevenger, 25, 175, 1100, 10, 25
Salomon Morgan, 25, 75, 500, 8, 50
George Ferel, 7, 80, 100, 5, 20
Julia Williams, 10, 40, 2000, 10, 800
B. L. Mosely, 50, 131, 250, 15, 291
Alexr. Moore, 30, -, 600, 20, 48
John Hearst, 30, 40, 600, 10, 142
Red Moore (Moose), 3, 22, 600, 5, 320
Charles Cox, 35, 20, 100, 15, 23
William Strange, 65, -, 400, 25, 792
Moses Pennel, 75, 125, 650, 100, 360
Henry Taylor, 25, 70, 1000, 200, 300
James N. Allen, 19, 181, 500, 20, 720
West Davis, 110, -, 1300, -, 541
William Lane, 40, -, 400, 10, 158
John Clark, 250, 700, 12000, 400, 4224
Pleasant Leed, 20, -, 200, 10, 27
Robert Leed, 30, -, 300, 10, 15
Andrew Whillson, -, -, -, 100, 708
Martha Ogden, 50, 136, 2000, 100, 494
James Anderson, 25, 12, 1000, 10, 206
El___ Gorman, 100, 150, 5000, 125, 225
Wm. Jack, 250, 725, 20000, 500, 3727
John Allen, 50, 400, 4050, 100, 626
Russel Baker, 45, 41, 600, 100, 277
R. _. Hatley, 16, 41, 350, 15, 210
Houston Sisk, 40, 40, 2400, 65, 339

Jacob Templin, 105, 150, 3000, 400, 555
Richd. Templin, 41, 9, 550, 150, 514
Russel B. Allen, 125, 100, 400, 15, 150
Sarah Willson, 25, 100, 500, 20, 300
David Deniloe, 25, -, 250, 10, 760
John Bird, 25, 15, 400, 15, 200
John Hicks, 40, 10, 1000, 20, 200
Francis McGaha, 45, 225, 1000, 50, 400
Fraser Butler, 99, 260, 2750, 25, 450
John Butler, 25, -, 250, 20, 200
Hugh Norris, 60, 60, 800, 30, 450
George _. Norris, 30, 50, 400, 20, 200
J. Colharon (Calhoun), 25, 22, 500, 20, 200
Isaac Colharon, 25, 22, 500, 20, 200
C___ Bryant, 20, 20, 301, 20, 350
James Bird, 50, 100, 900, 30, 350
John Murrell, 25, -, 280, 20, 200
David Hicks, 18, -, 180, 20, 95
Job Murrell, 60, 150, 4000, 200, 500
Austen Brock, 50, 80, 2000, 100, 498
Miley (Wiley) Hicks, 90, 70, 12000, 30, 250
Wm. Mashburn, 10, 3, 130, 20, 100
Saml. Lewis, 15, 15, 100, 20, 301
Readford Rose, 25, -, 250, 20, 125
Martin Acton, 20, -, 250, 20, 150
Jones (Jonas) Acton, 60, 20, 1600, 25, 200
Wm. Dueon, 80, 80, 1000, 100, 500
Thomas Hargrove, 65, 85, 1000, 15, 585
Dennis Bird, 50, 100, 1000, 50, 400
Perry Murrell, 25, 100, 500, 35, 200
Peter Huff, 11, 5, 250, 10, 500
Jefferson Denton, 50, 1650, 1000, 45, 200
Elizabeth Huff, 48, 40, 600, 20, 250
John Huff, 40, 12, 1000, 100, 200
John Denton, 18, -, 180, 20, 150
Elijah Breeden, 65, 40, 600, 25, 315
Nancy Lane, 75, 75, 800, 30, 150
Wm. Messer, 30, 20, 500, 20, 350
James R. Denton, 50, -, 500, 20, 150
A. A. Vinson, 120, 100, 3500, 75, 675
Joseph Hickey, 175, 125, 2000, 50, 465
J. H. Bryant, 100, 150, 1850, 175, 818
Joseph J. Sikes, 60, 85, 2500, 100, 404
Wm. Gessel, 100, 85, 1000, 100, 440
Henry Hickey, 75, 35, 180, 50, 550
John W. Hall, 18, -, 1500, 20, 200
Elias Sisk, 70, 100, 2000, 100, 900
Samuel Baxter, 20, 40, 200, 75, 900
Leander Baxter, 17, 50, 1200, 20, 75
Rubin Rutherford, 15, 181, 150, 30, 250
Richard Lewis, 65, -, 850, 20, 150
John Clevenger, 85, 40, 2000, 40, 400
William Gray, 30, 70, 300, 20, 300
Isaac A. Denton, 15, -, 150, 25, 150
George W. Fine, 15, -, 500, 20, 125
William Allen, 40, 35, 600, 25, 45
Hardy Lee, 12, 20, 420, 25, 250
Abraham Fine, 75, 30, 1270, 25, 200
John Ginch (Finch), 27, 57, 480, 25, 550
Jesse Davis, 60, 21, 600, 15, 100
John Griffin, 30, -, 600, 25, 525
Mary A. Tucker, 25, 32, 450, 25, 60
Wm. Baily, 50, 400, 1000, 25, 70
Wm. Gray, 12, 50, 600, 100, 500
Harvey Gray, 45, 48, 2000, 25, 50
John Lewis, 50, 160, 1400, 20, 178
Mack (Mark) Atchly, 70, 100, 3500, 25, 300
Joel Rains, 35, 75, 600, 20, 300
Isaac Rains, 10, 60, 400, 15, 35
J. Denton, 40, 100, 1200, 12, 200
F. G. Lewis, 30, 70, 500, 15, 225
Joe Coda, 20, 120, 1400, 15,300
Jack Clevenger, 40, 320, 500, 75, 60
Alx. Clevenger, 35, 50, 800, 50, 250

E. Scins, 90, 180, 1500, 100, 420
J. Allen, 20, 280, 300, 20, 100
Wm. Finchner, 70, 460, 3080, 30, 350
E. Davis, 16, 10, 260, 15, 150
J. Finchner, 70, -, 700, 10, 100
Wm. Poe, 40, 20, 700, 15, 220
J. Jones, 35, 55, 800, 30, 300
Saml. Wilson, 200, 300, 2000, 25, 749
J. Free, 7, 4, 33, 10, 40
Wm. Philps, 50, 200, 1200, 25, 350
Jos. Free, 50, 70, 600, 20, 50
E. Francis, 50, 68, 600, 20, 350

Albert Wilson, 50, 100, 1000, 20, 400
J. Fine, 60, 140, 1000, 25, 200
Wm. Francis, 50, 90, 1500, 40, 200
Jas. Francis, 10, 850, 300, 20, 60
C. A. Harrison, 200, 400, 25000, 300, 2128
L. Larew, 200, 100, 15000, 250, 1340
Mary Coliess (Col___), 40, -, 2000, 100, 460
L. D. Franklin, 975, 600, 78750, 1500, 17000

Coffee County Tennessee
1860 Agricultural Census

The Agricultural Census for Tennessee for 1860 was microfilmed by the University of North Carolina Library under a grant from the National Science Foundation and filmed from original records held at Duke University Library, Durham North Carolina.

There are some forty-eight columns of information on each individual. Only the head of household is addressed. I have chosen to use only six columns of the information because I feel that this information best illustrates the wealth of the individuals. These are shown below:

1. Name of Owner
2. Acres of Improved Land
3. Acres of Unimproved Land
4. Cash Value of the Farm
5. Value of Farm Implements and Machinery
13. Value of Livestock

Thus, the numbers following the names represent columns 2, 3, 4, 5, 13.

The following symbol is used to maintain spacing where information in a column is left blank (-). This symbol is used where letters, names or numbers are not legible (_).

This county had renters listed

Pages for this county were microfilmed out of sequence. They have been transcribed in the order in which they were microfilmed.

James Pu, -, -, -, 10, 300
Tabitha Lawrins, 140, 230, 7400, 65, 300
G. B. Messick, 465, 400, 17300, 125, 370
Thos. Hill, 30, rented, 300, 5, 150
W. McCuller, 20, rented, 200, 7, 250
O_geas Earls, 30, rented, 300, 10, 300
C. Messick, 9, 100, 3000, 75, 1000
R. Messick, 100, 50, 3000, 120, 1500
G. Hathcock, 20, rented, 200, 20, 400
Nancy George, 100, 50, 3000, 6, 175
J. Messick, 50, rented, 1000, 10, 650
H. Winfry, 50, 50, 1000, 10, 500
Ely Anderson, 40, rented, 560, 8, 500
Wm. Janngan, 75, 58, 5000, 100, 1100
M. Kimlet, 15, rented, 250, 5, 120
W. F. Ashly, 75, 75, 4000, 5, 1000
R. Green, 35, 40, 1000, 5, 350
R. Janngan, 50, 49, 1500, 10, 500
A. J. McCuller, 12, rented, 240, 3, 140
T. H. McCuller, 15, rented, 400, 10, 150
A. Arnold, 10, rented, 200, 10, 300
R. McCuller, 75, 42, 3000, 6, 250
Edmond Gray, 40, 53, 1500, 5, 115
W Green, 20, rented, 400, 4, 150

N. L. Earls, 20, rented, 400, 75, 225
Rich. Robertson, 60, 40, 2000, 20, 500
M. Burks, 50, 75, 1000, 50, 1000
S. Cathy, 25, rented, 600, 5, 425
C. Jarngan, 80, 120, 4000, 75, 625
E. Athy, 50, 60, 800, 10, 275
N. Jarnegan, 100, 300, 200, 80, 650
W. S. McBride, 20, rented, 200, 5, 60
S. Jarnegan, 30, 70, 750, 9, 570
C. E. Haynes, 8, 12, 200, 5, 140
Gurd (Yurd) Parker, 30, 100, 700, 75, 250
Mary Parker, 60, 375, 1200, 75, 600
Robt. Frazier, 25, 35, 125, 5, 450
W. Campbell, 25, 75, 800, 5, 300
M. Laile (Faile), 3, 100, 300, 4, 70
N. G. Norton, 100, 50, 6000, 75, 1200
W. F. Pearson, 30, 4, 6500, 50, 1100
C. J. Jacobs, 200, 100, 15000, 300, 2000
Henry Warick, 10, rented, 200, 5, 100
W. G. Pintle (Pirrtle), 15, -, 1000, 100, 300
Thos. H. Lowe, 100, 40, 8400, 20, 1800
James G. Rayburn, 225, 100, 12000, 100, 1500
Adam Adcock, 175,-, 8750, -, -
R. J. Norton, 70, 20, 3800, 15, 120
Meredith Norton, 125, 35, 500, 25, 1500
John Arnold, 30, 130, 1600, 30, 750
R. B. Carlile, 80, 110, 3000, 30, 200
Thos. Lenord, 10, rented, 200, 20, 400
Zac Jacobs, 12, rented, 250, 3, 300
T. W. Wilson, 80, 150, 5000, 200, 700
Rowlin Carson, 35, 15, 550, 20, 300
Isaac Lemons, 50, 50, 1000, 15, 400
Ambrose Carson, 25, 15, 500, 12, 200

J. W. Jacobs, 30, 70, 4000, 20, 1500
L. Meadows, 100, 70, 5000, 100, 600
S. P. Finch, 100, 100, 8000, 125, 1000
J. Templeton, 30, rented, 600, 5, 425
Elizabeth Jacobs, 100,125, 6000, 100, 700
Calvin Jacobs, 50, 40, 2500, 85, 1200
Elsie Ferril, 50, 21, 3500, 80, 450
W. K. Rayburn, 75, 75, 5000, 80, 450
G. W. McMelon, 4, 100, 1500, 5, 350
J. A. Brambley, 5, -, 2000, 15, 265
Thos. Anderson, 25, 125, 750, 6, 330
F___ Rayburn, 200, -, 3000, -, 3000
Wilkins Blanton, 13, -, 1000, 150, 400
Thos. Kindle, 75, 29, 3000, 8, 125
L. C. Shanklin, 20, rented, 400, 120, 550
B. J. Moore, 150, 125, 1300, 150, 3500
Mary Moore, 100, 100, 6000, 150, 1200
Nancy Waterson, 160, -, 800, 100, 700
Thos. Waterson, 200, 50, 5000, 125, 600
Andrew Maxwell, 250, 200, 20000, 250, 2000
Chrisly Messick, 100, 300, 5340, 100, 700
R. Jacobs, 100, 162, 2500, 150, 950
Land. McDanl, 25, 125, 1000, 500, 300
W. P. Ford, 2, 3, 200, 6, 25
D. H. Williams, 60, 85, 2000, 50, 720
John Anderson, 22, 100, 1000, 7, 400
John Anderson, 10, rented, 200, -, 140
W. D. Coffy, 30, 75, 500, 100, 225
Sarah Austin, 5, rented, 100, -, 5

Samuel Hall, 1, 89, 80, -, 125
Wm. Keel, 35, 200, 2000, 15, 200
L. Jolly, 15, rented, 250, 5, 40
Henry Hoover, -, 100, 200, 5, 10
Thos. Crosslin, 20, rented, 400, 6, 145
Wm. M. Jolly, 20, rented, 400, 6, 110
J. I. M. Williams, 25, 68, 400, 5, 200
Norton Winut, 25, 70, 80, 5, 400
W. B. N. Williams, 50, 150, 1000, 8, 300
R. A. Lambert, 30, rented, 600, 50, 100
James Lambert, 40, -, 1000, 12, 275
R. R. McMicle, 5, rented, 100, 5, 300
W. M. McMichel, 150, 150, 6000, 100, 1200
Alex McNucle, 75, 200, 600, 50, 820
Wm. R. McNucle, 40, 50, 2100, 10, 680
Robert Johnson, 12, rented, 240, 5, 85
George Rex, ¼, -, 150, -, -
A. L. Buckner, 15, rented, 300, 5, 80
Robert Walker, 80, 75, 3000, 50, 800
L. F. Dillard, 100, -, 2000, 65, 1000
Ellison Crew, 40, 60, 700, 8, 100
Henry Brewer, 20, rented, 200, 5, 150
John Foster (Fortis), 10, rented, 200, 8, 150
S. B. Johnson, 30, rented, 300, 6, 200
Steph Shelton, 60, 110, 2500, 40, 800
Wm. D. Jenkins, 100, 121, 9400, 100, 1500
T. L. Snodgress, 15, rented, 250, -, 175
Mary Walker, 110, 50, 3500, 200, 600
Joseph Walker, 150, 310, 9000, 250, 250
William Walker, -, -, -, -, 700
Theo Martin, 20, 170, 2000, 20, 200

Martha Harris, 100, 50, 300, 60, 1000
J. A. Usulton, 20, 35, 1080, 8, 225
Elender Urulton (Ursulton), 20, 30, 1000, 5, 200
Saml. Urselton, 3, 17, 250, 4, -
Joseph Urselton, 40, 50, 1000, 15, 200
Pery Urselton, 20, 22, 400, 5, 40
Leonard Montgomery, 10, rented, 200, 6, 150
Wm. Hamby, 15, rented, 250, 5, 150
W. C. Hall, 130, rented, 600, -, 20
J. W. Jordon, -, -, -, 6, 162
Wm. Patton, 20, rented, 400, 75, 400
Jane Stevens, 90, 180, 5265, 100, 700
James Stevens, 25, 25, 1425, -, -
John A. Stevens, 50, 50, 2850, 15, 100
John J. Patton, 20, 50, 200, -, -
   Do Agent, 200, 250, 15000, 500, 6000
J. R. Baily, 100, 50, 2000, 100, 800
Jas. Hamby, 100, 75, 2150, 100, 700
J. C. Haly, 15, rented, 250, 5, 80
Chas. Haly, 50, 80, 4000, 6, 225
Zekiel P. Haly, 10, rented, 200, 15, 15
Saml. Cox, 16, 58, 300, 8, 300
Carrol Haly, 40, 1521, 900, 100, 160
Saml. Eaton, 10, rented, 200, 8, 200
Melis Fruil (Truil), 15, rented, 250, 100, 300
Wm. Farrar, 100, 133, 1860, 25, 100
John Mills, 5, rented, 100, 10, 200
John Crosslin, 20, rented, 400, 10, 50
John Keel, 100, 268, 300, -, 150
Nomel Sparks, 45, rented, 900, 10, 275
James Keel, 250, 100, 4000, 200, 1200
William Crosslin, 80, 223, 3000, 10, 500
Saml. Ferrel, -, -, -, 6, 250
Elias Lockart, 10, rented, 200, 5, 120

Mark House, 10, 100, 300, 6, 75
William Wuir(Wiser), 50, 250, 4000, 5, 675
William Wiser Jr., 30, 69, 600, 5, 15
Chesly Causy, 20, 111, 1000, 10, 400
Joseph Causly, 10, 130, 7000, 100, 200
J. W. Maukin, 20, 130, 800, 100, 250
Eliza Hill, 10, rented, 200, -, 100
Rebecca Carlile, -, 25, 75, 70, 50
Q. D. McBride, 11, 68, 350, 15, 100
W. Ferril, 15, 29, 225, 10, 155
Martin Earls, 7, 18, 75, 10, 70
Milly Ferril, 25, 30, 400, 8, 300
James Ferril, 29, 108, 1000, 5, 400
Nelson Horton, 30, 70, 1100, 25, 410
N. D Wuir, 50, 650, 7000, 12, 500
E. H. Houghton, 70, 280, 3000, 200, 1000
Jacob Keel, 200, 250, 1500, 200, 2000
Wm. Hubbard, 20, rented, 400, 10, 350
A. M. McBride, 20, rented, 400, 5, 500
Owil Farer (Fares), 30, rented, 600, 15, 300
Joshua Seagraves, 4, 10, 480, 5, 375
Pleasant Jacobs, 65, 140, 4500, 100, 600
Bealy Gates, 100, 150, 5000, 25, 750
David Butler, 15, 28, 250, 6, 65
John Johnson, 15, rented, 250, 8, 80
Sarah Cunningham, 14, 10, 246, 5, 150
John Crosslin, 20, 30, 500, 5, 130
W. P. Cherry, -, -, -, -, 210
John Farrar, 50, 27, 1500, 25, 750
Matinn Cross, 250, 256, 4000, 150, 300
Moses Host, 100, 180, 2000, 30, 1200
J. H. Williams, 15, rented, 250, 6, 300

J. Tillman, 140, 180, 5000, 125, 1560
Jonathan Webster, 20, 20, 6000, 100, 400
M. Butler, 65, 20, 3000, 25, 930
Obediah Freeman, 70, 25, 4000, 100, 900
Wm. Crosslin, 100, 50, 3500, 100, 1000
James Brewer, 20, rented, 400, 15, 700
H. W. Norton, 100, rented, 2000, 20, 500
R. B. McCoy, 100, rented, 2000, 50, 400
W. Rayburn, 175, 175, 12000, 125, 1800
Wm. Jacobs, 140, 24, 9000, 125, 3500
Rebecca Jacobs, 100, -, 6000, 50, 140
Stokely Jacobs, 90, 35, 5000, -, -
Robt. Rayburn, 300, 125, 17000, 100, 2760
A. Jacobs, 250, 250, 18000, 5000, 5000
W. Ashley, 150, 155, 400, 75, 1000
H. H. Manly, 45, 75, 2300, 52, 700
M. D. Bretton, 60, 90, 2500, 100, 600
Lack Keeling, 250, 250, 15000, 200, 200
Jno. Hodge, 10, rented, -, 10, 250
B. W. Barton, 100, 200, 3500, 30, 500
T. Cherch, 15, rented, 350, 8, 125
Jas. Holland, 40, 45, 2200, 75, 800
R. H. Greer (Green), 65, 160, 2300, 150, 600
W. B. Cribbs, 12, rented, 200, 5,125
T. G. Holland, 100, 125, 1200, 60, 650
Mary Greer (Green), 150, 250, 4000, 25, 700
Owen Holland, 40, 40, 800, 5,3 00
D. M. Berks, 15, rented, 200, 5, 200

Robt. Wilson, 150, 250, 8000, 80, 500
J. P. Shurnnsbery, 20, rented, 400, 5, 125
W. P. Nalls, 10, rented, 200, 3, 50
J. L. Roberts, 10, rented, 150, 6, 200
E. Keeling, 125, 875, 15000, 300, 2000
J. M. Keeler, 100, 60, 1900, 40, 625
Lte. Gallager, 100, 200, 8000, 25, 175
G. T. Drake, 12, rented, 150, 25, 175
L. Roberts, 100, 93, 1500, 25, 1000
M. H. Sprann, 20, rented, 400, 5, 300
W. B. Roberts, 75, 60, 1600, 10, 200
Jno. Shelton, 75, 20, 100, 50, 650
Pete Daniel, 18, 10, 350, 10, 20
Ab. Moss, 40, 30, 1000, 5, 400
H. Moss, 10, rented, 200, 10, 125
Ben Thornsberry, 20, rented, 400, 5, 278
W. T. Minner, 70, 300, 400, 25, 1500
J. W. Hawkins, 35, 90, 1200, 40, 350
M. B. Cruik (Creek), 20, 30, 250, 15, 200
J. Creek, 20, 30, 350, 10, 250
J. W. Creek, 6, 16, 200, 5, 100
Pat Walker, 30, rented, 300, 70, 400
James Walker, 18, 155, 900, 5, 200
B__ Garret, 40, 90, 1200, 25, 500
Wm. Arnold, 125, 90, 3000, 70, 1700
Jas. Jacks, 100, 100, 4000, 65, 600
J. S. Knight, 25, rented, 300, 150, 340
G. W. Garrett, 30, rented, 300, 90, 200
W. D. Gilson (Gibson), 100, 500, 6000, 150, 225
W. P. Shelton, 40, 60, 1200, 30, 500
M. Stevens, 50, 12, 1200, 5, 125
E. Stevens, 60, 540, 2600, 15, 100
Mary Adams, 10, -, 300, 5, 160
Wm. Turner, 80, 137, 3500, 15, 800
F. J. Cannedy, 10, 20, 300, 5, 125

Cash Douglass, 100, 189, 4000, 25, 750
D. Wiser, 50, 125, 1500, 20, 175
J. P. Daniel, 75, 75, 4000, 75, 200
J. Johnson, 100, 300, 8000, 180, 1500
A. Fuller, 75, 125, 200, 60, 600
Jno. Wiser, 25, -, 250, 6, 125
Jo. Redding, 50, 80, 1200, 10, 500
W. J. Calhoun, 20, 50, 350, 10, 400
L. W. Davidson, 40, 10, 750, 100, 600
L. L. Vickry, 15, 70, 150, 45, 150
G. L. Blackman, 8, 70, 600, 10, 150
M. D. Yell, 20, rented, 400, 45, 150
L. Lemons, 25, 25, 400, 50, 125
Mary Taylor, 5, rented, 100, 20, 200
Jno. Yates, 45, 75, 500, 15, 360
Ann Sims, 50, 65, 1000, 75, 500
L. A. Johnson, 50, 45, 1000, 10, 250
W. L. Carden, 75, 105, 1000, 6, 500
Wm. Charles, 55, 145, 1200, 75, 300
Saml. Charles, 75, 50, 1100, 75, 800
J. H. Charles, 25, 35, 450, 5, 250
Clinton Tucker, 65, 25, 800, 50, 175
Solomon Person, 90, 167, 2500, 100, 680
Jacob Carter, 10, rented, 200, -, 50
M. C. Phillips, 55, 78, 1250, 75, 400
P. Yates, 20, 77, 500, 5, 100
Phillip Yates, 35, 40, 600, 30, 455
Francis Warren, 12, 82, 350, 5, 60
Jno. McCannyhan, 30, 70, 600, 60, 200
J. H. Davis, 90, 100, 1200, 50, 400
W. W. Angel, 20, rented, 200, 3, 140
J. A. Wakefield, 55, 95, 2400, 75, 900
B. Ward, 30, 100, 2000, 80, 850
C. Blanton, 60, 65, 2500, 60, 540
D. Walch, 40, rented, 400, 5, 128
Joab Short, 150, 350, 4000, 150, 650
L. M. Richardson, 125, 250, 3500, 75, 1100
James Angel, 35, 40, 400, 5, 150
S. Amus, 30, rented, 300, 4, 150

J. Keel, 20, rented, 200, 10, 80
L. W. Angel, 20, rented, 250, 10, 125
Josh Penn, 35, 45, 500, 6, 200
James Neil, 100, 200, 5000, 85, 1000
Dan Blackburn, 20, 100, 500, 6, 300
G. E. Bowden, 80, 220, 3000, 50, 475
D. V. Davidson, 200, 200, 8000, 250, 2200
Milt Oldfield, 40, 77, 500, 40, 250
B. R. Yell, 185, 200, 5000, 75, 250
Alex Hodge, 200, -, 800, 100, 2550
L. W. Davidson, 60, 20, 2000, 150, 800
W. B. Davidson, 100, rented, 4000, 100, 600
Wallis Blaisden, 500, 1200, 40000, 500, 3000
J. B. Keeling, 20, rented, 400, 175, 500
J. Hughman, 250, 250, 12000, 125, 100
J. H. Davidson, 50, 75, 2500, 135, 500
W. Norton, 30, 70, 2000, 10, 300
D. G. Weaver, 10, rented, 200, 110, 150
L. Sugg, 40, 60, 700, 5, 200
J. Gray, 60, 200, 1200, 60, 300
John Keel, 25, 25, 250, 50, 225
Jobe Keel, 15, rented, 350, 10, 70
R. Poe, 30, 70, 500, 20, 280
J. H. Marbery, 60, 540, 3000, 5, 75
Bery Kelley, 20, 150, 850, 40, 150
J. & W. Cave, 100, 200, 5000, 90, 800
Thos. Davenport, 22, 83, 800, 70, 85
Nath Spear, 25, 85, 1000, 150, 400
Dudly Gunn, 30, 120, 1700, 100, 250
Abner Barton, 150, 500, 5000, 200, 800
Mont. Barton, 170, 18, 6000, 75, 400
C. Haggard, 5, 95, 701, 10, 175
Sol Banks, 30, 95, 600, 10, 330
Saml. Redding, 15, rented, 250, -, -
Ja Rigney, 40, 100, 600, 20, 175

P. Darnel, 50, 150, 1000, 30, 300
H. S. Duncan, 150, 900, 3000, 100, 300
H. Ensey, 20, rented, 400, 6, 250
J. Fletcher, 5, rented, 100, 5, 60
S. H. Duncan, 120, 120, 1200, 95, 600
Dennis Ogles, 15, rented, 250, 5, 310
J. H. Sherrill, 20, 30, 150, -, 50
John Ogles, 50, 50, 500, 18, 200
Eaph Sadler, 20, 380, 800, 6, 100
J. F. Branden, 80, 500, 2000, 50, 150
C. Brown, 25, 75, 900, 6, 250
Jacob Wynegan (Wynegler), 40, 100, 400, 6, 350
S. Butler, 100, 600, 2500, 40, 600
S. Winnet, 30, rented, 600, 6, 146
Alex Ensey, 60, 140, 1200, 100, 700
E. A. Ensey, 10, rented, 200, 5, 375
J. H. McGown, 50, 80, 100, 65, 360
C. A. Duncan, 80, 400, 1800, 100, 1000
Elizabeth Elliot, 20, rented, 400, 5, 200
S. H. McGown, 15, 185, 800, 3, 150
R. Messick, 25, 115, 800, 4, 60
M. V. B. Messick, 10, rented, 370, 6, 120
J. A. Fraze, 20, rented, 200, 6, 250
J. S. Perry, 30, 58, 480, 3, 75
Geo. Messick, 80, 380, 3000, 75, 350
W. C. Campbell, 85, 250, 1300, 85, 225
L. F. Lana, 15, rented 250, 25, 300
Q. S. Davidson, 175, 225, 7300, 50, 1175
W. A. Hickerson, 150, 75, 4000, 200, 1235
C. Hickerson, 300, 1700, 10000, 200, 2000
J. Hickerson, 35, 72, 1000, 150, 500
I. J. Hawkins, 18, 82, 1000, 100, 200
E. E. Thacker, 70, 60, 1500, 90, 425
L. Carden, 150, 600, 4000, 100, 900
A. J. Sammen, 15, rented, 250, 10, 300

Jno. C. Pynm, 140, 412, 4500, 50, 450
A. P. Sherill, 40, 100, 500, 65, 395
Alex Hays, 80, 120, 2500, 100, 800
M. McGuire, 50, 50, 2500, 40, 300
M. A. Carden, 100, 1300, 3500, 40, 300
J. J. Jones, 12, rented, 250, 15, 250
J. Lusk, 75, 300, 2500, 65, 400
B. S. Hardaway, 100, 500, 2000, 225, 1250
N. P. Hickerson, 360, 800, 74500, 600, 1700
J. A. Carden, 50, 636, 6000, 15, 650
L.A. Kincannon, 70, 147, 2500, 100, 350
L. D. Hickerson, 400, 1600, 9000, 300, 1025
Jno. Hickerson, 150, 250, 10000, 200, 1000
Thos. Powers, 200, 1000, 5000, 100, 1025
Jno. M. Simmons, 25, 35, 4000, 5, 150
Jno. Simmons, 50, 135, 1200, 50, 400
Wm. Fletcher, 28, 72, 600, 50, 400
Lou Eaton, 40, 110, 600, 8, 175
Ed Teal, 50, 150, 1500, 65, 550
J. H. Fletcher, 15, rented, 250, 5, 125
J. L. Frazier, 100, 100, 2000, 60, 350
D. M. Mireton, 75, 225, 3000, 5, 200
Thos. Parker, 50, 117, 700, 10, 700
Jno. Parker, 15, rented, 300, 5, 200
J. W. Frazier, 25, 162, 1000, 75, 700
T. L. Campbell, 10, rented, 100, 5, 185
Zeph Elliott, 100, 425, 2000, 30, 450
H. Anderson, 30, 20, 500, 6, 300
L. Phillips, 60, 119, 100, 60, 400
Sarah Carden, 110, 200, 3000, 75, 500
T. H. Powers, 70, 100, 1200, 40, 300
J. H. Frazier, 25, 64, 870, 20, 395
J. Carden, 25, 100, 800, 80, 300
Z. H. Jackson, 50, 100, 1500, 65, 360
R. Fletcher, 18, 18, 300, 8, 75
R. W. Casey, 20, 80, 2000, 150, 660
R. Lasater, 15, 169, 1500, 100, 500
A. Moore, 20, rented, 400, 125, 385
A. W. Leathers, 10, rented, 200, 100, 700
H. A. Foster, 18, 32, 200, 5, 7
R. Lusk, 40, 160, 1200, 60, 400
John Timens, 18, 214, 2000, 50, 200
H___ Louis, 7, 92, 1800, 20, 350
R. Martin, 25, 75, 500, 75, 125
N. Hickerson, 50, 100, 600, 30, 400
J. A. Smith, 10, rented, 80, 15, 150
D. D. Hotsinbuke, 4, 16, 500, 5, 200
W. M. Hodge, 20, 860, 4000, 40, 300
J. S. Arnold, 40, 330, 3700, 100, 400
J. W. Easley, 30, rented, 250, 5, 50
Is. Ingrum, 125, 200, 3000, 60, 250
J. C. Saine, 50, 100, 1200, 175, 600
Wm. Powers, 125, 125, 2500, 75, 350
Wm. Adams, 40, rented, 320, -, 250
I. F. McCutchan, 20, 104, 2500, 75, 500
R. Finley, 10, 300, 800, 75, 150
B. Cery, 30, 50, 400, 100, 300
B. Lowesy, 10, rented, 30, -, 30
D. Morrow, 100, 265, 1400, 150, 400
G. L. Taylor, 50, 110, 100, 80, 225
L. Taylor, 20, 30, 400, 5, -
F. H. Ragsdale, 100, 100, 2500, 75, 100
F. Kidd, 75, 150, 3000, 150, 45
W. R. McDanald(McDonald), 15, 175, 4000, 100, 300
James Simpson, 30, 76, 1060, 150, 430
Adam Harrison, 50, 200, 100, 80, 510
G. Gernigan, 20, rented, 100, 6, 600
D. Randall, 100, 100, 2000, 150, 475
J. Burton, 120, 220, 680, 10, 150
Alen Benton, 20, rented, 200, 3, 175
M. H. Werner, 30, 135, 700, 100, 150
John Lusk, 25, 175, 200, 6, 275

Q. W. Shelton, 60, 940, 4000, 100, 255
Alex Newman, 20, 100, 300, 5, 100
I. W. Hamilton, 100, 130, 920, 80, 400
Cyrus Lemons, 50, 100, 500, 150, 500
S. Hill, 25, 75, 600, 75, 350
David Lowery, 10, rented, 100, 3, 75
T. C. Witt, 20, 200, 600, 10, 350
Sarah Shelton, 40, 60, 600, 10, 400
W. D. Hart, 20, 480, 2500, 80, 250
J. C. Johnson, 40, 60, 800, 12, 265
Thos. Anderson, 18, 62, 800, 5, 175
Isaac Jacobs, 12, 88, 500, 75, 350
J. O. Smith, 100, 400, 3500, 275, 1000
W. Ball, 27, 59, 300, 5, 150
M. M. Scott, 4, 85, 400, 3, -
Q. M. Smith, 80, 520, 2500, 150, 700
Q. S. Easterly, 40, 140, 1000, 80, 250
W. Johnson, 10, 110, 450, 75, 150
J. Easterly, 17, 83, 1100, 15, 185
J. F. Livingston, 15, 200, 600, 100, 400
Asa Toliver, 15, rented, 95, 65, 300
T. Cunningham, 35, 185, 1000, 80, 536
A. Walden, 25, 87, 800, 6, 125
J. Toliver, 30, rented, 240, 5, 200
G. Waite, 50, 150, 1000, 80, 175
M. Taylor, 11, 49, 500, 50, 200
P. Sheed (Shud), 18, 22, 300, 75, 60
J. L. Taylor, 75, 100, 1000, 50, 700
J. Turner, 20, rented, 160, -, 125
Thos Speece, 100, 600, 6500, 60, 800
H. Pullens, 30, rented, 100, 2, 250
May Shine, 20, 180, 1000, 6, 150
J. D. Micorid, 65, 60, 2000, 150, 600
R. M. Petty, 80, 310, 5000, 75, 300
Jas. Taylor, 100, 100, 3000, 125, 880
M. Hill, 60, rented, 480, 125, 1200
S. Marrow (Morrow), 30, 130, 1000, 75, 530
Steph Eliott, 18, 82, 600, 5, 120
Syd (Lyd) Hale, 50, 60, 1100, -, 250
J. Taylor, 75, 100, 1500, 25, 1000
J. Sutton, 150, 472, 3000, 70, 500
J. Price, 45, 140, 800, 15, 150
G. Newman, 30, 137, 500, 50, 75
W. Sherrill, 50, 230, 2000, 10, 510
L. W. Angel, 6, 14, 900, 5, 125
_. A. Anderson, 120, 480, 3000, 100, 350
I. H. Blackburn, 30, rented, 150, 10, 150
A. C. Oldfield, 20, rented, 100, 60, 125
James Lusk, 10, 150, 200, 6, 150
W. A. Buckaloo, 50, 100, 1200, 10, 160
J. S. Munson, 15, rented, 100, 8, 100
R. Early, 54, 280, 1600, 75, 550
J. Hinard (Howard), 10, 40, 400, 8, 200
J. A. Bates, 6, 44, 200, 5, 125
R. Blackburn, 20, 80, 600, 5, 150
John Anderson, 15, 100, 350, 5, 295
Wm. Sutton, 40, 150, 1000, 125, 400
H. C. Summers, 17, 183, 2000, 80, 145
J. O. Smith, 40, 275, 1200, 40, 270
S. Gunn, 60, 140, 1000, 75, 400
W. K. Stone, 30, 76, 600, 10, 150
F. M. Gill, 80, 560, 2500, 150, 850
L. Jones, 25, 50, 500, 5, 50
L. Thornsbery, 40, 90, 1000, 50, 150
E. Greer, 40, 130, 1000, 60, 325
Peter Lee, 10, 15, 125, 5, 120
S. Montgomery, 30, 20, 500, 85, 125
J. Anthony, 60, 90, 1200, 15, 750
P. Keel, 10, rented, 50, 5, 100
A. Crowel, 100, 50, 2000, 90, 600
J. L. Fowler, 8, 30, 125, 4, 75
Gr__ Warren, 25, 50, 800, 10, 150
James Ragan, 100, 400, 2500, 80, 612
G. Graham, 30, 220, 1200, 50, 150

Robert Walker, 100, 220, 3000, 75, 500
L. W. Stevens, 11, 63, 250, 10, 65
C. Carrol, 12, rented, 96, 8, 300
Wm. Carrol, 40, 20, 300, 150, 375
Allen Brown, 25, 105, 600, 60, 225
P. Gossage, 50, 165, 2500, 150, 800
G. W. O_ley, 6, 90, 1000, 5, 40
John Buckall, 20, 90, 800, 75, 500
S. M. Gentry, 15, -, 333, 10, 300
S. Flinch, 50, 55, 666, 60, 325
J. H. Pope, 8, 80, 600, 7, 240
G. G. Gilbert, 12, 12, 300, 50, 200
Leroy Bein, 1, -, 250, 5, 200
C. H. Lemons, 25, 100, 1000, 50, 200
G. M. Phillips, 30, rented, -, 100, 500
W. W. May, 200, 300, 7500, 550, 9200
Jarrott Gentry, 70, 80, 1500, 100, 1000
M_ld Ake, 60, 10, 500, 5, 75
B. L. Dunn, 74, 65, 1500, 10, 800
J. Dunn, 115, 50, 220, 100, 500
M. Stevens, 75, 50, 1300, 60, 200
H. Stevens, 20, rented, 200, 5, 80
A. Giliam, 75, 40, 800, 2, 300
J. Cunningham, 20, rented, 40, 75, 350
W. Lusk, 10, rented, 100, 6, 175
W. H. Phillips, 100, 67, 2000, 150, 425
J. Minton (Morton) Jr., 125, 325, 4000, 100, 340
J. W. Mash, 50, 50, 9000, 65, 200
J. Robertson, 20, rented, 20, 75, 350
Alex Howard, 10, rented, 100, 90, 125
James Phillips, 300, 500, 8000, 150, 2600
Wiett Layne, 200, 100, 7500, 150, 5000
S. J. Crockett, 175, 230, 5000, 150, 1850
L. B. Phillips, 50, 90, 600, 65, 350
D. T. Nolen, 20, 80, 700, 10, 65

B. L. Layne, 60, 87, 1700, 100, 585
Wm. Phillips agent, 60, 56, 800, 150, 675
B. F. Jenkins, 60, 100, 1000, 5, 250
C. Robertson, 40, 171, 1200, 65, 250
Elishe Johnson, 20, rented, 200, 20, 80
J. Richardson, 50, 46, 600, 8, 450
E. I. Hall, 35, rented, 400, 10, 150
W. Wate, 250, 250, 6000, 125, 1150
A. F. Adams, 15, rented, 250, 15, 200
James Numson, (Murnson), 30, 170, 400, 5, 175
J. Logan, 200, 1000, 7000, 150, 900
Alx. Brant, 40, 100, 600, 10, 125
John Stevson, 75, 285, 1300, 50, 600
C. O. Purvis (Punis), 8, 80, 350, 10, 200
P. Lawson, 45, 100, 350, 50, 300
W. Lawson, 30, 120, 350, 6, 135
J. M. Sellars, 20, 100, 500, 5, 40
Darcus Boid, 30, 110, 46, 50, 150
H. Anderson, 20, 40, 300, 5, 125
L. Wileman, 80, 62, 1500, 75 800
J. Withrow, 125, 100, 2000, 40, 600
J. P. Roberts, 80, 275, 400, 50, 500
J. Dollins, 20, 180, 1200, 100, 3000
S. Austelle, 110, 820, 3000, 150, 100
J. H. Jones, 50, 600, 2000, 50, 350
George Miller, 300, 500, 8000, 125, 2550
Benj. Neville, 100, 60, 1200, 10, 375
F. Reynolds, 150, 77, 2500, 85, 800
J. J. Hill, 150, 106, 7000, 150, 1200
A. P. Norton, 160, 75, 9400, 75, 2000
Leroy Ashley, 175, 120, 10000, 100, 1400
J. McCoy, 33, 135, 2000, 10, 500
J. M. Carlile, 165, 120, 1500, 200, 2720
M. S. Hancock, 115, 137, 6100, 125, 1300
J. Winfrey, 100, 100, 4000, 75, 00
Arther Ashley, 150, 50, 7500, 100, 1200

John Ashly, 120, 50, 6430, 10, 900
John McGill, 300, 240, 25000, 200, 1500
J. I. Terrel (Yerrel), 85, 115, 7000, 95, 1400
Laton Terrel, 75, 100, 6175, 15, 380
Alex Jarnegan, 40, 78, 3500, 150, 1000
Jas. Douglas, 20, 65, 800, 15, 225
U. Jarnigan, 75, 205, 3500, 90, 800
J. Jarnigan, 11, 33, 250, 70, 350
Jas. Lawrence, 225, 231, 14640, 150, 2000
Jeff Erp, 150, 81, 3700, 75, 1165
James Hugh, 60, rented, 600, 5, 250
San Gullet, 130, 95, 3100, 10, 700
John Herald, 115, 60, 3100, 30, 1200
Levy Morgan, 12, 3, 300, 6, 375
Alf Winfrey, 40, 20, 600, 15, 100
Dory Gill (Tell), 40, 95, 4050, 10, 400
T. P. Starnes, 125, 375, 2000, 100, 600
Thos. Lowery, 100, rented, 2000, 5, 200
Sam Turner, 10, rented, 200, 5, -
Wm. Farrar, 20, rented, 400, 5, 150
W. J. Hynes, 175, 300, 400, 500, 2450
A. Y. Lousersa, 10, 40, 600, 40, 600
C. Townsen, 50, 200, 500, 10, 150
W. C. Charles, 60, 170, 2500, 75, -
R. Brown, 10, rented, 200, 5, 200
_. Cavis (Caves), 35, 23, 7900, 30, 75
C. W. Cook, 200, 360, 2500, 250, 1400
Rick Winton, -, -, -, 10, 200
James Winton, 95, 300, 300, 90, 612
James Anderson, 10, rented, 200, -, 100
Wm. Lamb, 15, rented, 200, 4, 220
J. W. Anderson, 90, 60, 1500, 25, 300
H. Meadow, 150, 150, 1800, 100, 600
G. Winton, 40, 150, 2200, 50, 440
E. Campbell, 10, rented, 100, -, 65
J. Charles, 300, 400, 7200, 200, 1900
J. Winton Sr., 200, 800, 14000, 200, 1150
E. _. Cornelison, 100, 224, 2500, 100, 600
B. H. Adenians, 35, 125, 600, 10, 100
John Winton, 100, 125, 1600, 80, 13
L. C. Martin, 20, rented, 200, 50, 500
T. J. Winton, 150, 240, 2500, 75, 730
John Green, 10, rented, 100, 10, 300
A. J. Ramsey, 125, 11, 300, 120, 870
S. B. Brown, 200, 250, 6000, 150, 800
A.B. Davis, 350, 600, 2800, 250, 1950
A. Hancock, 30, 30, 600, 15, 460
M. Hoover, 230, 220, 8000, 200, 2080
Fred Hoover, 65, 1145, 160, 75, 1200
Jeff Smith, 125, 700, 1800, 125, 1450
Stev Winton, 250, 150, 8000, 175, 1500
Thos. Saine, 125, 165, 2500, 80, 1500
Alex Custer, 100, 200, 1000, 65, 600
Thos. J. Martin, 100, 200, 800, 25, 300
Elisha Douglas, 14, 235, 1500, 5, 180
John Douglas, 60, 140, 1200, 5, 200
W. A. Powell, 40, 66, 1500, 65, 650
Mary Adams, 70, 20, 300, 5, 250
Wm. Cunningham, 40, 50, 500, 40, 200
David Coulster, 20, rented, 200, 5, 150
_. S. Ogles, 10, rented, 100, 5, 125
William Williford, 40, 125, 700, 100, 350
L. Brackston, 25, rented, 270, 25, 600

H. Harpole, 200, 650, 3500, 150, 800
Stev Cunningham, 80, 140, 1300, 50, 400
D. Tell (Yell, Gill), 100, 100, 1600, 75, 250
T. W. Martin, 30, 20, 500, 10, 300
B. Hitts, 20, rented, 100, 10, 250
El Anderson, 100, 60, 1200, 10, 500
J. R. Cunningham, 70, 90, 100, 60, 300
C. Coulster (Coulston), 150, 150, 6000, 250, 950
M. Bryant, 150, 150, 2800, 250, 1000
G. Cunningham. 40, rented, 400, 8, 500
D. Powell, 100, 250, 2250, 80, 700
Alex Cowell, 100, 100, 1600, 60, 1909
D. Bryant, 140, 600, 300, 150, 1200
Fred Brantly, 30, rented, 300, 80, 600
Wm. Martin, 80, 183, 3000, 70, 1120
J. _. McMahan, 90, 127, 2000, 200, 1580
J. A. Brantly, 10, rented, 100, 65, 1000
Thos. Holt, 70, 125, 1250, 75, 560
L. Cunningham, 1000, 200, 5000, 70, 600
J. Bryant, 450, 165, 2700, 50, 60
W. H. Wilson, 150, 375, 5000, 50, 880
J. T. Brantly, 18, -, 280, 10, 175
C. C. Brawley, 10, 350, 2650, 10, 978
W. L. Bryant, 100, 188, 300, 75, 830
J. W. Walker (Waller), 20, 90, 500, 10, 435
H. Turner, 45, 40, 500, 40, 250
W. J. Hall, 20, 39, 1000, 75, 240
G. H. Shrader, 70, 130, 1500, 100, 300
J. M. Bryant, 80, 150, 1500, 125, 870
M. E. Harpool, 25, 125, 800, 40, 325
D. Harpool, 20, rented, 200, 10, 200
W. Harpool, 5, rented, 50, 6, 125
J. W. Snipes, 50, 275, 800, 75, 460
John Miers, 60, 90, 1500, 100, 1150
W. Bradshaw, 50, 350, 2000, 60, 482
J. Martin, 30, 100, 1000, 10, 400
Wm. Richards, 40, 190, 800, 65, 870
Thos. Richards, 60, 35, 400, 6, 250
G. W. Wilson, 40, 60, 1800, 30, 100
J. W. Hazelwood, 50, 125, 1000, 40, 175
J. B. Allison, 20, rented, 200, 5, 70
R. Fletcher, 35, 193, 900, 10, 250
Joe Brown, 20, 30, 200, 5, 200
David Scott, 20, rented, 160, -, 35
J. Canady, 75, 200, 2500, 100, 800
B. F. Powers, 13, 92, 700, 100, 600
Sarah Spradlin, 50, 66, 600, 6, 160
J. Tucker, 20, 165, 500, 85, 85
Dobson Beal, 5, 245, 700, 2, 165
D. W. Tucker, 30, 125, 1200, 100, 100
G. Fletcher, 80, 150, 2000, 30, 775
C. Starkey, 80, 180, 3000, 60, 400
J. Hittson, 10, rented, 80, 10, 250
E. K. Fraze, 30, 90, 800, 10, 275
C. Jarril, 50, 350, 2000, 60, 400
R. W. Crow, 8, 112, 600, 5, 70
C. Cudson, 65, 120, 300, 25, 150
James Meele (Meeb, Mule), 45, 59, 600, 18, 140
J. R. Holmes, 55, 165, 1000, 30, 700
W. E. Lynn, 50, 85, 1000, 100, 640
__ Sunbarger, -, -, -, -, 100
Ben Brumbarger, 10, rented, 50, 5, 100
Mary Green, 10, rented, 80, 5, 100
H. J. Eperly, 10, rented, 50, 5, 70
S. Stands, 50, 90, 1000, 40, 435
M. Swader (Smader), 20, 100, 300, 10, 150
James Hall, 50, 270, 1600, 15, 160
Wm. Rock, 70, 230, 3000, 25, 800
Danel Nelson, 80, 120, 1500, 75, 800
P. L. Duncan, 40, 60, 1000, 15, 225
Wm. Holmes, 100, 200, 2000, 50, 450

G. R. Campbell, 120, 253, 700, 125, 600
L. C. Butler, 40, rented, 320, 15, 300
T. M. Winnett, 30, 120, 800, 12, 200
J. M. Mazy, 45, 80, 700, 50, 300
A. S. Hoover, 100, 150, 1500, 75, 350
R. W. Tucker, 25, 15, 250, 10, 350
J. Rigney, 50, 90, 1450, 10, 450
A. Miles, 50, 209, 100, 25, 200
J. Brewer, 20, 55, 500, 30, 35
R. Brown, 40, 160, 200, 20, 200
____ Brown, 25, 30, 500, 100, 100
J. Miser, 50, 150, 1000, 65, 400
Thos. Nichols, 10, rented, 80, 8, 40
John Nichols, 50, 100, 700, 30, 400
H. Cunningham, 50, 190, 1200, 40, 200
John Banks, 22, 60, 300, 6, 250
D. Banks, 100, 215, 1500, 50, 450
H. Clendenton, 70, 70, 900, 100, 350
J. Caorvel (Cowell), 35, 85, 500, 10, 450
D. Simpson, 35, 180, 1200, 5, 200
Nancy Sayne, 30, 20, 1200, 8, 350
H. Spear, 10, rented, 80, 10, 400
L. Bryant, 15, rented, 100, 10, 375
Jas. Ogles, 45, 105, 500, 75, 400
Alex Glaze, 20, rented, 160, 4, 60
W. Hitts, 50, 380, 2000, 50, 400
J. F. Ross, 8, 100, 1000, 80, 170
G. Sayne, 20, rented, 200, 4, 500
Sarah Street (Strut), 30, 70, 800, 6, 150
G. H. Butler, 20, -, 200, 20, 50
A. J. Phillips, 40, 40, 180, 10, 125
M. Allison, 120, 40, 1200, 40, 560
R. M. Brewer, 200, 800, 5000, 150, 560
T. Cooper, 80, 100, 1200, 10, 500
Thos. Hawks, 45, 100, 100, 100, 500
E. Fletcher, 45, 145, 700, 100, 600
James Darnell, 70, 520, 4000, 30, 1200
M. B. Ford, 40, 160, 1000, 20, 150
A. P. McFarland, 60, 140, 600, 15, 350
Young Darnell, 30, rented, 300, 8, 150
J. D. Duglass, 23, 17, 600, 101, 550
R. Hansey, 30, 70, 450, 20, 40
W. R. Spindle, 20, rented, 200, 85, 200
C. Jones, 20, rented, 200, 8, 75
R. J. Mitchell, 45, 155, 2000, 40, 950
F. S. Rhodes, 200, 200, 8000, 100, 1155
Eliza Harrison, 100, 480, 2500, 100, 250
James Dial, 30, rented, 250, 10, 265
Thos. Roberts, 10, rented, 80, 5, 100
L. H. Roberts, 20, rented, 160, 10, 155
W. W. Putman, 60, 5000, 6000, 130, 1160
Jno. Bert, -, -, -, 8, 200
Jno. Rankin, 46, 25, 950, 75, 900
Gid. N. Pulley, 100, 75, 1700, 170, 1100
Jacob Roulan, 170, 80, 2500, -, 112
Eliga Turner, 150, 230, 8000, 100, 1200
Jas. Harkin (Hoskin), 20, rented, 200, 4, 100
Peter Rankin, 20, rented, 400, 4, 200
B. J. Thompson, 175, 1000, 9000, 600, 112
James Lane, 10, rented, 100, -, 150
E. J. Hollins, 60, 80, 2000, 100, 190
E. Reynolds, 400, 400, 15000, 250, 6000
P. H. Price, 250, 175, 17000, 188, 3055
J. F. L. Farris, 140, 92, 3500, 150, 1476
S. McBride, 20, rented, 200, 10, 1100
T. L. Gunn, 250, 300, 7218, 250, 1128
David Anderson, 20, rented, 200, -, 150

Milton Lullete, 80, 20, 800, 20, 500
Benj. Lane, 245, 200, 5000, 200, 2350
Jno. Cash, 250, 250, 5000, 125, 640
Robt. Taylor, 100, 100, 800, 125, 1000
Lellot Sheed, 50, -, 1000, 100, 400
H. L. Sheed, 125, 80, 4500, 175, 650
W. H. Pulley, 80, 70, 1500, 150, 1200
Wm. Thomas, 15, 250, -, 15,700
Isham Womack, 90, 60, 3000, 10, 500
John Crockett, 150, 150, 3000, 125, 800
Many Taylor, 20, rented, 200, 5, 200
Saly Rankin, 175, 65, 4000, 90, 900
Mack Cunningham, 50, 50, 1000, 100, 400
Peter Thomas, 100, 100, 4000, 2000, 975
W. McGriff, 40, 20, 1100, 90, 375
B. J. Price, 140, 40, 1500, 100, 600
Jno. Reed, 20, rented, 200, -, 60
E. Cunningham, 250, 750, 10000, 200, 1200
Mary Gillian, 52, 125, 1200, 10, 500
Jessey Bynum, 10, rented, 100, 5, 5
Jas. Cunningham, 20, rented, 400, 15, 600
G. W. Lusk, 56, 115, 2500, 125, 400
B. B. Dickens, 65, 35, 1250, 150, 1000
T. P. Stevenson, 80, 90, 1700, 125, 600
G. W. Roberts, 40, 70, 1200, 100, 875
J. E. Hough, 75, 35, 2000, 70, 470
Jos. Crawford, 90,10, 2500, 85, 1280
Tho. Warren, 20, rented, 200, 125, 500
Lewis Harris, 150, 150, 4000, 100, 225
G. B. Hipp, 65, 35, 1250, 10, 550
Gerrita Carlisle, 40, 35, 700, 5, 200

Redy Cunningham, 150, 180, 3500, 200, 1600
Anderson Lambert, 100, 50, 1700, 50, 400
Gerry Arnold, 25, rented, 250, 6, 75
M_lean Row, 20, rented, 200, 30, 65
Allen Binum, 10, rented, 100, 10, 150
T. A. Weasheupson, 20, rented, 200, 150,2 50
Jas. Willis_y, 55, 50, 1500, 85, 200
Elizabeth Willis, 250, 250, 6000, 150, 4125
J. M. Wilhusn, 300, 125, 4250, 215, 2630
W. B. Buckner, 100, 80, 2000, 75, 975
Polesna Neville, 125, 175, 3500, 65, 1100
Wm. C. Wilhessun, 60, 60, 1200, 100, 800
W. Crabtree, 60, rented, 720, 60, 400
Wm. Dobs, 20, lease, 200, 8, 300
Hend. Sheed, 20, lease, 200, 10, 175
J. A. Clark, 130, 110, 2400, 65, 1000
Wm. Sheed, 20, lease, 200, 10, 350
Henry Sherill, 15, lease, 200, 10, 200
Jno. Boggs, 20, rented, 200, 5, -
Wm. B. Thompson, 30, rented, 300, 8, 60
Jno. Finch, 20, rented, 160, 8, 300
J___ Howard, 150, 150, 3000, 60, 500
Abner Briant, 90, 154, 3000, 150, 800
Wrett Bucks (Burks), 40, 60, 500, 15, 200
B. Hampton, 110, 115, 2000, 200, 1130
P. H. Nevell, 120, 60, 1800, 100, 1100
Wm. Austell, 80, 60, 1700, 80, 575
B. F. Wilson, 20, rented, 160, 5, 200
D. Tate, 20, rented, 200, 150, 1000
Jane Wilson, 75, 56, 700, 10, 150

W. W. Cunn, 140, 60, 1600, 100, 1000
Elizabeth Taylor, 40, 60, 500, 5, 300
C. C. Chapman, 40, 60, 650, 85, 225
J. P. Hindman, 30, 150, 1025, 25, 100
Th. Goolsby, 80, 50, 600, 25, 1000
C. C. Hill, 40, 180, 1000, 75, 200
Wm. Wileman, 70, 90, 1500, 100, 650
Ransome Martin, 15, rented, 150, 5, 100
J. A. Mullin, 40, 149, 845, 25, 335
G. W. Austille, 250, 90, 5000, 250, 5000
Wm. Harris, 125, 185, 2500, 300, 600
L. R. Wileman, 120, 100, 2000, 150, 500
M. Wileman, 120, 100, 2000, 100, 500
G. W. Mcfuson, 25, rented, 225, 65, 300
J. Glass, 8, rented, 65, 5, 40
John Smith, 70, 30, 200, 10, 300
P. Dunaway, 20, 30, 500, 50, 300
R. Cunningham, 50, 25, 700, 10, 225
J. Cunningham, 100, 100, 2000, 125, 1075
E. A. Huffer, 75, 185, 1500, 70, 350
J. R. Churchman, 30, 130, 500, 100, 800
J. Armstrong, 10, rented, 100, 70, 300
J. K. Smith, 100, 60, 1200, 100, 350
A. C. Call, 220, 250, 5000, 195, 1100
Caleb Call, 20, rented, 200, 6, 80
W. McCraw, 20, 50, 400, 10, 300
R. Jenkins, 15, rented, 150, 10, 200
H. Claybrooks, 40, 60, 200, 6, 200
A. W. Hisk agt, 60, 40, 2000, 10, 320
Nancy Call, 100, 125, 1800, 10, 250
A. J. Call, 20, rented, 200, 10, 225
James Call, 100, 225, 2500, 100, 650
Lucy Neville, 100, 50, 1200, 85, 750
James Bell, 50, 50, 1200, 85, 200
J. Q. A. Farrer, 100, 300, 4000, 100, 500
James Fleming, 5, rented, 50, 60, 265
J. Howe, 150, 100, 3000, 150, 250
James Robertson, 60, 90, 1200, 85, 800
W. Womack, 20, rented, 200, 6, 275
W. N. Baily, 10, -, 250, 50, 300
James M. Shud (Sheed), 400, 210, 12000, 24, 5400

Cumberland County Tennessee
1860 Agricultural Census

The Agricultural Census for Tennessee for 1860 was microfilmed by the University of North Carolina Library under a grant from the National Science Foundation and filmed from original records held at Duke University Library, Durham North Carolina.

There are some forty-eight columns of information on each individual. Only the head of household is addressed. I have chosen to use only six columns of the information because I feel that this information best illustrates the wealth of the individuals. These are shown below:

1. Name of Owner
2. Acres of Improved Land
3. Acres of Unimproved Land
4. Cash Value of the Farm
5. Value of Farm Implements and Machinery
13. Value of Livestock

Thus, the numbers following the names represent columns 2, 3, 4, 5, 13.

The following symbol is used to maintain spacing where information in a column is left blank (-). This symbol is used where letters, names or numbers are not legible (_).

M. W. Morrow, 20, 200, 300, 5, 250
R. Keys, 80, 200, 1200, 10, 584
A. Morrow, 22, 2400, 1200, 15, 475
W. Ray, 20, 280, 300, 5, 200
W. Tabor, 26, 375, 400, 4, 150
J. M. Tabor, 40, 370, 300, 50, 300
J. Tabor, 24, 189, 200, 4, 200
J. Woody, 100, 900, 800, 30, 400
T. Woody, 40, 30, 400, 10, 230
J. Dickerson, 30, 4720, 900, 100, 450
Z. Goss, 40, 1200, 1000, 15, 590
J. Elmore, 15, 125, 250, 50, 200
T. A. Elmore, 13, 397, 350, 50, 200
A. J. Goss, 20, 100, 400, 10, 250
E. Elmore, 15, 200, 250, 5, 200
W. Pew, 20, 30, 150, 50, 200
J. N. Tays (Hays), 25, 175, 300, 10, 60
A. N. Offren, 40, 216, 800, 100, 437
L. Rains, 50, 3500, 300, 10, 400
J. S. Walker, 25, 275, 300, 10, 400

W. E. Elmore, 20, 623, 320, 5, 250
J. Webb, 200, 1200, 3000, 130, 600
J. M. Tanner, 70, 325, 800, 10, 200
M. S. Hopkins, 100, 900, 1500, 125, 614
J. Newell, 20, 140, 200, 5, 500
J. Bradley, 30, 557, 500, 80, 300
W. H. Whitaker, 18, 57, 500, 25, 200
W. Stanley, 30, 70, 400, 5, 100
L. Whitaker, 75, 155, 800, 25, 250
J. J. Hedgecoth, 25, 100, 500, 5, 95
M. A. Harris, 45, 180, 500, 15, 390
C. Brown, 100, 350, 700, 100, 1100
E. Angel, 50, 275, 800, 125, 600
M. Whitaker, 40, 160, 2000, 25, 250
L. Randolph, 14, 86, 400, 8, 200
J. A. Hall, 35, 115, 400, 5, 75
E. Snyder, 50, 690, 1000, 25, 375
T. Anderson, 50, 300, 1200, 20, 400
M. Campbell, 35, 165, 260, 25, 300
S. Broyls, 35, 365, 800, 25, 600

L. Taylor, 15, 350, 500, 10, 400
J. P. Anderson, 60, 265, 1000, 30, 235
E. Vanderon, 40, 210, 500, 100, 300
A. Andrews, 13, 938, 500, 5, 56
S. Engalls, 20, 305, 325, 5, 235
L. Scarborough, 20, 280, 300, 25, 200
J. G. Lewis, 40, 160, 250, 5, 290
J. W. Jenkins, 18, 554, 400, 25, 200
J. P. Vanwinkle, 12, 43, 300, 5, 225
W. Carroll, 35, 365, 800, 5, 145
E. Childers, 40, 350, 350, 10, 200
C. Moyers, 50, 1600, 500, 100, 566
H. Dugger, 45, 686, 750, 12, 465
J. Dugger, 40, 360, 500, 10, 230
H. Burgess, 24, 296, 300, 10, 300
J. Vaughn, 30, 295, 1100, 5, 63
E. Stone, 50, -, 50, 30, 309
L. Moss, 15, 45, 50, 5, 435
A. Blaylock, 30, 60, 100, 5, 200
M. Aiken, 24, 26, 130, 7, -
J. C. Vandever, 45, 240, 1000, 125, 380
R. Flinn, 30, 252, 500, 70, 570
T. Hail, 75, 1475, 1000, 100, 500
S. Haily, 40, 100, 400, 5, 105
T. H. Welch, 13, 45, 100, 70, 209
A. Martin, 12, 1288, 800, 5, 210
J. Wyatt, 16, 643, 600, 5, 345
A. R. Lowe, 36, 64, 400, 5, 224
J. A. Moyers, 15, 485, 500, 70, 250
A. H. Hail (Nail), 8, 272, 400, 5, 117
D. Weever(Weaver), 25, 250, 200, 30, 126
J. W. Martin, 20, 393, 500, 10, 220
W. Martin, 25, 461, 500, 40, 93
W. Hides, 75, 845, 600, 25, 360
J. Wyatt, 70, 635, 500, 90, 1000
J. Brown, 80, 175, 1100, 100, 945
T. Barger, 20, 80, 250, 5, 220
G. H. McDurmet, 15, 95, 200, 25, 80
G. W. Presly, 25, 75, 400, 10, 145
T. Nail, 30, 47, 1200, 60, 190
J. J. Lollett, 60, 100, 1500, 75, 680

W. Kerley (Kerby), 50, 21, 500, 30, 362
W. T. Ormes, 40, 60, 500, 30, 246
W. Nail, 70, 230, 2000, 15, 1000
D. Parham, 4, 60, 1000, 5, 120
G. B. Selby, 7, 13, 190, 5, 170
B. A. Nail, 30, 105, 500, 15, 148
E. Ormes, 140, 704, 3800, 75, 815
W. Parham, 100, 470, 4000, 60, 450
J. M. Miller, 75, 200, 100, 5, 270
A. Hides, 70, 980, 2000, 115, 825
E. G. Tollett (Lollett), 100, 300, 2500, 75, 660
J. E. Morris, 135, 1385, 4000, 100, 545
S. Selby, 50, 50, 1000, 10, 215
J. Kerley (Kerby), 25, 50, 350, 5, 218
C. Davenport, 50, 500, 1000, 10, 465
H. Lovely (Lively), 25, 75, 300, 5, 350
J. Hinch, 60, 70, 1000, 240, 535
S. Selby, 50, 75, 1200, 100, 600
E. Parham, 150, 150, 4000, 10, 175
H. Sherrell, 100, 400, 800, 100, 845
G. H. Finley, 30, 130, 2000, 60, 745
M. Webb, 35, 175, 700, 5, 344
P. Brewer, 15, 35, 50, 5, 190
J. Hall, 75, 940, 600, 125, 1038
D. Dunlop, 27, 352, 700, 80, 276
C. Davis, 50, 200, 600, 10, 175
N. Boughton, 50, 700, 1500, 125, 286
M. Lamb, 50, 900, 1000, 200, 750
G. W. Delavergne, 25, 125, 500, 150, 607
W. Hembree, 40, 167, 1000, 5, 125
J. Croak, 180, 4000, 4000, 200, 1735
E. Beam, 80, 870, 1000, 75, 245
E. Snyder, 50, 145, 800, 25, 225
J. Dodge, 135, 4865, 10000, 565, 780
W. Stephens, 50, 150, 500, 10, 120
J. Taylor, 40, 250, 400, 6, 175
J. M. B. Walker, 25, 340, 800, 8, 312
T. Frost, 200, 2800, 1500, 75, 750

M. Broyls, 60, 140, 1000, 100, 440
B. Loden, 60, 140, 800, 10, 196
W. Akins, 40, 1810, 1300, 10, 242
R. Kerby (Kerley), 30, 280, 500, 5, 215
G. H. Day, 200, 400, 4000, 100, 565
B. Bentley, 200, 8000, 13000, 200, 1520
D. Cry, 20, 130, 500, 50, 385
G. F. Vicory, 60, 900, 1200, 50, 760
C. P. Vicory, 50, 2275, 2325, 75, 686
D. L. Hosler, 6, 171, 300, 5, 118
S. Baker, 60, 350, 1000, 100, 1245
W. A. Hedgecoth, 50, 263, 300, 10, 460
B. Hedgecoth, 30, 425, 500, 5, 180
S. Moore, 40, 274, 1000, 25, 438
J. L. Nevis, 50, 650, 1000, 15, 575
G. Dawson, 30, 4935, 3000, 150, 967
M. Baker, 100, 466, 1000, 125, 504
J. Jeffres, 30, 190, 500, 75, 305
J. F. Greer, 24, 1400, 1000, 75, 417
H. J. Parsons, 50, 50, 300, 50, 319
T. Stephens, 50, 600, 600, 75, 405
T. T. Patton, 100, 1750, 1000, 60, 433
R. F. Dickerson, 20, 80, 100, 5, 200
A. Elmore, 75, 1256, 1000, 100, 2207
J. Wyatt, 50, 120, 200, 50, 200
D. Adams, 50, 105, 200, 50, 937
E. Myatt(Wyatt), 50, 1145, 1000, 25, 1156
P. M. Howard, 60, 2500, 1000, 15, 400
R. Oakes, 70, 500, 600, 12, 255
H. Shilling, 60, 591, 6000, 100, 1105
N. Howard, 25, 75, 175, 5, 100
T. E. Tabor, 40, 260, 300, 5, 530
J. R. Henry, 80, 650, 1000, 50, 1547
J. E. Canter, 40, 400, 300, 10, 800
M. Myatt (Wyatt), 25, 500, 500, 5, 305
D. Elmore, 45, 555, 500, 10, 220
T. Sims, 40, 110, 200, 250
S. Hall, 80, 2500, 2000, 60, 1265

J. Brown, 25, 379, 300, 5, 115
J. Patton, 40, 650, 700, 5, 75
Josiah Patton, 15, 185, 250, 5, 378
L. Perkins, 50, 500, 500, 90, 716
J. Kenney, 30, 400, 500, 65, 717
M. Barnes, 8, 192, 200, 5, 130
C. Barnes, 17, 285, 500, 5, 161
W. B. Kindred, 25, 275, 400, -, 152
A. Hamby, 35, 15, 350, 10, 360
T. C. Staples, 25, 175, 500, 10, 1000
J. Hamby, 30, 1370, 600, 10, 290
R. Smith, 26, 24, 600, 50, 245
J. Potter, 45, 165, 410, 8, 540
G. N. Hamby (Hanby), 60, 650, 2300, 150, 381
L. Hanby, 30, 1100, 500, 125, 786
R. Aytse, 50, 250, 600, 5, 483
E. Farmer, 160, 2240, 2000, 250, 1395
J. Hanby, 110, 1065, 940, 60, 900
R. Hanby, 50, 200, 500, 40, 687
E. Dyer, 30, 600, 500, 5, 92
J. N. Shadden(Shadder), 75, 625, 700, 10, 448
J. Aytse, 18, 62, 160, 10, 224
J. Smith, 100, 600, 700, 100, 501
H. Kinderick, 50, 200, 250, 25, 585
L. Bowlin, 50, 1120, 1500, 100, 675
L. Barnes, 50, 4950, 2000, 10, 325
J. Redwine, 30, 230, 500, 5, 87
W. T Johnson, 200, 1600, 8000, 5, 154
J. Smith, 40, 650, 1000, 50, 289
E. G. Haly, 225, 900, 6000, 100, 1322
C. C. Kisnnres, 125, 4125, 300, 25, 124
F. J. Brown, 55,343, 1000, 10, 500
J. W. Brown, 20, 250, 600, 25, 271
J. Brown, 50, 450, 1600, 25, 195
M. Dorton, 60, 640, 700, 15, 178
W. Renfro, 30, 2375, 1600, 100, 204
T. B. Swan, 40, 8000, 4000, 100, 486
W. Bristow, 25, 1147, 1000, 100, 525

H. Conley, 20, 480, 250, 6, 136
W. Halloway, 50, 110, 200, 5, 260
J. Dorton, 75, 1700, 1000, 125, 775
W. B. Rush, 75, 1000, 2500, 100, 612
T. G. Guess, 125, 275, 3000, 125, 1352
A. R. Kisnnres, 160, 900, 3000, 100, 1085
F. G. Brown, 85, 250, 2500, 10, 490
T. Majors, 100, 200, 2500, 150, 1300
J. Johnson, 45, 205, 100, 50, 269
E. H. Ford, 50, 150, 1000, 10, 321
D. Brown, 80, 270, 2000, 225, 835
W. Loden, 50, 25, 800, 5, 175
T. W. Ford, 50, 450, 1600, 10, 484
J. Ford, 120, 1575, 4000, 75, 1750
M. Greer, 100, 125, 2000, 150, 1022
J. Gipson, 75, 65, 1500, 50, 326
H. A. Ormes, 60, 60, 1000, 10, 216
W. S. Greer, 500, 700, 10000, 400, 1880
H. Cox, 30, 569, 350, 5, 175
J. McCollough, 20, 80, 125, 5, 115
N. Bristow, 70, 100, 1000, 70, 219
L. Lodeon, 30, 20, 200, 10, 284
J. Hays, 40, 110, 325, 5, 180
J. Gamson, 50, 250, 1000, 10, 489
J. Read, 40, 260, 800, 10, 370
J. McClendon, 50, 175, 500, 10, 366
D. Read, 50, 150, 100, 25, 659
J. Jones, 40, 460, 500, 25, 539
C. P. Harris, 30, 220, 400, 5, 150
L. D. Harris,, 35, 459, 450, 5, 90
F. Mondery, 15, 166, 200, 5, 194
P. Cain, 12, 36, 75, 5, 137
W. Gipson, 75, 475, 600, 10, 322
A. Smith, 40, 160, 200, 50, 490
C. G. Gipson, 75, 425, 1000, 100, 495
W. Gipson, 28, 412, 440, 10, 246
W. Lasley, 10, 40, 100, 10, 105
J. Vitetoe, 15, 85, 100, 5, 115
W. Damson (Denison), 30, 400, 400, 5, 174
S. Day, 50, 310, 400, 20, 360
J. King, 40, 260, 600, 60, 264
N. Mcever, 70, 330, 600, 75, 439
J. Peters, 70, 1000, 1000, 150, 433
J. A. Basket, 50, 1000, 2000, 80, 1150
A. J. Basket, 25, 400, 400, 5, 145
T. J. Kindred, 100, 1400, 1500, 150, 1992
E. Brown, 62, 318, 700, 40, 419
J. Nicholson, 100, 100, 300, 10, 314
M. G. Mapin, 100, 650, 1100, 100, 563
T. Kindred, 60, 240, 800, 80, 819
N. A. Gardner, 35, 200, 800, 80, 332
J. Taylor, 100, 350, 1000, 75, 944
A. Norman, 50, 295, 500, 75, 2575
W. F. Hembree, 25, 471, 300, 5, 131
R. Hodge, 40, 454, 350, 15, 208
G. W. King, 15, 611, 600, 10, 365
D. McNair, 65, 695, 1000, 50, 585
J. H. Kindred, 75, 600, 700, 5, 803
H. Hedgecoth, 50, 600, 600, 10, 130
J. A. Edwards, 40, 160, 300, 5, 166
B. Harris, 30, 170, 500, 50, 159
H. Turner, 57, 260, 1000, 50, 242

Davidson County Tennessee
1860 Agricultural Census

The Agricultural Census for Tennessee for 1860 was microfilmed by the University of North Carolina Library under a grant from the National Science Foundation and filmed from original records held at Duke University Library, Durham North Carolina.

There are some forty-eight columns of information on each individual. Only the head of household is addressed. I have chosen to use only six columns of the information because I feel that this information best illustrates the wealth of the individuals. These are shown below:

1. Name of Owner
2. Acres of Improved Land
3. Acres of Unimproved Land
4. Cash Value of the Farm
5. Value of Farm Implements and Machinery
13. Value of Livestock

Thus, the numbers following the names represent columns 2, 3, 4, 5, 13.

The following symbol is used to maintain spacing where information in a column is left blank (-). This symbol is used where letters, names or numbers are not legible (_).

Pages of this county were filmed out of sequence. These pages were transcribed in the order in which they were filmed. In addition, there is the use of "R","T", and "B" after the last name with no explanation. I believe these mean "R" for Renter, "T" for tenant, and "B" for Black, although they are not found in the usual columns of information but after the individual's name.

Thos. King, 100, 50, 15000, 100, 1100
Mc. Small, 7, -, 800, 50, 100
Thos. J. Huggins, 120, 100, 20000, 200, 1200
Wm. C. McMurry, 50, 50, 8000, 225, 275
S. McMurry, 38, -, 3000, 600, 200
Thos. Fuqua, 140, 140, 6000, 100, 800
Thos. C. McCampbell, 300, 200, 37000, 300, 800
Luerisa B. Goodlett, 50, 30, 5000, 100, 500
A. C. Buchanan, 19, 20, 2000, 25, 500
H. A. Ewing, 140, 140, 12000, 300, 1500
Jno. W. Pennington, 800, 400, 45000, 1200, 2000
Pleasant Casey (Carey) R, 30, -, 3000, 25, 150
Lewis Jones, 40, 44, 9000, 25, 750
Jas. Bergan R, 75, -, 4000, 25, 640
Jno. W. Allen, 50, 50, 4500, 50, 800
Geo. W. McMurry, 40, 20, 4000, 100, 300

Moses Patterson, 65, 35, 4500, 50, 500
H. Hite, 50, 50, 8000, 100, 800
E. D. Whitworth, 50, 50, 4000, 50, 200
Jno. Dungey, 20, 38, 4500, 75, 500
Wm. Wyles R, 30, 30, 3000, 25, 500
B. Murray B, 22, -, 600, 25, 100
Wm. C. Estes, 100, 28, 5000, 50, 600
J. A. Chumsbley R, 25, -, 1000, 25, 100
H. Murry R, 20, -, 800, 25, 100
Jno. T. Estes, 9, 4, 1200, 25, 600
W. D. Meadow manager, 900, 900, 180000, 2500, 10000
David H. McConve, 550, 450, 50000, 2000, 8000
Jno. Harding, 600, 700, 65000, 100, 8100
H. G. Williamson, 200, 133, 15000, 500, 6250
Saml. Lever R, 8, -, 400, 75, 50
W. H. Graves, 57, 50, 5000, 125, 700
Lucy Buchanan, 75, 135, 12400, 200, 1000
Jos. Daw R, 40, -, 16000, 60, 250
Ja_ T. Mury R, 80, -, 1600, 25, 100
Sarah Moss, 18, -, 1200, 30, 500
Wm. Greer R, 150, -, 3000, 40, 50
Wm. A. Burrus, 30, 20, 2500, 100, 600
Jas. H. Pew, 26, 24, 2000, 100, 700
Jno. W. Blair, 17, 20, 500, 60, 150
Walker Goodwin R, 30, -, 1100, 100, 500
Monroe Scaff R, 30, -, 1100, 40, 75
Wm. Pulley, 50, 66, 1600, 50, 500
Jas. Scaff R, 40, -, 1200, 40, 110
Wm. D. Balson, 24, 33, 3400, 125, 630
Peter Fuqua, 100, 60, 4800, 125, 670
Mary Bell, 22, 28, 2000, 20, 100
Elizabeth Everett, 150, 440, 2400, 200, 1400
Chord Nickens R, 30, -, 2000, 20, 100

M. Stone R, 60, -, 2000, 50, 300
W. G. Seat R, 60, -, 1500, 60, 300
T. M. Fuqua R, 45, -, 4200, 150, 400
Susan Fuqua, 75, 115, 4000, 150, 300
Saml. Waggoner, 40, 22, 2200, 10, 200
Jane Blair, 65, 45, 4000, -, 250
Wm. H. Ellis, 30, 25, 500, 75, 300
Wm. J. Boyd, 20, 25, 1000, 50, 300
Sarah V. Williams, 130, 170, 10000, 100, 1000
Sallie Blair, 15, 24, 2000, 50, 500
Sevier Blair R, 4 ½, 5 ½, 500, 25, 200
Abe Greer, 12, 28, 600, 50, 300
Jno. Massey, 15, 25, 450, 50, 280
Geo. Brown, 15, 10, 1500, 75, 250
Jno. T. Lee, 48, 48, 4000, 75, 1000
Moses W. N. Ridley, 300, 350, 25000, 500, 5000
Jerry Bowen, 155, 35, 14000, 150, 900
Jos. Fleming R, 75, 25, 4000, 100, 400
Jas. W. Hoggatt, 750, 750, 75000, 1500, 8000
Saml. Eason, 20, 25, 3000, 25, 1000
B. Bender, 211, 60, 13550, 300, 5000
T. Fanning, 200, 120, 18500, 300, 4000
S. E. Jones, 50, -, 10000, 1000, 200
Wm. B. Lewis, 380, 130, 153000, 800, 4000
D. McClendon R, 20, 5, 1500, 100, 600
Giles Jones R, 50, -, 3000, 50, 250
Jessee J. Hewberry, 10, -, 600, 75, 400
John Unger R, 20, -, 1200, 30, 300
C. Hoffstetter, 55, 95, 7500, 100, 1600
Jno. G. Powell, 100, 80, 7200, 100, 1000
Ed Melvin R, 40, 10, 2400, 75, 400

Richd. Savage, 210, 70, 8400, 100, 1240
Caleb Goodrich R, 40, 20, 1200, 125, 585
J. F. Hibbett, 300, 250, 22000, 500, 2720
Isaac Whitworth, 250, 122, 14880, 200, 1158
Z. G. Ross, 80, 60, 7000, 250, 720
B. Williams, 60, 85, 4350, 125, 640
W. E. Huggins, 300, 250, 20000, 150, 1360
D. M. Wheeler, 175, 200, 3000, 150, 2250
S. C. Fly R, 15, 35, 1500, 20, 120
M. Leake, 24, 20, 1320, 50, 481
Joel Madison, 25, 20, 1800, 75, 305
W. B. Eskridge, 75, 90, 5000, 150, 860
W. P. Kimbro, 100, 108, 5200, 125, 695
J. M. Kimbro, 200, 115, 10000, 150, 960
A. B. Worlds R, 30, 20, 2000, 50, 325
T. Mitchell, 35, 31, 1000, 40, 425
C. Cone, 60, 60, 3600, 100, 425
Calvin Cone, 35, 57, 2800, 75, 375
R. D. Shacklett R, 35, 40, 1500, 75, 240
Martha Walden, 50, 65, 2000, 25, 660
Bryd Sands R, 30, 60, 1800, 60, 350
J. H. Charlton, 400, 300, 17500, 1000, 3710
A. J. Johnson, 75, 75, 3000, 100, 690
W. Wheeler, 35, 42, 2310, 100, 560
Lou__ A. Old, 15, 15, 1200, 100, 490
L. Halensworth, 12, 3, 300, 25, 136
Jos. Montgomery, 30, 74, 3500, 200, 570
Danl. Soaps R, 30, 30, 1200, 20, 150
B. Barnes, 50, 130, 3000, 25, 230
W. A. Johnson, 175, 20, 2400, 25, 625
Thos. Creech, 30, 21, 1500, 40, 325
Zeb Baird, 40, 30, 1800, 100, 365
Jno. L. Bates, 20, 30, 1250, 100, 715
Jno. S. Bugg, 25, 36, 705, 75, 200
M. J. Bonner R, 20, 10, 600, 20, 80
A. L. Huggins, 162, 200, 10860, 400, 1800
M. J. Couch, 400, 276, 7040, 400, 2275
Thos. J. Main, 100, 184, 7000, 125, 760
Wm. C. Huggins R, 20, 300, 4000, 100, 630
Robt C. Huggins R, 20, 30, 1000, 100, 320
G. W Charlton, 200, 200, 20000, 300, 1400
R. F. Sweeney R, 50, 30, 1600, 100, 340
N. Townes R, 35, 25, 1000, 60, 140
H. Castleman, 12, 23, 1050, 80, 525
C. McCheldon R, 10, 12, 440, 10, 60
C. Bonner R, 7, 8, 600, 16, 125
Z. J. McCheldon, 150, 50, 6000, 80, 546
P. F. McClendon, 35, 35, 2000, 80, 380
Lewis Ellis, 80, 95, 4375, 150, 730
Jno. C. Wilson, 38, 12, 1250, 50, 170
C. A. Jones R, 28, 32, 1200, 50, 320
J. T. Pew R, 17, 23, 800, 20, 200
Travis Ellis, 30, 20, 1200, 25, 330
Wm. W. Moore, 40, 35, 1700, 50, 230
Hiram S. Cotton, 30, 40, 2000, 120, 250
Wm. C. Dob_son, 750, 100, 14000, 200, 1800
Jno. W. Binkley R, 40, 20, 3000, 100, 600
Wm. Binkley R, 30, 10, 2000, 25, 150
Jno. J. Corley, 250, 50, 50000, 200, 1400
Robt. B. Cermey, 160, 200, 14400, 150, 1500

W. Binkly, 60, 75, 5400, 125, 700
Jas. T. Gleaves, 200, 125, 1000, 200, 1760
Jas. Wright, 200, 100, 10000, 100, 1400
Thos. H. Gleaves, 60, 60, 3600, 80, 200
Wm. Donelson, 600, 450, 4000, 1400, 11650
S. Donelson, 600, 250, 22000, 200, 10000
Jno. M. Lawrence, 300, 250, 21000, 200, 4100
Elizabeth C. Bondurant, 300, 300, 240000, 150, 2000
J. J. Bondurant, 150, 100, 10000, 150, 800
Jno. L. Hadley, 700, 1500, 66000, 800, 4000
Jno. Green R, 50, 25, 4000, 25, 350
P. Dismukes, 200, 180, 11400, 150, 200
Henry F. Pierce R, 30, 20, 2000, 50, 800
Mary W. Gleaves, 80, 20, 3000, 100, 450
Lew H. Hooper, 200, 180, 11400, 500, 4000
Mary A. D. Gleaves, 200, 10, 6330, 50, 500
Martha A. Turner, 178, 100, 8340, 50, 1550
Jno. L. Hadley Jr. R, 50, 25, 3000, 100, 1000
D. Hagan R, 30, 20, 1500, 25, 100
Elijah Earheart, 30, 120, 4500, 50, 200
Wm. O. Scott, 80, 120, 6000, 100, 1320
Danl. S. Tucker R, 100, 25, 3750, 150, 2170
Elizabeth W. Gleaves, 50, 31, 2500, 200, 1000
Jane Cook, 125, 50, 4375, 100, 1400
Nancy Cook, 100, 125, 2500, 25, 300
G. B. Gleaves, 200, 192, 16000, 400, 1350
F. R. Gleaves, 160, 41, 8040, 150, 1650
W. J. Chandler, 25, 35, 2100, 70, 450
Jno. H. Baker R., 3, 9, 400, 20, 100
W. H. Wright, 150, 150, 6000, 225, 1600
J. P. Wright R, 25, 25, 1500, 10, 200
Chas. Wright, 35, 15, 1500, 10, 300
Alfred Wright, 25, 25, 1000, 50, 650
Jas. S. Wright R, 40, 10, 1000, 50, 500
Jos. Binkley, 110, 100, 4500, 150, 1200
Andrew Jackson R, 30, 20, 3000, 25, 100
G. W. Corigal (Cougal), 60, 60, 3600, 75, 400
W. E. Hagan, 140, 60, 6000, 25, 1750
W. W. Hurt R, 25, 15, 1200, 25, 250
D. Brooks R, 35, 20, 1800, 20, 100
Jas. H. Hagan(Hagar), 40, 35, 2100, 50, 400
Wm. Crell R, 40, 10, 1500, 75, 670
G. W. Hagan, 50, -, 1500, 50, 600
Saml. H. Pride R, 17, 42, 1200, 75, 225
Hollis Hagan, 140, 100, 7200, 1000, 1905
Jno. E. Hagan, 30, 30, 1000, 20, 500
David Chandler, 60, 140, 6000, 100, 845
Robt Hays, 95, 25, 1200, 75, 500
Moses P. Brooks, 275, 225, 17500, 300, 2896
M. P. Hays R, 40, 10, 1000, 10, 180
W. S. Hays, 150, 77, 4540, 75, 650
Zach Hays, 18, -, 1000, 75, 400
Geo. Melvil, 60, 7, 1340, 125, 950
J. W. Wilson, 100, 50, 4500, 75, 600
G. W. Brown, 80, 80, 4000, 75, 775
Z. F. Dodson, 400, 400, 24000, 100, 2280
R. P. Winard, 80, -, 12000, 200, 750

A. Creel & D. Shff, 70, 50, 3600, 50, 475
Elizabeth Hurt, 26, 25, 1140, 50, 350
J. W. Hurt, 28, -, 650, 75, 855
Anthony Melvil, 20, 30, 1200, 30, 250
M. Binkley R, 28, 22, 1100, 5, 100
Jos. Z. Faulkner, 250, 100, 12000, 100, 470
Jno. A. Sheet, 325, 325, 19000, 250, 1050
Phil P. Shute, 250, 175, 12750, 210, 2360
Jo. W. Dodson, 150, 225, 13125, 200, 2750
Jas. R. Cockrill, 500, 560, 63600, 350, 2750
Thos. B. Page, 125, 71, 7840, 400, 1390
Jos. M. Phelps R, 40, 25, 1000, 25, 645
P. Waller R, 40, 39, 1500, 100, 550
Jno. R. Evans R, 40, 10, 750, 15, 325
M. J. Heraldson, 40, 68, 2160, 60, 640
Ed F. Gleaves, 18, 22, 1000, 75, 410
Wm. Gleaves, 30, 30, 1200, 15, 650
John Hurt, 40, 70, 2200, 100, 600
G. W. Clemens, 15, 11, 780, 75, 850
Saml. Stull, 100, 60, 4000, 100, 1000
L. Ellis, 75, 150, 5625, 75, 1220
Jno. Ellis R, 22, 28, 1500, 5, 300
J. P. Jones R, 50, 50, 2000, 100, 300
Jas. M. Murrell, 450, 900, 70000, 1000, 5650
D. D. James, 25, 25, 15000, 125, 100
Jas. Williams R, 45, 15, 10000, 75, 300
James L. Morgan, 140, 60, 18000, 125, 700
D. Weaver, 100, 6, 15900, 100, 1100
Jno. K. Buchanan, 300, 217, 20600, 250, 2465
E. A. East, 95, 95, 5700, 100, 700
Nathan Harsh, 60, 10, 7000, 100, 960

A. W. Gowen R, 25, 45, 6000, 50, 125
Eph Charlton, 20, 17, 6000, 75, 650
Lewis E. Bryan, 55, 25, 8000, 100, 450
Jno. K. Edmonson, 69, -, 10000, 150, 950
Jas. O'Brien R, 18, 18, 3500, 56, 400
Thos. Harry R, 30, 10, 4100, 50, 400
Saml R. Blair, 150, 235, 15350, 100, 690
Gabe Matlock, 30, 10, 2000, 125, 700
Jas. Matlock, 90, 10, 18000, 150, 950
Robt. F. Power, 40, 5, 4500, 75, 395
M. N. Cox, 237, 230, 24000, 350, 5475
Nat Brown, 70, 50, 10000, 200, 1515
A. F. Goff, 120, 60, 36000, 350, 1400
David Kemal, 30, 5, 3500, 100, 200
Ann A. Mooney, 50, 22, 10000, 110, 300
Eliza P. Wilson, 268, 200, 42960, 500, 3410
B. F. Wilkerson, 50, 5, 2500, 150, 800
Eliza Ezell, R, 75, 78, 9500, 100, 710
Rosamiah Ezell, 80, 73, 6500, 60, 300
Thos. Gilbert, 100, 60, 5000, 100, 775
Augusta Davis, 70, 30, 400, 10, 787
J. R. M. Baker, 25, 25, 2000, 100, 400
Jack Roberts, 130, 125, 13000, 200, 1190
Wilford H. Rains, 300, 160, 23000, 100, 1132
Henry S. Peace R, 20, 25, 7000, 100, 245
James Collins, 25, 25, 1500, 50, 500
Anderson Peebles R, 25, 25, 1500, 50, 250

Jos. Morgan R, 15, 10, 600, 5, 200
Henry W. Foster, 30, 87, 3000, 75, 575
John Minton R, 40, 20, 2400, 25, 350
P. S. Watson, 45, 28, 1825, 60, 325
Mary C. Gains R, 50, 25, 3500, 75, 540
Ashly Rozell, 140, 200, 20460, 200, 1895
Jas. Wharton R., 33, 42, 1000, 50, 270
A. P. Grinstead, 95, 97, 8400, 100, 850
Simpson Matlock, 25, 65, 3100, 40, 360
N. W. Baldridge R, 35, 25, 1800, 75, 520
J. J. D. P. Shumate, 300, 306, 19000, 780, 3210
H. J. Goodrich R, 40, 30, 2100, 75, 270
Ira Burnett, 60, 51, 2500, 75, 450
E. G. Rowe, 75, 103, 7500, 100, 760
Jas. Bell, 50, 65, 3500, 75, 400
Henry Burnett, 40, 60, 3000, 100, 380
M. Dennison, 100, 200, 9000, 310, 1250
W. G. Carter, 40, 110, 3000, 100, 700
Abe Waggoner, 200, 200, 10000, 75, 340
Geo. Pulley R, 35, 20, 1900, 5, 200
Thos. A. Harris R, 30, 40, 1400, 25, 426
Jas M. Pelts R, 40, 25, 1300, 15, 335
Jas. M. Fitzhugh R, 50, 30, 1600, 100, 400
Wm. A. Cheatham, 300, 255, 60000, 400, 2800
Wm. E. Cartwright, 45, 11, 3000, 100, 550
A. H. Brerrt (Bresst), 70, 80, 3000, 100, 760

Jno. Shumate, 75, 75, 6000, 100, 1000
H. Townes, 60, -, 5000, 250, 535
Jo. A. Aldrich, 120, 55, 7000, 200, 785
F. Flowers, 40, 25, 2000, 125, 610
Martha Owen R, 33, 28, 900, 60, 370
Delilah Gilman R, 20, 15, 200, 20, 220
Permelia Davis, 100, 270, 11100, 100, 933
Alex Cooper, 150, 50, 8000, 125, 1220
E. W. Williams, 33, 50, 4000, 40, 550
Saml. Kimbro, 100, 240, 13600, 1600, 1000
Stephen H. Ham R, 125, 25, 4500, 80, 820
S. R. Ham, 50, 68, 4600, 150, 505
W.S. Turner, 150, 155, 6100, 100, 845
R. H. Whittemore R, 75, 25, 11000, 20, 315
Jno. J. Sanders, 100, 121, 3630, 125, 700
D. G. Clark, 35, 30, 1950, 90, 270
R. V. Vaughn R, 30, 60, 3600, 40, 265
Jerry Fields R, 35, 40, 3000, 25, 210
W. G. Moore, 40, 50, 2000, 80, 625
Jas. Thompson, 125, 150, 5500, 125, 800
Wm. Austin, 100, 100, 5000, 130, 1125
J. G. Briley, 80, 70, 4500, 125, 855
J. P. Perscell, 30, 30, 1800, 80, 310
Jane Samford, 40, 10, 800, 40, 275
R. Barnes R, 40, 10, 1000, 40, 230
Pleas Chambers, 20, 10, 600, 15, 70
Isaac J. Whitly R, 30, 25, 850, 40, 185
W. H. B. Gambill, 130, 70, 8000, 100, 900
Elizabeth Wolf, 60, 50, 3000, 125, 670

Saml. Culverson, 60, 100, 3200, 30, 500
B. Culverson R, 24, 36, 2500, 75, 420
Thos. Russell R, 10, 65, 2000, 80, 290
Richd Griggs R, 30, 20, 800, 20, 225
Jno. Briley, 80, 24, 9645, 100, 585
P. K. Griggs R, 70, 100, 8200, 25, 200
F. M. Ezell, 100, 150, 12500, 125, 800
Francis Waller, 40, 19, 2400, 75, 635
J. W. Mitchele, 35, 35, 2000, 25, 430
Wm. M. Clark, 65, 47, 6420, 150, 1125
Wm. H. Hamlett R, 60, 40, 3500, 100, 390
Thos. Hamlett, 70, 80, 6000, 150, 610
Wm. _. Battle, 100, 110, 11000, 150, 3700
Sallie Johnson R, 70, 30, 3500, 150, 390
Benj. Organi, 40, 36, 1900, 150, 400
Nelson P. Carter, 40, 20, 2800, 125, 475
Jo. C. Nance, 85, 58, 3575, 200, 637
Henly S. Guthrie, 75, 75, 6000, 10, 260
Jno. F. Guthrie, 50, 55, 4200, 100, 850
Sarah J. Battle, 150, 230, 11400, 300, 2000
Henry _. Whitsett R, 25, 10, 700, 100, 620
Elizabeth Collins, 50, 40, 2000, 40, 250
Hilley Patterson R, 30, 30, 1200, 40, 310
John Guthrie, 160, 68, 5700, 150, 1150
J. A. Austin, 140, 20, 6000, 150, 1150
Jessee J. Young, 40, 10, 1000, 100, 300
Jno. Ausment R., 50, 40, 1800, 100, 560
Jas. L. Holloway, 150, 148, 9000, 150, 1035
Sarah White, 125, 125, 7500, 100, 300
Ellen Roach, 125, 78, 5000, 125, 560
Henry Pasquet, 120, 100, 4420, 150, 1245
Jane J. Chiloutt, 50, 50, 2500, 100, 725
Wm. Moore R, 20, 15, 700, 50, 150
Benj. Johnson, 70, 120, 5700, 125, 550
Benajah Gray, 90, 162, 7530, 150, 1045
N. C. Austin, 50, 44, 1800, 125, 540
Thompson Austin, 40, 36, 1900, 125, 405
A. F. Bush, 75, 27, 2500, 125, 850
Joel A. Battle, 400, 430, 30000, 300, 1200
Chas. Johnson, 200, 145, 8350, 125, 1655
Robt. S. Gooch, 200, 138, 10240, 300, 1380
Mary C. Cuthen, 30, 22, 1000, 25, 210
Allen G. Gooch, 300, 200, 15000, 500, 2915
J. R. McCann, 150, 180, 10000, 500, 1350
Wm. A. Whitsett, 180, 156, 10000, 100, 1385
Wiley B. Thompson, 70, 68, 4140, 100, 665
Mary A. Patterson, 100, 92, 5750, 400, 1450
Wm. B. Briley R, 25, 20, 2000, 100, 370
Robt. A. Reed R, 20, 15, 1500, 40, 205
Thos. B. Briley R, 25, 20, 2000, 25, 300
Jno. J. White, 100, 100, 6000, 300, 540

Saml. S. Bell R, 50, 50, 4000, 100, 450
John V. Woods, 75, 75, 4000, 100, 455
Wm. Ragan R, 20, 15, 1500, 41, 30
John W. Gains R, 20, 15, 1500, 20, 130
Wm. R. Wair, 120, 90, 8400, 150, 840
Jas. Cunningham R, 40, 60, 4000, 60, 720
Mourning Barnes, 110, 110, 6600, 125, 550
Jas. H. Still, 30, 50, 2400, 100, 500
John Raller, 50, 30, 3000, 100, 125
H. J. Peebles, 75, 25, 2500, 150, 600
Jno. S. Shacklett, 140, 100, 11000, 100, 720
Eli Woods R, 40, 40, 3200, 80, 325
Harriet Hall R, 40, 60, 4000, 80, 580
C. B. Whittemore R, 25, 25, 2000, 60, 580
Jno. S. Hall R, 25, 25, 2000, 10, 240
Wm. Whittemore, 90, 90, 5000, 100, 325
Geo. Hall R, 30, 30, 2400, 60, 405
Jas. H. Ragan, 70, 10, 1400, 75, 485
Jno. Chadwell R, 60, 40, 4000, 100, 220
Wm. B. Whittemore, 140, 100, 10000, 150, 1060
Thos. Chilcutt, 75, 38, 6500, 150, 1100
W. C. Ezell R, 25, 25, 2000, 75, 400
A. Dunn, 46, 30, 3000, 80, 460
A. J. Baker, 80, 45, 4000, 150, 1000
Jno. B. Hope R, 25, 25, 2000, 80, 270
Frances B. Hope, 120, 120, 7000, 80, 640
Geo. Chadwell, 75, 65, 4200, 150, 870
Catharine Watson, 60, 34, 2400, 75, 300
Lee S. Harmer, 30, 20, 1800, 75, 260
Wm. Gardner, 10, 10, 1000, 75, 160

Sarah Watson, 60, 40, 3180, 75, 612
Geo. S. Baxter R, 20, 15, 1400, 10, 12 5
S. S. Allen R, 25, 10, 1400, 30, 350
Jno. L. Baker, 40, 30, 3500, 125, 700
Wm. W. Goodurie, 144, 156, 14000, 300, 1200
Pres. W. Davis R, 20, 15, 1400, 150, 670
Nancy Hunt R, 15, 15, 1200, 30, 100
Chas. Cook, 80, 30, 2500, 70, 660
T. J. Haywood, 100, 100, 6000, 70, 450
Jas. W. Minton R, 40, 40, 3200, 25, 475
A. Whittemore, 80, 70, 3000, 75, 700
Ed. L. Ensley, 350, 420, 40000, 400, 2670
Ed. B. Bigley, 20, 20, 2000, 125, 550
Jas. B. Alexander, 92, 20, 6000, 150, 500
Mary J. Thompson, 60, 130, 5700, 150, 425
D. F. Thompson, 140, 107, 10000, 700, 1840
Thos. McPherson R, 14, 14, 1200, 60, 100
Jno. Holloway R, 5, 5, 400, 30, 10
Wm. H. Spain, 18, -, 300, 40, 70
Jacob Rader, 40, 11, 4700, 150, 180
Benj. Tucker, 15, 10, 1000, 50, 125
Wm. R. Williford, 35, 20, 2000, 150, 430
D. L. Spain R, 10, 10, 800, 150, 380
Wm. Baker, 125, 75, 120000, 200, 860
Jno. J. Smith R, 10, 15, 1000, 100, 100
Elijah J. Wheeler R, 20, 14, 1800, 10, 255
Wm. Brown R, 15, 15, 1200, 40, 280
Dawson Griffin R, 10, 10, 800, 50, 100
Wm. Holen, 5, 22, 700, 75, 270
Jos. W. Williams, 75, 40, 11500, 150, 680

Jas. Phillips R, 20, 5, 1000, 50, 125
Geo. W. Spain (Spani) R, 25, 5, 1000, 75, 235
Jas. Rains, 150, 150, 12000, 500, 1720
Thos. A. Chambers R, 30, 5, 1400, 100, 365
Jno. Quimby R, 30, 5, 1400, 40, 400
Jno. Edmondson, 120, 120, 8400, 80, 370
Wm. B. Hill R, 30, 20, 2000, 80, 370
Jno. B. Hill R, 35, 15, 2000, 75, 650
Charity B. Owen, 50, 50, 3000, 100, 735
T. F. Cunningham, 20, 10, 1200, 75, 110
Patsey Buffington, 35, 45, 2000, 100, 550
Robt. Page, 17, 23, 4000, 30, 230
Benj. B. Williams, 100, 149 ½, 10000, 300, 1400
G. Alford, 60, 55, 4500, 100, 630
Jno. Rains, 215, 425, 25600, 700, 1925
Jno. Fitzhugh, 183, 183, 14640, 200, 1450
Philip Butt, 58, -, 2000, 60, 360
Pierce Waller, 120, 100, 8000, 150, 1515
Hubbard Owen R, 50, 50, 4000, 75, 175
Wm. J. Dixon, 40, 35, 2250, 100, 360
Henry B. Scott R, 60, 40, 4000, 75, 435
Thos. L. McCrory, 30, 40, 1750, 100, 735
Jas. Watson, 75, 95, 4500, 200, 1785
Danl. W. Carmac T, 75, 75, 6000, 100, 875
Jos. B. Barnes R, 15, 10, 100, 40, 130
Hugh J. Patterson, 100, 100, 8000, 200, 2270
Wm. C. Blackman, 50, 22, 7000, 200, 405
Wm. Hartsfield, 50, 25, 2000, 100, 380
Anthony Abbey, 137, 1100, 11850, 200, 1525
Hays Blackman, 80, 95, 8750, 74, 315
Marian L. Maxwell, 50, 50, 2500, 200, 1000
Geo. W. Hogan, 250, 140, 19000, 400, 2220
Jno. Overton, 500, 550, 68250, 1000, 6140
Jno. H. Ever (Owen), 110, 240, 16000, 300, 1415
Danl. P. Scales, 220, 20, 21000, 150, 1550
Turner Williams, 150, 150, 12000, 700, 1600
Jno. W. Lee R, 35, 10, 1400, 125, 360
Jas. G. Williams R, 60, 20, 4200, 150, 550
Henry Dixon R, 40, 10, 2000, 150, 450
Wm. Redman R, 30, 10, 1600, 40, 230
Peter Rives, 50, 25, 3000, 140, 750
Saml. Bett, 40, 35, 3000, 150, 710
Wm. L. Ewing, 300, 100, 20000, 500, 2800
Jas. Guy R, 10, 10, 400, 100, 300
E. M. Patterson, 235, 235, 23800, 550, 2925
Jas. R. Guy R, 30, 20, 2000, 100, 300
Landers (Landes) Ferguson, 20, 20, 600, 40, 120
Jas. Pelton R, 15, 15, 820, 125, 430
Jno. B. Brien R, 50, 50, 10000, 400, 1275
Mahala Hall R, 50, 25, 7500, 200, 350
Thos. B. Johnson, 300, -, 30000, 800, 2035
Dempsey Tanksley R, 50, 25, 7000, 80, 270

Wm. Shaw, 15, -, 2500, 100, 100
Benj. Tanksley, 15, -, 1500, 100, 190
Wm. Mollenhoff R, 10, 10, 1000, 15, 68
Jno. S. Petway, 40, 10, 4500, 100, 280
Saml. L. Banks, 100, 100, 10000, 800, 4000
Andw. Gregory, 100, 50, 7000, 500, 1200
Wesley Greenfield, 56, -, 11000, 200, 530
Enoch Ensley, 200, 180, 50000, 500, 2210
W. D. Shute, 200, 150, 21300, 500, 2100
Jno. Cunningham, 75, 75, 9000, 300, 1200
Jas. McEwin, 55, 75, 20000, 300, 1270
Jno. Thompson, 430, 445, 97500, 600, 4650
Robt. F. Foster, 165, -, 40000, 400, 980
A. J. Duncan, -, -, -, -, -
Wm. B. Armstead, 60, -, 30000, 300, 1045
Jas. W. Horton, 15, -, 20000, 100, 1050
E. D. Hicks, 25, -, 15000, 200, 525
Sophia Horton, 50, 30, 50000, 100, 100
Wm. W. Berry, 210, -, 63000, 500, 1150
A. H. Roscoe, 22 ½, -, 13500, 300, 230
Gibson Merritt, 20, 25, 14000, 200, 295
Felix R. Gains, 222, 222, 112000, 1000, 3800
James W. Hamilton, 46, -, 25000, 300, 575
William F. Moore, 50, -, 30000, 200, 810
James H. Foster, 100, 100, 30000, 300, 412

W. B. Lucus, 95, -, 20000, 200, 800
L. B. McCounics, 32, -, 120000, 200, 800
D. A. Whitsitt, 100, 107, 30000, 200, 800
A. H. Douglass R, 40, -, 6000, 100, 580
A. H. Ford, 50, 60, 18100, 100, 425
A. E. Jordon R, 100, -, 12000, 150, 325
W. L. Lyle, 27, 6, 6000, 150, 700
Jane R. McIver, 75, 75, 12000, 300, 600
Jessey Joiner R, 60, -, 12000, 100, 500
George L. Gee R, 40, -, 6000, 20, 125
J. P. Hood, 25, -, 5000, 100, 200
David Hughes, 100, -, 15000, 350, 1050
W H. Humphreys, 100, -, 15000, 350, 1050
A. Smith, 30, 30, 12000, 200, 325
L. Castleman R, 35, 35, 10000, 100, 120
J. J. Castleman, 35, 35, 10000, 75, 150
D. D. Harris, 60, 50, 21000, 200, 1150
W. H. Hagan, 140, -, 20000, 200, 1500
F. Hagan, 30, -, 12000, 200, 550
Jno. Rains, 25, -, 8000, 100, 400
Andrew Ewing, 101, -, 40000, 200, 600
J. L. Woods, 30, -, 30000, 200, 450
Mr. A. V. Brown, (Braun), 225, -, 150000, 500, 2500
Frank McNairy, 130, 122, 55000, 500, 12350
William McNairy, 4, 40, 28000, 5, 375
Thomas Pointer, 90, -, 15000, 25, 650
William Blankhall (Blunkhall), 9, -, 3175, 100, 200

Evaline Johns, 107, 100, 50000, 300, 3000
Edward Bradford, 80, 20, 2000, 50, 712
Landon Harrison, 38, 16, 3500, 25, 475
Lee Alford, 30, 20, 2000, 25, 1860
Olive Terry, 60, 40, 4000, 75, 450
Adner Pratt, 80, 64, 7000, 200, 2250
Alfred Mays, 30, 30, 1200, 15, 220
George Pratt, 30, 30, 1200, 50, 500
Francis Campbell, 75, 45, 6000, 50, 340
James Hunt R, 25, 28, -, 100, 525
John Murrey R, 200, 125, -, 250, 1500
Andrew Ramsey R, 200, 400, -, 200, 4000
Henry Phillips, 40, 56, 4000, 100, 1000
Robert Shaw, 29, 35, 2500, 50, 250
Alexander McMahan, 22, 38, 3000, 75, 200
Stephen Tucker, 75, 67, 5000, 200, 1500
William Carpenter, 70, 80, 7000, 250, 350
Buril Lazenbury, 132, 50, 7300, 150, 1300
Estate of Mary Cotton, 65, 14, 2500, 150, 1140
Maryland Cox, 60, 40, 2500, 25, 550
Allen Cotton, 200, 235, 17000, 400, 1250
Thos Heron, 80, 83, 5000, 200, 3700
Nathaniel Baxter, 200, 70, 35000, 500, 2200
George Cantrell, 110, -, 35000, 250, 1250
Thomas Gale, 140, 43, 40000, 300, 3100
Thomas Plater, 120, 80, 30000, 300, 4000
Winiford White, 115, 100, 7000, 25, 350
Harvel Hunt, 25, 35, 2400, 24, 350

Sarah Campbell, 35, 45, 4000, -, 250
Alexander Hill, 40, 30, 2800, 100, 850
Margaret Hill, 65, 65, 6750, 100, 500
John Lee, 300, 565, 40000, 550, 3700
William Bumpass, 90, 110, 8000, 150, 1075
Thomas Morgan, 70, 74, 4500, 150, 700
William Turner, 165, 146, 12500, 500, 4500
Harvey Jones R, 40, 75, -, 100, 200
William Morgan R, 45, 60, -, 25, 350
Alfred Oniel, 30, 70, 5000, 200, 1600
Henry Oneil, 125, 75, 8000, 200, 1500
William Edmondson, 225, 400, 27000, 300, 3500
Samuel Northern, 250, 550, 40000, 100, 3300
Johnson Vaughn, 800, 200, 75000, 1500, 5900
Jane Page, 30, 120, 3000, 25, 1250
James Page, 20, 22, 1000, 25, 880
Lewis Castleman, 50, 57, 4280, 25, 750
James Boyd, 100, 175, 13700, 150, 6420
Felix Compton, 450, 300, 40000, 1000, 5000
Margaret Castleman, 250, 390, 64000, 175, 2000
Archie Boyd, 70, 70, 4200, 100, 860
Henry Smith R, 20, 60, -, 250, 552
Isaac Taylor, 35, 25, 2100, 20, 200
John Cartwright, 30, 15, 2250, 100, 800
Sarah Clickering, 125, 175, 18000, 200, 1680
Willoughby Williams, 800, 900, 93500, 1300, 15000
Henry Compton, 900, 400, 195000, 1300, 10300

William Harding, 2500, 1000, 175000, 3500, 35000
Daniel Graham, 500, 427, 25000, 500, 3800
Fredric Bradford, 150, 580, 28000, 150, 2000
Fanny Page, 45, 104, 3000, 100, 250
John Prichett, 250, 200, 45000, 200, 2500
William Taylor R, 25, 40, -, 20, 270
John Allen, 5, 32, 100, 250, 550
James Davis, 60, 60, 5250, 100, 500
George Mays, 65, 110, 5250, 100, 500
Scilus Linton, 320, 1000, 10000, 165, 1825
Charles Chalon, 40, 60, 750, 50, 400
Thomas Elliston, 400, 600, 10000, 300, 3220
Joshua Page, 20, 24, 880, 10, 350
Alexandrew Elliston, 250, 280, 6000, 125, 2200
John Josling, 100, 270, 4500, 75, 950
William Hickman, 75, 69, 3000, 90, 700
Panina Mays, 100, 200, 6000, 100, 900
William Greer, 50, 235, 1500, 25, 550
Samuel Mays, 100, 250, 3000, 30, 100
Moses Greer, 135, 359, 4000, 50, 625
Walter Greer, 25, 259, 3000, 50, 1100
Elizabeth Stover R, 50, 84, -, 15, 560
Samuel Pinkerton, 50, 94, 1500, 10, 500
Washington Jones R, 65, 150, -, 150, 1650
Henry Knight R, 75, 120, -, 50,m 1000
James Williams, 120, 180, 15000, 200, 5250
Joseph Dillihunty R, 30, -, -, 10, 400
Levin Rhodes R, 30, 25, -, 10, 350
James Greer, 900, 1300, 50000, 500, 4025
James Pomroy R, 40, 120, -, 120, 550
James Horn, 100, 150, 5000, 100, 3320
George Greer, 12, 15, 1000, 40, 600
Joseph Horn R, 35, 25, -, 35, 100
Elihu Wilson, 12, 20, -, -, 10, 280
John Hill, 60, 100, 2475, 75, 400
Washington Smith, 75, 180, 5000, 75, 1440
James Russell, 30, 16, 2500, 60, 500
William Anderson, 313, 165, 15000, 200, 700
Jane Bryant, 233, 185, 11500, 300, 4865
Dempsey Sawyers Jr. R, 30, -, -, 100, 570
Jefferson Jones, 150, 89, 6000, 100, 1024
Charles Abernathy R, 35, 65, -, 20, 255
Barbara Taylor R, 100, 140, -, 100, 750
Skelton Demoss, 700, 1200, 55000, 500, 5150
Henry Porch R, 150, 350, -, 125, 1025
Martha Porch, 70, 60, 2600, 15, 358
Elizabeth Demoss, 200, 1800, 20000, 345, 4135
Thomas Demoss R, 80, 60, -, 50, 600
Thomas Demoss, 450, 120, 22000, 200, 2500
John Hous, 300, 320, 33500, 200, 3275
William Hooten, 100, 100, 1000, 225, 1800
Henry Sawyers, 60, 90, 6000, 60, 350
William Heath R, 30, -, -, 10, 100
Martha Fulghum, 125, 75, 8000, 100, 1600
James Newsom, 800, 1137, 50000, 1000, 5775

Lucinda Newsom, 150, 350, 6000, 50, 1050
John Reed, 60, 98, 3160, 50, 500
Henry Hight, 35, 50, 2000, 10, 250
James Stewart, 45, 69, 1125, 40, 525
Nancy Haws, 200, 633, 16660, 150, 1000
Harrison Lovel, 125, 400, 10500, 250, 2700
Joseph Newsom, 550, 750, 65000, 1000, 6000
Shelton Demoss R, 40, 30, -, 50, 375
John Horton, 225, 1045, 38000, 200, 1150
Polly Hobbs, 50, 68, 3000, 25, 350
James Ezell, 24, 30, 1250, 100, 550
Benjamin Davidson R, 25, -, -, 10, 120
John Stephens R, 30, -, -, 10, 120
Bertholemon Stephens, 75, 175, 3750, 20, 500
William Gower, 30, 65, 1250, 50, 740
John Williams R, 30, 110, -, 10, 540
Jordan Abernathy R, 50, 150, -, 15, 470
Ashly Kanady R, 20, -, -, 10, 420
Samuel Watkins, 75, 35, 2200, 25, 950
Willoughby Dozier, 400, 4000, 44000, 4000, 4690
Thomas Roa__ R, 15, -, -, 8, 200
Anna Hollingsworth, 300, 800, 30000, 100, 1200
Lovel Cullom R, 30, -, -, 15, 200
David Knight, 20, 55, 500, 200, 1050
David Dozier, 200, 300, 6000, 225, 1250
Mary Garland, 35, 186, 2210, 40, 533
Caleb Capps R, 90, 120, -, 150, 2300
Samuel Jordan, 100, 200, 5000, 125, 2040
James Johnson R, 30, -, -, 50, 425
John Johnson R, 30, -, -, 30, 425
William Lee R, 25, -, -, 10, 240

William Stringfellow R, 10, -, -, 10, 30
Richard Hobbs R, 30, -, -, 10, 425
Jessie Jordan, 50, 210, 2650, 10, 550
Churchill Hooper, 50, 130, 1800, 225, 850
J. King, 50, 450, 2500, 20, 715
F. Sullivan, 30, 24, 2500, 200, 1483
W. Jordan, 30, 97, 1628, 20, 250
Geo. Johnson, 25, 25, 1000, 100, 350
S. Davidson, 500, 1600, 35000, 600, 10900
W. Davidson R, 30, 50, -, 15, 879
D. Josling, 80, 70, 7500, 150, 1825
F. McGavock, 500, 500, 75000, 1500, 4750
Geo. Shuster, 30, 92, 1400, 50, 523
A. Stephens, 330, 700, 22500, 350, 2900
W. Jordan, 130, 486, 6000, 200, 1875
L. D. Gover, 45, 100, 2000, 125, 825
P. Gatlin, 30, 63, 1260, 60, 900
B. Spence, 150, 135, 36000, 250, 2000
W. Watkins, 400, 271, 50000, 600, 5000
A. Brown, 270, 1230, 43000, 500, 7600
M. Cockrill, 3000, 3500, 600000, 500, 300000
A. Cox, 38, -, 11400, 75, 175
M. Benton, 38, -, 18000, 100, 950
R. Blunkhall, 40, 48, 25000, 115, 550
J. Overton, 70, -, 70000, 100, 1070
W. Jones, 30, 30, 30000, 125, 335
W. Lawrance, 75, 125, 60000, 275, 1680
J. Acklen, 175, -, 250000, 1000, 5650
W. Owen, 200, 75, 27500, 150, 1050
J. Bain, 100, 50, 15000, 200, 900
H. Scales R, 35 65, -, 150, 800
A. Moore, 7, -, 2000, 100, 375
W. Bright R, 20, 40, -, 225, 300

J. Taylor, 60, 90, 30000, 200, 1000
W. Elliston, 600, 300, 235000, 1500, 10000
Jos. Elliston, 150, 200, 70000, 150, 2000
W. Berry, 60, 45, 52500, 325, 1200
B. Douglass, 110, 110, 35000, 300, 1400
J. Pendleton, 12, 8, 11000, 200, 325
H. Adam R, -, -, -, 400, 2000
J. Young R, -, -, -, 150, 680
C. Bugatze R, -, -, -, 150, 960
C. Bosley, 800, 806, 160000, 575, 4850
E. Chldress, 225, 1749, 42000, 250, 1620
J. Woods, 40, 60, 30000, 150, 800
J. Sigler, 44, 15, 11800, 300, 530
F. Cheatham R, -, -, -, 300, 850
S. Hays, 120, 125, 122500, 2000, 1300
Thos. Harding, 175, 68, 115500, 600, 1600
E. Harding, 600, 150, 187500, 400, 4800
P. Stump, 112, 207, 32000, 150, 2000
J. McIntosh R, -, -, -, 125, 1280
J. Vaux, 115, 90, 60000, 500, 22500
R. Bingham, 30, 34, 6400, 100, 850
J. Barrow R, -, -, -, 300, 800
S. Watkins, 250, 390, 126000, 400, 4200
D. McGavock, 400, -, 200000, 500, 2500
Elijah Drake R, 55, 45, 15000, 100, 600
Reuben Devos, 34, 10, 6000, 50, 200
Geo. W. Fuqua R, 30, 25, 6000, 100, 300
S. L. Bailey R, 10, 10, 200, 10, 200
Jno. B. Corley, 75, -, 7500, 150, 900
Eliza Martin, 42, -, 6000, 150, 400
Philip Hardcastle, 11, -, 4000, 10, 100
Alex McKenzie, 7, -, 300, 25, 600

Wm. G. McCampbell, 104, 80, 33000, 200, 500
Solomon Taylor, 5, -, 4000, 100, 300
R. B. C. Spencer, 58, 20, 2000, 150, 700
Thos. M. Patterson, 75, 48, 29000, 300, 850
Wm. Woodward, -, -, -, -, -
Mary Morgan R, 17, -, 4000, 50, 300
Peter Kubler, 20, -, 3000, -, -
W. H. Gerard, 15, 5, 4500, 200, 250
Benj. F. Myers, 2, -, 6000, 50, 120
Geo. Gestwager, ½, -, 1500, -, -
Peter Billi_d, 7, -, 4500, 25, 20
L. Lewis, 11, -, 8000, 200, 240
Jno. C. Estes, 25, -, 4000, 20, 100
Lewis G. Hobson, 30, 20, 12500, 150, 400
E. Trabire (Irabire), 250, 80, 55000, 500, 1050
Geo. D. Hamlett, 14, -, 4000, 100, 500
Edward Vaughn, 60, -, 9500, 100, 225
S. Lowery, 12, -, 2000, 10, -
Silas Phelps, 1, -, 500, 20, 100
David King, 29, -, 2900, 10, 250
Robt. A. Sanders, 8, -, 3000, 10, 210
Chuoch Anderson, 70, 50, 20000, 200, 1008
Jno. F. Page, 16, 24, 1200, 25, 400
Joshua Fuqua, 70, 70, 10000, 100, 800
Thos. Bateman R, 11, -, 1100, 25, 150
Jos. Booth, 25, -, 2500, 20, 450
Kincheon Sledge, 15, -, 2000, 50, 200
Opie Owen R, 35, 16, 5000, 50, 600
John Tuppin R, 50, -, 5000, 100, 270
M. N. Newell, 40, -, 1600, 100, 300
John M. Newell, 40, -, 1600, 25, 150
Wm. H. Harris, 150, 60, 20000, 100, 1000
Thos. C. Martin, 300, 86, 16000, 625, 2680

H. Sturdevant, 7, 23, 500, 35, 150
Jas. C. Fuqua, 7, 23, 500, 35, 150
A. Evans, 24, 40, 1800, 75, 80
Jno. E. Wright R, 32, 28, 1500, 10, 750
Willis L. Charlton, 60, 23, 2490, 100, 1270
Jno. Wright R, 15, 20, 700, 225, 970
Jas. Baker, 100, 318, 5360, 100, 1000
Jas. Seaborn, 70, 80, 3000, 75, 325
Lewis Castleman, 20, 81, 1500, 100, 595
Geo. Jenkins, 75, 26, 2500, 200, 815
Benj. Castleman, 70, 80, 3000, 25, 600
Thos. J. Fuller R, 37, 20, 900, 20, 215
Joel Sullivan, 40, 110, 3000, 75, 650
Henry B. Gruels, 30, 110, 1800, 100, 870
Saml. Jackson R, 20, 15, 700, 25, 200
Hiram Dobson, 60, 41, 5000, 200, 865
Josiah Castleman, 150, 100, 4500, 80, 2150
Ed Eakers R, 30, 30, 800, 25, 165
Green Phelps R, 37, 15, 800, 100, 500
Jno. R. Pew R, 40, 35, 1100, 10, 250
E. B. Pew R, 18, 28, 900, 25, 100
Margaret Dobson, 125, 175, 12000, 100, 525
D. W. Lay R, 40, 35, 1100, 25, 275
W. W. Pew, 150, 250, 12000, 100, 880
Thos. A. Beggosly, 40, 190, 3450, 40, 1000
Chas. Allen manager, 300, 100, 14000, 200, 1600
J. F. Wiley, 75, 175, 7500, 100, 760
Jerry H. Wair R, 27, 30, 750, 15, 250
Francis Baker, 35, 65, 2000, 35, 556
Thos. _. Northern, 400, 700, 33000, 300, 15000

Gilpin Hellum, 80, 80, 3200, 25, 700
Jno. Parton R, 20, 15, 700, 10, 60
Preston Castleman R, 40, 20, 1200, 25, 420
Jas. W. Wright, 150, 79, 8000, 125, 2920
Isaac R. Seaborn R, 18, 20, 900, 15, 250
W. Hurt R, 45, 15, 900, 25, 200
Eleazor Hamilton, 250, 180, 10750, 400, 2640
Jas. R. Gleaves, 60, 40, 2500, 100, 710
Jas. F. Gleaves R, 40, 60, 2500, 15, 250
M. Stratton, 63, -, 20000, 50, 1260
P. W. Maxey, 64, -, 20000, 200, 1000
Miss A. Maxey, 163, -, 10000, 100, 500
A. W. Johnson, 22, -, 25000, 200, 710
J. G. Webb, 360, -, 48000, 500, 3125
J. W. Hunter, 11, -, 7500, 75, 900
R. E. Love (Lowe), 304, -, 22500, 350, 1660
M. Sanders, 75, -, 7500, 50, 500
Dr. W. Williams, 120, -, 10000, 350, 5160
Wm. Williams, 586, -, 47000, 400, 3535
D. Allen, 50, -, 5000, 250, 950
R. Sweaney, 153, -, 25000, 350, 1800
W. P. Payne, 115, -, 11500, 50, 450
W. B. Dorch, 100, -, 30000, 700, 5160
J. McKinney, 80, -, 8000, 200, 1500
R. Thomas, 292, -, 20000, 200, 1310
G. B. Vanoy, 22,-, 7000, 150, 800
P. Mainor, 40, -, 9000, 200, 500
Z. Stull, 45, -, 10000, 200, 275
E. H. Chilom, 25, -, 12000, 150, 1100
J. Litton, 128, -, 25000, 200, 1400
Mrs. Martin, 557, -, 47000, 250, 950

G. G. Bradford, 330, -, 30000, 200, 1200
E. Scruggs, 13, -, 4000, 75, 100
W. L. Thompson, 12, -, 4000, 30, 100
E. Trewet, 51, -, 10000, 200, 650
R. Caruthers, 98, -, 9000, 175, 1200
J. B. Clements, 82, -, 10000, 50, 700
H. Vaughan, 360, -, 60000, 600, 3850
G. Manney, 600, -, 120000, 600, 2900
A. V. S. Lindsley, 115, -, 40000, 200, 1800
P. Vaughan, 30, -, 6000, 75, 200
T. Chadwell, 92, -, 2700, 50, 860
E. W. Hickman, 31, -, 9600, 150, 800
Dr. B. S. Weekley, 47, -, 15000, 50, 500
W. T. Johnson, 7, -, 4000, 75, 225
W. Petway, 15, -, 7000, 20, 350
F. A. Pitts, 31, -, 16000, 20, 200
J. W. McGavoc, 50,-, 10000, 150, 950
H. Driver, 89, -, 12000, 200, 650
L. C. Lishey, 40, -, 16000, 300, 500
W. L. White, 133, -, 30000, 300, 550
C. H. White, 20, -, 7000, 100, 500
J. Sledge, 170, -, 17000, 300, 750
A. C. White, 160, -, 16000, 200, 1700
J. P. Caffrey, 50, -, 5000, 225, 420
J. McGavoc, 75, -, 22000, 300, 1325
M. Hall, 24, -, 15000, 250, 200
T. J. Hicks, 125, -, 35000, 200, 825
D. Clark, 87, -, 8700, 200, 525
T. Batte, 45, -, 9000, 150, 940
M. Ryan, 100, 100, 3000, 100, 350
J. Wilson, 120, 60, 6000, 200, 1000
W. Dungy (Dungz), 25, -, 2000, 30, 200
A. R. Martin, 210, -, 20000, 100, 700
P. T. Roscoe, 400, -, 40000, 200, 1900
J. Tinnen, 200, 87, 11000, 250, 1750
W. H. Shivers, 25, -, 750, 125, 700
W. P. Drake, 12, -, 1200, 50, 125
J. Nance, 20, -, 500, 20, 175
J. Peay, 83, -, 5000, 100, 660
E. Crosroy, 80, 70, 3000, 75, 925
J. Crosroy, 225, 225, 16500, 600, 2800
Mrs. E. Burton, 450, 225, 47000, 300, 3000
H. Pery, 150, -, 600, 150, 1025
L. H. Grizzard, 170, -, 6500, 100, 1450
W. S. Marshal, 10, -, 1000, 100, 250
Josh Neeley, 125, -, 5000, 100, 750
W. M. Dismukes, 565, -, 17000, 300, 3150
Wm. Grizzard, 427, -, 12800, 250, 1525
John Johnson, 14, -, 700, 100, 1200
J. P. Boothe, 100, -, 5000, 50, 415
R. Looney, 12, -, 1000, 200, 370
Wm. Pike, 68, -, 1000, 200, 400
Jas. Anderson, 127, -, 12000, 200, 750
J. Tucker, 21, -, 1000, 25, 350
C. Temple, 42, -, 2100, 50, 1100
R. Camp, 110, -, 6600, 75, 600
G. A. Nelson, 285, -, 10000, 400, 1900
Smith Gee, 145, -, 7250, 75, 825
H. Manice, 200, 170, 16900, 150, 2000
J. Ray, 400, 82, 14460, 90, 1920
A. Overton, 250, 250, 20000, 600, 4685
J. B. Cowley, 20, -, 800, 150, 280
G. C. Allen, 200, 80, 16800, 300, 2395
J. Manice, 50, -, 2500, 50, 540
H. Palmer, 500, -, 25000, 50, 1300
W. Hudson, 800, -, 40000, 500, 6140
M. Singleton, 400, -, 16000, 125, 1200
W. Neeley, 30, -, 1500, 25, 165
Mrs. E. Gee, 64, -, 3200, 75, 580
W. Camp, 80, -, 5500, 80, 678

S. Graves, 90, -, 4500, 100, 610
J. B. Basha__, 45, -, 2200, 75, 530
M. Goodrich, 131, -, 4500, 75, 1020
R. Chadwell, 156, -, 15000, 100, 2080
J. Graves, 22, -, 3500, 100, 1200
N. Love, 350, -, 35000, 500, 3850
M. Allen, 125, -, 10000, 100, 1088
R. Anderson, 433, -, 19000, 275, 5640
J. H. Taylor, 100, -, 3000, 75, 1000
W. S. Watson, 75, -, 7000, 100, 500
C. Wagoner, 150, 192, 20000, 500, 2000
Jno. Cate, 300, 300, 24000, 500, 3000
Jno. Vesper, 30, -, 1800, 75, 800
J. B. Carney, 100, 300, 8000, 150, 900
Henry Holt Sr., 50, 50, 2000, 200, 900
Henry Holt Jr., 100, 110, 2000, 100, 900
Gid. Harris, 100, 150, 3000, 75, 400
F. Abernathy, 25, -, 250, 50, 500
J. W. Parham, 265, -, 9000, 100, 1125
J. M. Shurm, 23, -, 1150, 75, 820
Mrs. S. Wrenn, 12, -, 2000, 100, 400
A. Milam, 500, -, 32500, 600, 8230
E. C. Connell, 275, -, 16500, 300, 2375
Mrs. O. Cornell, 300, 80, 19000, 200, 1800
Wm. Connell, 200, -, 12000, 200, 2200
A. Stalcup, 30, -, 2500, 30, 520
T. N. Williamson, 200, 240, 13200, 200, 1300
S. L. Draper, 60, -, 2500, 75, 725
W. J. Moore, 113, -, 2800, 100, 600
Mrs. Powell, 100, -, 3000, 100, 660
R. C. Coggin, 50, 350, 8000, 200, 880
D. Smiley, 45, 75, 4600, 100, 380
Jo. Tinnin, 100, -, 3000, 75, 1000
Mrs. Harrison, 100, 100, 5000, 150, 600
Jo. A. Stark, 50, -, 2000, 50, 250
J. C. Bowers, 200, 200, 12000, 300, 1200
W. Appleton, 30, -, 1200, 100, 575
J. C. Byns (Byrs), 190, -, 4750, 50, 700
King Looton, 200, 90, 5800, 75, 950
Wm. Looton, 140, 50, 600, 20, 2400
Jo. Freeman, 75, 65, 2000, 150, 800
W. Baker, 60, 890, 6000, 100, 870
Z. Freeman, 35, 65, 15000, 100, 565
M. Warnac, 160, 50, 2000, 150, 975
N. Hailey, 100, -, 1500, 150, 900
Jno. Bowers, 150, 150, 6000, 100, 550
J. H. Cartwright, 160, 100, 20000, 250, 2425
E. Cunningham, 200, 60, 14000, 300, 1650
E. C. Hitt, 23, -, 690, 125, 500
G. Cunningham, 51, -, 1530, 60, 350
Wm. Boothe, 80, 60, 3200, 50, 425
Jno. Cunningham, 50, -, 1500, 20, 300
G. C. Kemper, 75, 75, 3000, 125, 1150
W. Drake, 100, 52, 3000, 50, 920
L. D. Drake, 90, 35, 2500, 100, 1040
J. N. Cole, 30, 38, 1360, 50, 446
R. M. Forester, 25, -, 500, 40, 160
E. C. Drake, 103, -, 2500, 75, 670
J. S. Hitt, 130, 40, 3400, 100, 1250
E. Cunningham Jr., 83, -, 1000, 40, 250
Mrs. H. Mathis, 100, -, 8000, 125, 610
J. A. Payne, 537, 400, 35000, 400, 1030
A. P. Mathis, 125, 95, 12000, -, 150, 1600
D. Hunter, 121, -, 8000, 75, 775
K, Y. Craig, 360, -, 18000, 175, 2300
M. Allen, 80, 30, 2200, 30, 600

N. B. Willis, 95, 30, 3120, 1100, 1325
J. W. Evans, 30, 28, 1740, 50, 460
J. Tally, 50, -, 2000, 20, 240
D. Hayse, 175, 100, 5500, 50, 760
J. Jenkins, 98, -, 5880, 75, 325
Ab Shaw, 200, 100, 7500, 250, 1000
G. Raymer, 65, 19, 1260, 150, 525
A. Roland, 90, 30, 1800, 50, 360
S. Fryer, 60, 10, 1400, 100, 510
Mrs. Drake, 45, -, 675, 20, 365
J. Drake, 20, -, 300, 10, 230
T. Haily, 75, 56, 1700, 125, 485
Jas. Campbell, 100, 200, 3600, 75, 250
W. P. Bowers, 150, 40, 4000, 100, 760
L. C. Bowers, 30, -, 800, 20, 300
A. Jones, 16, -, 225, 20, 285
J. Butterworth, 200, 280, 9600, 100, 4850
J. Cummins Sr., 200, 125, 3000, 100, 1180
J. W. Roberts, 40, -, 1000, 100, 210
F. C. Averal, 75, 100, 1500, 100, 1000
W. Johnson, 40, -, 1200, 100, 400
J. Moore, 60, 43, 1500, 150, 350
W. Allen, 50, 56, 3360, 75, 500
M. C. Lowe, 35, -, 1400, 75, 420
And. Raymer, 35, -, 1400, 80, 275
W. Sutite (Sutile), 15, -, 600, 25, 90
G. Mizelle, 55, -, 10000, 100, 900
J. McCombs, 72, -, 9000, 125, 500
W. D. Philips, 600, 205, 50000, 600, 13500
W. C. Hall, 300, -, 20000, 200, 2000
A. Kline, 125, -, 8000, 100, 300
Mrs. Scruggs, 81, -, 4500, 125, 425
J. Glasgow, 122, -, 7000, 150, 375
L. W. Patterson, 25, -, 1500, 20, 150
Epa. Cunningham, 109, 100, 10000, 100, 400
F. M. Garret, 60, -, 2500, 75, 665
J. A. Walker, 104, -, 3000, 50, 800

J. A. Bowman, 120, -, 15000, 175, 1650
Mrs. Watkins, 75, -, 4500, 50, 400
A. Price, 50, -, 2250, 85, 330
W. H. Hamblin, 476, -, 14280, 300, 1520
J. Ellis, 75, 25, 3000, 50, 1100
J. L. Crocker, 60, 25, 6000, 200, 750
J. Hamblin, 100, -, 3000, 125, 430
B. Hamblin, 99, -, 3000, 100, 1130
F. G. McKay, 400, 80, 24000, 325, 1510
S. J. Hall, 225, 70, 15000, 200, 1565
T. Walker, 76, -, 2280, 45, 1300
H. Murry, 100, 60, 4000, 100, 500
P. Brashaw, 95, -, 2500, 75, 300
S. Work, 160, -, 4800, 35, 350
W. Stockwell, 39, -, 1200, 250, 575
L. J. Walters, 50, -, 1500, 100, 425
Mrs. Walker, 130, -, 3900, 60, 240
W. Gray, 142, -, 9500, 100, 905
Mrs. Allen, 200, -, 10000, 100, 1147
J. Soule, 60, -, 4500, 25, 150
T. Scrugs, 25, -, 2850, 125, 870
C. E. Woodruff, 117, -, 15000, 300, 3650
Mrs. Grizzard, 40, -, 2000, 100, 200
N. P. Gee, 105, -, 8000, 50, 1250
J. H. Wilson, 290, -, 15000, 100, 1500
T. T. Sanders, 163, 85, 11000, 200, 1900
J. Meriman, 40, -, 1500, 60, 600
H. Matthews, 81, -, 3240, 25, 800
J. Hood, 17, -, 850, 50, 550
J. McGinnis, 114, -, 3420, 100, 1100
R. G. Maddox, 100, 68, 6720, 150, 1000
T. Lowry, 24, -, 960, 40, 575
D. Thompson, 20, -, 600, 50, 200
A. Goins, 63, -, 1890, 100, 100, 600
J. Yarbro, 300, 300, 19800, 300, 1700
W. B. Roberson, 33, -, 3500, 40, 700
A. L. P. Green, 227, -, 13620, 300, 1500

P. Brown, 20, -, 600, 75, 830
S. Allen, 1110, -, 1200, 250, 1500
J. Whitworth, 485, -, 40000, 1000, 5000
Jo. Hyde, 195, -, 9700, 30, 650
W. H. Morgan, 35, -, 3500, 100, 900
A. G. Brenam, 105, -, 1000, 75, 700
G. W. Parker, 66, -, 3300, 20, 500
T. W. Balew, 80, -, 3200, 125, 750
D. P. Lanier, 50, -, 3700, 30, 350
J. L. Young, 40, -, 3200, 50, 600
W. P. Wray, 81, -, 4860, 150, 200
J. J. Brand, 15, -, 1500, 100, 200
J. B. Keeling, 40, -, 4000, 200, 850
W. E. Jones, 125, -, 25000, 150, 950
J. A. Hubbard, 45, -, 1800, 100, 550
Jo. Work, 200, -, 20000, 150, 700
C. Morman, 240, -, 20000, 300, 2000
W. B. Ewing, 610, -, 61000, 700, 5000
S. Cacy, 106, -, 8000, 150, 760
Jo. Link, 50, -, 15000, 100, 1065
D. B. Hicks, 150, -, 45000, 300, 1350
Geo. Scruggs, 39, -, 10000, 80, 550
A. Allison, 205, -, 30000, 200, 1200
J. B. White, 100, 96, 30000, 300, 1850
J. Sanders, 150, -, 4500, 75, 650
Step. Hart, 200, 100, 12000, 250, 1100
Jno. Hunter, 75, -, 10000, 150, 400
W. D. Philips, 300, -, 25000, 150, 2250
G. W. Campbell, 90, 60, 3750, 250, 1000
Jon S. Shivers, 225, 50, 2750, 50, 975
H. Raymer, 202, -, 2020, 100, 1100
J. Wolf, 40, 18, 1500, 125, 1000
T. Beasley, 100, 33, 1330, 75, 450
A. Fryer, 18, -, 126, 10, 130
W. H. Jenkins, 250, 57, 7675, 200, 2010
T. L. Shaw, 150, 100, 10000, 300, 1460
W. L. Price, 100, -, 3000, 150, 725
J. O. Foster, 15, -, 750, 100, 175
D. Hutcherson, 50, -, 2000, 20, 250
J. Marshall, 60, -, 1800, 100, 800
P. McCutchen, 16, -, 480, 15, 125
G. Marshall, 350, 650, 25000, 250, 3070
Geo. Gill, 70, 230, 4000, 75, 1075
O. S. Zariker, 15, -, 450, 75, 300
J. O. Ewing, 300, 2000, 23000, 1000, 4635
J. O. Durard, 85, 100, 3000, 75, 1000
E. L. Crocker, 100, 300, 10000, 250, 1360
A. P. Harris, 60, 40, 1200, 40, 620
Jas. Campbell, 60, 80, 1680, 60, 250
P. Paradice, 100, 200, 2400, 60, 800
H. McDanel, 20, 130, 1400, 20, 250
J. Warmac, 30, 63, 930, 40, 600
Geo. Webber, 125, 45, 5100, 200, 1800
W. C. Shaw, 100, 55, 5000, 200, 1200
H. Cheney, 350, -, 20000, 250, 3800
R. D. Ray, 75, 45, 3000, 100, 650
Mrs. E. Tally, 70, 41, 3800, 100, 800
Isaac Hunter, 140, 30, 6800, 150, 750
Mrs. N. Webb, 200, -, 8000, 100, 1350
T. J. Wagoner, 80, 50, 7000, 400, 700
H. T. Wilkerson, 250, 450, 30000, 400, 8210
C. Lanier, 223, -, 9000, 60, 3000
J. B. Pitts, 160, -, 3200, 80, 425
G. C. Cantrell, 115, -, 12000, 250, 1100
W. W. Searcy, 126, -, 11000, 150, 950
H. C. Drake, 125, 475, 12000, 250, 3000
W. Simpkins, 125, -, 4000, 150, 1500
Mrs. Powell, 100, 100, 5000, 75, 900
L. Williams, 188, -, 5640, 75, 1000

J. M. Simpkins, 121, -, 3670, 75, 1600
R. Cato, 233, -, 4660, 50, 1250
Mrs. Cato, 100, 340, 4400, 75, 200
B. F. Drake, 150, -, 9000, 200, 1150
W. J. Wagoner, 45, -, 2250, 50, 500
W. B. Hyde, 250, 100, 1650, 250, 1500
D. Rolston, 250, -, 12500, 150, 1800
J. B. Bosley, 200, 150, 17500, 150, 1500
Hooker Hyde, 165, -, 9900, 100, 900
Jeff Hyde, 165, -, 9900, 150, 1625
J. D. James, 320, -, 30000, 300, 1800
T. G. James 300, -, 20000, 500, 1100
B. D. Hyde, 250, 190, 23400, 150, 3500
Mrs. M. Young, 150, 55, 12300, 100, 700
L. Burch, 30, -, 1500, 125, 600
Wm. Drake, 300, 600, 27000, 100, 2600
J. B. Drake, 75, 37, 5350, 100, 1120
D. Abernathy, 125, -, 6250, 125, 950
J. Smith, 140, -, 7000, 150, 900
W. McCool, 40, -, 2000, 60, 500
J. E. Manlove, 160, -, 11200, 300, 2000
Jas. Hyde, 100, 25, 5000, 300, 2520
W. _. Hyde, 400, 100, 9000, 300, 6000
Mrs. C. Stump, 266, 200, 9500, 150, 1000
W. Carney, 150, 200, 7000, 150, 600
E. Carney, 100, 1400, 3000, 150, 1000
E. P. Graves, 150, 200, 1500, 175, 2200

C. H. Manlove, 160, 103, 2000, 250, 1000
Thos. Bysor, 425, 125, 27500, 150, 8215
F. G. Corthman, 175, 300, 12000, 300, 1500
A. G. Garret, 40, 68, 2000, 120, 1500
J. Gillum, 20, 30, 1500, 75, 700
G. Lanier, 100, 900, 10000, 75, 820
T. H. Eathurly, 65, 240, 3000, 40, 350
M. H. Wilkerson, 200, 3000, 40000, 150, 2800
C. Adcock, 50, 130, 2000, 100, 1600
W. R. Hyde, 400, 150, 16000, 300, 3000
T. J. Leak, 150, 230, 9200, 200, 900
Edw. Hyde, 250, 200, 12000, 150, 1500
Wm. Duke, 80, 300, 7000, 200, 1200
J. Howington (Harington), 200, 800, 9000, 200, 1500
B. G. Hampton, 150, 750, 12000, 250, 1000
W. Curtis, 40, 160, 1000, 100, 600
J. L. Young, 45, 235, 800, 50, 600
Jero Hyde, 125, 200, 8000, 100, 1200
A. Simpkins, 100, 250, 3000, 100, 900
G. F. McWhirter, 400, -, 15000, 200, 1100
G. W. Anderson, 150, 450, 18000, 300, 2000
M. Anderson, 400, 400, 20000, 600, 9000
J. Tylor, 40, -, 1200, 50, 270

Decatur County Tennessee
1860 Agricultural Census

The Agricultural Census for Tennessee for 1860 was microfilmed by the University of North Carolina Library under a grant from the National Science Foundation and filmed from original records held at Duke University Library, Durham North Carolina.

There are some forty-eight columns of information on each individual. Only the head of household is addressed. I have chosen to use only six columns of the information because I feel that this information best illustrates the wealth of the individuals. These are shown below:

1. Name of Owner
2. Acres of Improved Land
3. Acres of Unimproved Land
4. Cash Value of the Farm
5. Value of Farm Implements and Machinery
13. Value of Livestock

Thus, the numbers following the names represent columns 2, 3, 4, 5, 13.

The following symbol is used to maintain spacing where information in a column is left blank (-). This symbol is used where letters, names or numbers are not legible (_).

C. Wyatt, 70, 60, 1000, 131, 740
J. S. Sparks, 140, 310, 2500, 300, 1000
T. C. Eanrus (Eunrus), 50, 114, 600, 50, 460
J. Philips, 55, 89, 300, 100, 400
A. Adkinson, 127, 133, 900, 35, 700
J. G. Montgomery, -, -, -, 5, -
J. Stricklin, 100, 300, 1000, 100, 675
G. Henly, 60, 125, 2000, 100, 160
Q. Burkett, -, -, -, 10, 20
J. McCorkel, 100, 135, 1200, 100, 1070
A. Young, -, -, -, -, 60
W. D. Balm, 4, 6, 150, 15, 95
R. V. Simons, 81, 152, 2000, 173, 1820
C. F. Huton, 190, 120, 1500, 100, 850
P. B. Gurell, -, -, -, 15, -
M. Giffin, -, -, -, 75, 460

T. Davis, -, -, -, 5, 105
S. Barshus, 30, 135, 250, 15, 163
B. Martin, 250, 580, 3250, 187, 800
W. Warren, -, -, -, 10, 265
C. Burshurs, 45, 100, 400, 100, 395
J. G. Pate, -, -, -, -, 38
W. Wyatt, 60, 169, 400, 35, 252
W. A. Tucker, -, -, -, -, 309
A. Hulkby, -, -, -, -, -
L. R. Amsy (Ormsy), -, -, -, -, 30
H. A. White, -, -, -, -, 15
E. Creek, -, -, -, -, 108
E. Holland, -, -, -, -, 15
J. McClennahan, 80, 156, 1000, 10, 720
Z. D. Barber, 50, 260, 700, 15, 260
M. Wyatt, 50, 160, 1500, 75, 710
M. Kelly, 25, 35, 250, 20, 280
E. Kelly, 30, 170, 600, 20, 200
E. Wyatt, 20, 70, 200, -, 31
E. Kelly, -, -, -, 5, 165

A. Holland, -, -, -, 8, 180
W. Holland, -, -, -, 15, 1219
Z. Burshers, 75, 400, 1000, 100, 550
R. C. Pride, 5, 145, 500, 60, 200
P. Douglas, -, 50, 150, -, 25
S. C. Worshan, 1, -, 186, 5, 175
J. Gray, -, -, -, 60, 50
A. Burshers, 30, 120, 200, 25, 630
R. Watson, 30, 90, 300, 10, 529
J. S. Patison, -, -, -, 5, 95
S. Barshirs, 175, 228, 1200, 100, 1230
A. Slator, 25, 95, 300, 10, 265
A. Janes (James), 15, 150, 250, 10, 210
J. Hysmith, -, -, -, 20, 250
J. White, 200, 200, 4000, 75, 300
B. F. Prston, 200, 858, 2500, 335, 1218
J. L. Kutnson, 75, 125, 1000, 75, 900
M. A. Tarrel (Turrel), -, -, -, 12, 65
W. McClannahan, 10, 90, 300, 10, 500
W. McCan, 20, 30, 300, 5, 75
J. Elissnberry, 15, 35, 200, 12, 249
W. C. Tucker, 35, 131, 600, 10, 165
A. Burshires, 15, 43, 600, 10, 265
A. Roburds, 30, 170, 900, 15, 300
R. Price, 43, 240, 300, 15, 200
J. H. Jackson, 30, 60, 250, 10, 270
W. Edwards, -, -, -, 5, 377
G. W. Tucker, 15, 66, 300, 15, 300
W. Terton (Prston), 45, 250, 500, 50, 460
W. B. Jerry, 61, 270, 400, 30, 530
A. R. Husier, -, -, -, -, 40
W. C. Fose, 30, 170, 400, 25, 809
W. F. Misers, 12, 38, 600, 100, 250
J. J. Ivy, 50, 180, 300, 30, 333
N. Anglon, -, -, -, 3, 6
E. Ran__, -, -, -, 2, 40
F. Curtis, 20, 90, 300, 15, 380
P. Hams, -, -, -, -, 30
W. Rumbolt, 8, 5, 75, 5, 85
D. W. Patison, -, -, -, 50, 40
H. Asworth, -, -, -, 3, 35

W. Young, 40, 149, 800, 20, 55
W. B. Casey, -, -, -, -, 55
W. R. McCan, 30, 50, 150, 18, 396
J. J. Price, 30, 230, 400, 100, 140
Ji__ Hurawrey, 35, 135, 300, 125, 493
W. M. McGlothin, -, -, -, -, 53
O. Pinton (Piston), 25, 50, 200, 10, 288
C. H. Loftis, 70, 181, 500, 50, 460
D. Brown, -, -, -, -, 15
J. A. Jackson, 50, 250, 400, 10, 65
S. Jackson, -, -, -, 12, 140
J. McBride, 61, 44, 150, 5, 45
J. J. Philips, 60, 88, 300, 43, 291
T. Hay, -, -, -, 10, 310
H. Jackson, -, -, -, 5, 27
P. Irvg (Ivy), 40, 70, 600, 100, 490
S J. Jackson, 20, 28, 300, 9, 75
S. Herney, 30, 100, 300, 5, 55
C. M. Ivy, 15, 85, 200, 10, 82
E. White, 20, 80, 200, 10, 148
R. A. Hussy, 20, 51, 205, 15, 178
J. J. T_rekson, 45, 163, 600, 95, 650
S. C. Raney, 12, 188, 400, 15, 253
H. P. Ivy, -, -, -, 10, 55
S. J. Bushers, -, -, -, 55, 100
M. Brown, -, -, -, 5, 50
J. Morgan, 3, -, -, 75, 309
H. C. Morgan, -, -, -, -, 80
J. Brash_s, 40, 113, 130, 35, 580
W. S. C. Walker, 15, 25, 300, 5, 112
M. F. Walker, 40, 95, 350, 15, 310
J. Barshers, 50, 650, 1200, 100, 805
R. R. Harrel, -, -, -, 60, 291
_. B. Bursh_s, 25, 100, 300, 20, 220
J. L. Bursh_s, -, -, -, 10, 20
D. Lusking, 5, 100, 300, 20, 195
J. W. Walker, 25, 55, 500, 15, 286
G. O. Wyatt, -, -, -, 10, 645
S. Bishop, -, -, -, 10, 100
H. Bishop, -, -, -, -, 40
F. N. Thosington, 150, 620, 600, 100, 1070
J. Walker, 350, 620, 5000, 50, 1670
T. Woods, -, -, -, 15, 100

J. C. Walker, -, 160, 500, 40, 415
M. E. Walker, 300, 600, 5000, 25, 460
B. Ghurges, 200, 1300, 10000, 150, 230
W. Cagle, -, -, -, 8, 90
H. Jiragen, 100, 300, 800, 25, 440
J. Kimborough, -, -, -, 25, 126
B. _. Sansfiral, 20, 88, 500, 8, 60
W. G. Early, 80, 800, 5000, 75, 1050
B. L. Chesry, -, -, -, 75, 175
R. Rushing, 30, 98, 500, 15, 332
M. R. Page (Teage), -, -, -, 6, 35
S. Morllund, 8, 77, 150, 8, 65
E. Burshers, 70, 90, 850, 10, 300
M. A. Rushing, 15, 15, 200, 8, 88
H. Young, -, -, -, 5, 55
G. Gill, -, -, -, 30, 175
H. Gill, -, -, -, 5, 30
L. M. Crite, 40, 160, 200, 100, 480
J. W. Stricklin, -, -, -, 10, 118
J. Hoosiah, 30, 120, 500, 50, 573
H. Montgomery, 78, 300, 800, 120, 605
B. Canady, -, -, -, 20, 182
D. Pate, 6, 39, 120, 10, 25
J. J. Getling, 38, 127, 500, 61, 524
W. W. Montgomery, 50, 450, 1000, 75, 541
J. H. Haraway, 45, 159, 300, 10, 136
R. B. Sparks, 150, 32, 600, 25, 720
E. Johnson, -, -, -, 5, 35
D. Wyatt, 125, 230, 150, 5, 366
J. M. Wyatt, -, -, -, 60, 217
M. Auron, -, -, -, 10, 187
D. W. Murphy, -, -, -, 120, 604
L. Gimball, -, -, -, 85, 40
H. A. Trishes, 25, 60, 400, 15, 300
M. S. Yurber, -, -, -, 35, 250
J. S. Ashcraft, 60, 179, 2500, 100, 575
S. H. Mugers, 130, 56, 2000, 75, 1325
J. N. Self, 20, 130, 700, 20, 340
N. Turnbou, 150, 337, 5000, 300, 1876
M. N. Cook, -, -, -, 30, 111
J. Raney, 42, 102, 500, 100, 229
_. L. Linsy, 65, 235, 2000, 372, 610
J. W. Fisher, 150, 750, 300, 100, 550
J. S. Barbro, 50, 110, 2000, 110, 1350
T. D. Murphe, 30, 160, 500, 6, 90
J. W. Carter, -, -, -, 140, 1100
M. Sharon (Shearson), 120, 120, -, 100, 900
J. Campll, -, -, -, 100, 900
A. Harington, 40, 95, 80, 50, 255
A. Philips, -, -, -, -, 50
T. J. Shana, 120, 280, 1200, 125, 1305
J. _. Broon, 13, 32, 450, 15, 175
J. Dolsgnehan (Dolighan), -, -, -, -, -
W. Waller, -, -, -, 10, 100
A. Tic__, -, -, -, -, -
E. M. Davis, -, -, -, 10, -
W. Lanes (Lines), -, -, -, 8, 170
J. Walker, 1, 50, 280, 10, 270
W. S. Okely, -, -, -, 20, 326
S. N. Jokel, 120, 167, 3514, 100, 1400
W. Hughs, 100, -, 110, 100, 1390
M. J. Roach, -, -, -, 10, 145
J. Blair, 25, 60, 400, 10, 60
J. Walker, -, -, -, 10, 70
W. Blackburn, 60, 160, 1500, 61, 340
F. M. Philips, 28, 232, 700, 71, 335
E. P. Murphy, 20, 40, 120, 5, 180
J. Grunges, 110, 290, 1500, 100, 790
G. Givings, -, -, -, 8, 320
W. S. Cross, 10, 10, 75, 5, 16
W. McDonel, -, -, -, 5, 22
J. Smith, -, -, -, 10, 154
H. Miller, -, -, -, 5, 100
W. D. Wyatt, 35, 850, 1200, 25, 470
P. N. Pratt, -, -, -, 10, 100
J. Johnson, 75, 165, 2500, 100, 523
J. Bingham, -, -, -, 8, 828
A. S. Wyatt, -, -, -, 10, 195
James Aaron, -, -, -, 60, 605
C. Johnson, 95, 250, 2700, 100, 430

J. Person, -, -, -, 100, 40
J. Parey (Pasey), -, -, -, 20, 15
S. A. Smith, -, -, -, 2, -
L. P. C_anly, 75, 25, 2000, 100, 915
N. H. Bogan, -, -, -, -, 30
D. M. Linsy, -, -, -, 2, -
J. Yarbro, -, -, -, 10, 100
J. M. Barbro, 65, 130, 1500, 25, 915
W. Holugin, -, -, -, 6, 35
J. H. Parsy, 90, 200, 350, 100, 1540
N. Northern, -, -, -, -, -
A. N. Len (Leu), -, -, -, 5, 70
D. L. Parsy, -, -, -, -, 110
Ea__ Obinanson (Olendson), 10, 74, 840, 10, 97
J. M. Adkinson, 30, 70, 1000, 5, 420
J. Collins, -, -, -, 10, 75
S. Owenby, -, -, -, -, 75
M. Wilson (Milson), 20, 31, 300, 5, 170
T. M. Melson, -, -, -, 10, 205
J. Pansy (Pousy), 6, -, -, -, -
W. Cernely, 60, 80, 1200, 100, 1100
R. Tryurbris, -, -, -, -, 170
J. E. Right, -, -, -, 5, 20
P. J. Smothers, -, -, -, 8, 25
J. F. Aaron, -, -, -, 10, 300
D. Moony, 30, 28, 150, 20, 450
R. White, 5, 110, 200, 5, 40
J. F. Kenton (Hinton), 20, 80, 200, 15, 500
J. Philips, 40, 347, 1000, 75, 635
F. Curny, 60, 265, 1500, 100, 675
E Philips, 120, 470, 1600, 100, 920
R. Philips, -, 40, 530, 65, 190
J. W. Hackile (Hackibe), -, -, -, 10, 140
P. Sarnt, 40, 47, 300, 80, 475
A. R. England, 1, -, 800, 20, 320
J. S. Fisher, 50, 65, 1600, 70, 714
J. H. Rany, 75, 125, 1500, 100, 245
D. Mcllanahan, 30, 45, 1000, 100, 400
J. J. Rouch, -, -, -, -, 35
M. Murphy, 200, 12, 4100, 100, 1100

D. Finch, 45, 70, 800, 125, 400
T. C. Dunkin, -, -, -, 5, 25
J. Rone, -, -, -, 8, 92
W. Dunkin, -, -, -, -, 80
A. L. Fisher, -, -, -, 5, 145
C. Fisher, -, -, -, 5, 600
G. Finch, 25, 185, 200, 100, 450
J. Young, 35, 30, 200, 30, 940
P. Sellers, -, -, -, 10, 81
D. L. Jones, -, -, -, -, 100
C. W. Fisher, -, -, -, 25, 130
R. McCurve, 20, 100, 500, 10, 125
L. Rindel, 150, 390, 2000, 125, 1100
J. Dobersby (Dolusby), 20, 55, 250, 10, 468
J. F. Fisher, 600, 1200, 40000, 1000, 3500
P. Fragison, 100, 230, 800, 125, 1175
L. B. Moody, 45, 75, 800, 75, 180
J. C. Gibson, -, -, -, 10, -
W. Henry, 150, 1075, 3000, 250, 803
H. Hornsby, -, -, -, 15, -
J. Hornsby, -, -, -, 10, 240
J. White, 25, 100, 200, 20, 175
E. White, -, -, -, -, 112
J. E. Robison, 10, 35, 300, 15, 180
A. Edwards, 100, 350, 1500, 125, 960
H. Yarbro, 150, 700, 2500, 159, 1070
Q. Yarbro, 75, 241, 800, 100, 518
M. Rouies (Roaies), -, -, -, -, 50
D. White, 325, 850, 7000, 220, 1700
W. Gilbert, -, -, -, 100, 441
R. Wyatt, 16, -, 40, 80, 30
H. T. Colman, 15, 25, 300, 10, 180
N. Yarbro, 30, 900, 4400, 200, 3200
E. Fisher, 50, 280, 850, 150, 320
H. Fisher, 150, 152, 3000, 200, 1965
A. J. Rone, 30, 85, 200, 10, 200
T. B. Taylor, -, -, -, 4, 22
E. M. Crane, 40, 130, 1000, 50,700
A. M. Benthisl, -, -, -, 10, 475
Z. Bowen (Boron), 65, 126, 1000, 25, 125

R. M. Wilson, 60, 160, 1300, 10, 170
S. Mulmer, -, -, -, 6, -
J. Millanurhan, 30, 50, 1500, 100, 182
R. Murphy, 70, 180, 1200, 8, 192
H. Murpy, 60, 50, 500, 21, 200
N. Renfrow, 25, 50, 1000, 71, 320
J. Busbey, -, -, -, 5, -
C. Downy, 26, 75, 600, 10, -
J. A. Conner, 2, 133, 500, 150, 295
W. L. Louis, 125, 711, 1800, 100, 1600
J. Bussel, 100, 1126, 2900, 300, 575
W. H. Smith, -, -, 1500, 100, 720
E. S. Lysbus, 30, 105, 400, 150, 995
G. Graves, 30, 120, 500, 150, 310
A. L. Moore, 20, 192, 500, 75, 300
M. Ivy, 70, 180, 500, 60, 489
J. G. Huston, 20, 3000, 10000, 150, 842
W. H. Denison, -, -, -, 20, 120
J. Tylor, 150, 1529, 200, 3500, 2335
B. Graves, 50, 155, 800, 100, 600
S. Sutton, 40, 85, 200, 15, 200
W. G. Mays, 3, -, -, 10, 455
G. K. Curry, -, -, -, 10, 1065
L. T. Jones, -, -, -, -, -
J. Rone, 100, 442, 800, 80, 1170
B. Rishing(Rushing), 100, 400, 150, 125, 1695
B. W. Moore, 25, 30, 500, 50, 365
W. C. Graves, -, -, -, 200, 35
A. J. Graves, -, -, -, 10, 155
R. Graham, 45, 185, 800, 30, 300
B. L. Dinson, -, -, -, 11, 120
C. Pettyard, 800, 1600, 43000, 3500, 14000
L. Robusels, 1, -, 100, 15, 210
M. Belch, 1, -, 100, 4, 34
L. Carlile, -, -, -, -, -
W. Stassnt, 150, 240, 300, 100, 772
C. P. Lacis, 1, -, 35, -, -
L. P. Robserus (Roberson), -, -, -, -, -
M. S. B. Valluer, 220, 1300, 5000, 700, 3700
T. G. Taylor, 20, 150, 600, 5, -

T. C. Taylor, 25, 27, 250, 65, 160
R. Cooks (Coaks), -, -, -, 10, 373
H. Graham, -, -, -, 10, 185
A. Tally, -, -, -, -, 30
R. Tally, -, -, -, 3, 40
C. Candel, -, -, -, 10, 125
J. W. Kams, 30, 70, 600, 30, 280
A. Candel (Cander), 2, 58, 200, 6, 125
M. Moore, 30, 70, 200, 10, 200
J. Bussel, 20, 80, 300, 6, 145
J. Cronear, -, -, -, 10, 275
J. Malwisson, 35, 365, 900, 10, 400
W. Mcalisn, 50, 117, 500, 45, 195
B. Epison, 35, 165, 300, 10, 115
J. A. Mcalisn, -, -, -, 6, 335
S. Bussil, -, -, -, 6, 57
J. A. Goodin, -, -, -, 10, 48
R. Goodin, 60, 235, 1100, 10, 50
J. McMullin, -, -, -, 100, 175
E. Benton, 75, 2800, 8000, 46, 1370
J. Banch, 75, 840, 1100, 5, 54
C. W. Fisher, -, -, -, -, 30
A. Muza, 20, 400, 200, 300, 960
M. Ransom, -, -, -, 3, 17
D. J. Burnes, -, -, -, 75, 200
J. Givings, -, -, -, 75, 600
J. W. Wilkins, -, -, -, 10, 190
E. Blount, 50, 56, 1000, 95, 300
M. J. Rushing, -, -, -, 10, 50
P. Myorlle, 80, 70, 800, 10, 157
J. Martin, -, -, -, 75, 770
J. G. McMartin, 70, 127, 900, 3, 227
W. _. Martin, -, -, -, 10, 30
G. Ze_ly, -, -, -, 10, 33
J. Garrett, 175, 692, 5000, 100, 825
D. M. Scott, 175, 330, 4000, 100, 888
E. M. Furgeson, -, -, -, -, 4
J. Pinton (Piston), -, -, -, 15, 182
G. W. Brigat, -, -, -, -, 25
J. _. Lulon, -, -, -, 8, 30
J. J. Jackson, 40, 41, 500, 15, 295
E. T. Carrel, 15, 167, 2000, 5, 235
J. P. Easton, -, -, -, 10, 40
R. C. Taylor, -, -, -, -, 60

J. Russel, -, -, -, 70, 89
J. F. Dullis, 25, 175, 800, 20, 253
A. White, 20, 140, 400, 8, 135
William Fisher, -, -, -, 45, 415
J. Patison, 1, 4, 150, 2, 20
J. Counts, 3, 52, 1789, 30, 431
W. B. Bright, -, -, 100, 2, 60
P. Hubel, 12, -, 1200, 75, 135
J. R. Smally, -, -, -, -, 38
J. L. Clohurt, 75, 385, 3000, 100, 360
R_ A. J. Brock, 35, 80, 500, 81, 190
W. D. Curren, 37, 167, 500, 15, 330
W. Ewing, -, -, -, 12, 40
J. M. Read, -, -, -, -, 25
C. Harington, 100, 68, 600, 15, 800
H. A. Stegall, 75, 120, 1300, 65, 435
T. Harington, -, -, -, 10, 30
G. J. Brock, 75, 200, 1800, 25, 203
J. J. Lucy, -, -, -, 10, 125
K. N. Pate, -, -, -, 5, 135
A. Welch, -, -, -, 10, 220
J. M. Roberson, 60, 56, 1500, 75, 470
T. J. McMury, -, -, -, 75, 501
A. Stegall, 65, 300, 3000, 150, 540
W. H. Bouti_ll, 75, 95, 1000, 105, 740
W. B. Burshirs, 60, 65, 600, 35, 580
W. H. Martin, 3, 1, 50, 5, 35
J. Arnett, 16, 16, 200, 10, 217
S. L. McClure (McCline), 75, 125, 1000, 100, 300
W. Rushing, 75, 125, 1000, 100, 504
W. Dunking, -, -, -, -, 38
W. W. Harington, 45, 60, 800, -, 90
J. H. Curry, 75, 73, 1500, 30, 590
J. B. Bugance, 26, 150, 550, 35, 510
B. W. Janus, 9, 91, 300, 40, 108
J. C. Ctinter, -, -, -, 5, 75
J. C. Jones, 20, 125, 400, 60, 48
S. Autry, 7, 78, 150, 20, 360
J. W. Mays, 2, -, 500, 1, 100
W. M. Prutt, 4, 5, 400, 10, 50
B. Saintt, 35, 80, 350, 30, 463
R. White, 225, 260, 4000, 125, 1500

G. Dares, 41, 120, 900, 100, 500
J. Welch, 25, 60, 800, 190, 321
J. Blount, -, -, -, 10, 131
E. Harrington, -, -, -, 5, 40
B. Malone, -, -, -, 100, 230
J. A. Sharp, 1, -, 600, -, 100
P. Gray, -, -, -, 5, 250
J. B. Welch, 23, 50, 500, 20, 82
T. Finch, -, -, -, 10, 75
T. W. Harington, -, -, -, 10, 25
D. C. Cerney, 1, -, 100, 20, 110
J. W. Mcquertis, 17, 49, 400, 50, 185
R. Graham, 100, 150, 750, 100, 530
L. G. Finly, 20, 73, 750, 100, 561
J. P. Graham, 20, 79, 750, 100, 365
M. Griffin, 70, 160, 1200, 100, 410
M. J. Bennett, 125, 415, 200, 25, 440
P. A. White, -, -, -, -, 200
J. Rushing, 75, 70, 100, 75, 585
G. Asett, -, -, -, 10, 250
J. L. Martin, 1, -, 30, -, 25
H. Laby, 75, 105, 1500, 101, 600
P. H. Fisher, 110, 700, 3000, 125, 1000
D. H. Sheapard, -, -, -, 10, 70
G. W. Parton, 40, 160, 1250, 80, 825
A. H. Smith, -, -, -, 10, 155
D. Welch, -, -, -, 25, 480
J. J. Steagall, 283, 830, 15000, 200, 1600
E. B. Tuck, -, -, -, -, 125
M. R. Bury, -, -, -, 5, 4
J. D. More, -, -, -, 10, 90
J. A. Burough, 40, 62, 1200, 60, 360
J. A. Montgomery, -, -, -, 5, 60
W. Johnson, 30, 146, 300, 25, 300
B. Sutherland, 20, 40, 1000, 75, 360
B. Mofitt, -, -, -, 15, 112
J. P. Beam, -, -, -, 15, 130
N. N. Williams, -, -, -, 8, 150
J. M. Morgan, -, -, -, 6, 10
J. Lomax, 15, 30, 300, 10, 159
D. L. Fisher, 70, 248, 1000, 25, 440
R. White, 100, 150, 1800, 35, 760
W. H. Milam, 50, 150, 2000, 75, 410

W. H. Johnson, 40, 60, 4000, 250, 560
G. M. Harrel, 70, 700, 2500, 200, 1444
J. H. Roburds, -, -, -, 100, 645
R. Rushing, 75, 425, 1200, 100, 800
W. Finch, -, -, -, 10, 1 50
A. Harrel, 60, 110, 200, 100, 630
J. Luton, 150, 550, 400, 200, 1235
J. W. Fisher, 30, 55, 800, 20, 350
D. L. Lankoster, 90, 295, 1500, 125, 640
R. Young, 40, 120, 4510, 100, 560
A. Yarbro, 60, 80, 3250, 61, 450
E. Roburds, 100, 500, 7000, 135, 885
E. K. Hugly, 125, 723, 3000, 70, 1065
J. R. Finly, 45, 242, 800, 65, 325
D. B. F_mchlsburk (Fernschsburk), 55, 175, 1510, 100, 575
A. P. Johnson, 200, 380, 400, 600, 1330
S. P. Akin, 30, 24, 2000, 15, 450
J. W. Doherty, -, -, -, -, 150
J. H. S. Penn (Parr), 40, 70, 500, -, -
J. Nussom, 25, 150, 800, -, -
C. H. Alston, 4, -, 800, 20, 560
N. Williams, 20, 180, 2100, 50, 380
W. F. Boatright, 40, 65, 500, 10, 250
J. R. Cormack, -, -, -, 10, 225
C. C. Bugance, 1,1, 500, 20, 15
T. W. Palms, 1, -, 600, -, 175
J. McMillan, 35, 195, 1500, 15, 175
J. T. McAnelly, 2, -, 900, 10, 159
G. Englun, 10, -, 450, -, 150
M. J. Fisher, 250, 500, 6000, 150, 1800
J. Lasiter, -, -, -, -, 130
L. Davis, 30, 370, 1800, 100, 637
H. C. F_agan, 75, 50, 2500, 50, 1345
M. Resel, 60, 161, 700, 10, 272
I. J. Laby, 10, 80, 900, -, -
E. E. Pate, 5, -, 250, 4, 50
W. P. Esry, -, -, -, -, 15
E. L. Churchwell, 7, -, 50,8, 25
E. H. Lucas, 75, 150, 150, 15, 204

J. P. D_our (D_onr), 2, 61, 530, 5, 90
R. S. Bursby, 50, 115, 600, 10, 300
W. Prichurd, 1, -, 1200, -, 125
Poby Prichard, 100, 300, 2700, 40, 175
A. R. Englun, 75, 235, 5000, 150, 75
P. L. Morland, 25, 175, 5000, 20, 30
J. G. Burk, 3, 58, 1500, 150, 20
T. P. Thompson, 2, 30, 250, 5, 20
J. A. Montgomery, 2,- ,600, -, 50
J. E. Bursh__, 60, 150, 1000, 75, 525
W. M. Harington (Hurington), 30, 55, 500, 12, 160
L. Moore, 60, 100, 500, 8, 25
A. D. Barshur, 50, 75, 500, 12, 185
H. Welch, 75, 123, 3000, 100, 750
T. Hay, 70, 270, 1200, 75, 675
W. Yarbro, 300, 900, 4550, 200, 3220
E. Fisher, 50, 282, 850, 150, 300
H. Yarbro, 150, 153, 3000, 200, 1965
A. J. Rone, 30, 85, 200, 10, 200
P. B. Taylor, -, -, -, 4, 22
E. M. Crane, 40, 130, 1000, 50, 700
A. W. Bentline, -, -, -, 10, 475
Z. Bowie, 65, 120, 1000, 25, 225
R. M. Wilson, 60, 160, 1300, 10, 170
M. Allen (Mullen), -, -, -, 6, -
J. McClanahan, 30, 50, 1500, 100, 885
P. Murphy, 70, 180, 1200, 8, 192
H. Murphy, 61, 50, 500, 21, 200
N. Rinsford, 25, 50, 1000, 75, 320
J. Rushing, -, -, -, 5, -
C. Downey, 26, 75, 600, -, -
J. A. Cross___, 2, 133, 500, 150, 298
W. L. Lewis, 125, 711, 1800, 100, 1600
J. Bussel, 100, 1126, 2900, 300, 515
W. H. Smith, -, -, -, 100, 720
E. S. Stephens, 30, 105, 1500, 150, 495
S. Graves, 30, 170, 400, 150, 310
A. L. Allen, 20, 192, 500, 75, 310
M. Fry, 71, 180, 500, 60, 489

J. S. Husten, 20, 3000, 10000, 150, 842
W. H. Denison, -, -, -, 20, 120
J. Taylor, 150, 1529, 2000, 350, 2335
B. Graves, 45, 155, 800, 100, 600
W. G. Mays, -, -, -, 10, 465
G. K. Curry, -, -, -, 10, 1065
L. T. Jones, -, -, -, -, -
J. Raves (Reeves), 100, 442, 800, 80, 1170
R. Rushing, 100, 400, 150, 125, 1695
B. W. Moore, 25, 300, 500, 50, 365
W. C. Givings (Gidings), -, -, -, 200,3 5
A. G. Graves, -, -, -, 10, 155
R. Graham, 45, 185, 800, 30, 300
B. L. Denison, -, -, -, 10, 120
C. Pettyard, 800, 4600, 4300, 3500, 14000
L. Roburds, 1, -, 100, 15, 210
M. Belcher, 1, -, 100, 5, 34
L. Carlile, -, -, -, -, -
W. Stout, 150, 2510, 300, 100, 772
C. P. Lewis, 1, -, 35, -, 20
L. P. Roburds, -, -, -, -, -
M. S. Waltoce, 220, 1300, 5000, 200, 3700
T. S. Taylor, 20, 150, 600, -, -
T. C. Taylor, 25, 27, 250, 65, 160
R. Couts, -, -, -, 10, 370
H. H. Graham, -, -, -, 10, 125
A. Taly, -, -, -, -, 30
R. Tally, -, -, -, 3, 40
C. Conurs, -, -, -, 10, 125
J. M. Rissings, 30, 70, 610, 35, 280
A. Coullir, 2, 58, 200, 6, 125
N. Moore, 30, 70, 200, 10, 200
J. Bussel, 20, 80, 300, 6, 1245
J. Coners (Conder), -, -, -, 10, 275
W. Mcwane, 35, 365, 900, 10, 400
J. Mcalowene, 50, 107, 500, 45, 195
B. Epeson, 35, 165, 300, 10, 115
J. A. Mculwiner, -, -, -, 6, 339
S. Bussel, -, -, -, 6, 57

J. A. Goodin, 60, 235, 1000, 10, 50
J. Mcmulin, -, -, -, 100, 175
E. Birton, 75, 2800, 8000, 46, 1370
J. Bunch, 75, 840, 1100, 5, 321
C. M. Fisher, -, -, -, -, 30
A. Mays, 20, 400, 2000, 300, 960
M. Rinson, -, -, -, 30,7
D. J. Burns, -, -, -, 75, 200
J. Givins, -, -, -, 75, 600
J. M. Wilkins, -, -, -, 10, 190
W. G. Riggs, 25, 79, 500, 10, 170
E. Congl__, 60, 80, 700, 25, 800
N. Burnett, 70, 230, 1000, 31, 777
J. Parsons, 250, 2000, 11500, 400, 1140
H. Myencle (Myeucle), 80, 165, 1000, 120, 500
B. Rones, 75, 330, 1000, 100, 590
J. C. Genus, 20, 82, 700, 20, 300
L. L. Myacle, 225, 418, 300, 150, 400
R. Rusrus (Rasus), 18, 480, 550, 25, 276
P. Taylor, 50, 250, 800, 10, 371
W. P. Bray, 40, 280, 600, 25, 290
R. J. Liston, 40, 170, 500, 75, 560
J. C. Rusls, -, -, -, 5, 42
M. Duglin, 50, 150, 450, 10, 60
P. Love (Lowe), 75, 125, 800, 20, 1075
C. Fowler, 20, 90, 500, 20, 286
D. T. Firgison, 35, 108, 700, 100, 325
T. Russel, 125, 428, 1500, 125, 1275
D. C. Perry, 40, 147, 800, 20, 163
P. Disosset (Duosset), -, -, -, 5, 35
J. N. Riggs, -, -, -, 10, 70
W. A. Wilkins, 15, 15, 200, 20, 30
S. A. B__rs, -, -, -, 15, 240
A. S. Rosson, 60, 80, 800, 15, 180
B. Liles, -, -, -, 10, 56
A. J. Taylor, -, -, -, 6, 55
A. Watson, 40, 466, 700, 40, 320
C. C. Harington, 125, 337, 2500, 60, 1052

J. J. Rosson (Rossou), 50, 104, 600, 71, 175
E. Basher, 68, 80, 400, 20, 400
S. M. Hariston, 80, 392, 1000, 75, 665
B. Duke, -, -, -, 5, 21
J. Johnson, 40, 109, 800, 20, 461
S. E. Shumaker, 40, 42, 340, 75, 341
J. D. Adair, 38, 90, 700, 25, 500
W. Burel, -, -, -, 6, 190
J. Houston, 50, 150, 1000, 50, 400
E. Inn, 60, 140, 400, 10, 125
J. Migs, -, -, -, 5, 150
J. R__s, 100, 100, 400, 10, 311
J. Hays, 40, 118, 400, 10, 360
B. T. Hays, 15, 29, 400, 6, 140
B. Ivy, 15, 85, 100, 5, 102
A. Hays, 30, 100, 150, 45, 517
J. Watson, 125, 400, 2000, 100, 360
J. C. Watson, 40, 95, 800, 50, 390
W. L. Fugzell, -, -, -, 8, 95
J. Duke, -, -, -, 75, 328
M. Lofton, 50, 206, 500, -, 50
G. H. Hays, -, -, -, 10, 130
W. Murlle, 40, 100, 500, 55, 521
H. Johnson, -, -, -, 10, 55
P. Fl____, -, -, 100, 100, 510
J. K_un (Run), -, -, -, 6, 75
J. Lofton, 80, 125, 1000, 100, 480
I. Riggs, -, -, -, -, 115
J. M. Low, -, -, -, 15, 295
E. Hays, 35, 165, 300, 6, 191
M. Reobuads, -, 40, 400, 100, 523
W. Gabusll (Gaburll), 70, 70, 1800, 125, 700
H. Hamilton, -, -, -, 6, 77
W. Gabberel, 40, 60, 820, 10, 200
A. Johnson, -, -, -, 10, 150
H. Rosson, -, -, -, 40, 173
L. M. Stead, 60, 120, 900, 100, 600
H. Johnson, -, -, -, 150, 400
A. Horne, 20, 65, 300, 15, 60
M. M. Murys, -, -, -, 51, 80
M. Arnold, -, -, -, 100, 726
Q. Russll, -, -, -, 100, 460

P. W. Jones, 100, 301, 3500, 100, 740
N. White, 30, 60, 600, 50, 335
H. V. M. Hendrix, 80, 120, 1500, 100, 900
H. Juines, 480, 950, 8600, 250, 225
J. Kelly, 25, 153, 600, 30, 300
T. Stanfield, 20, 70, 150, 20, 150
N. B. Muse (Mate), 35, 53, 700, 25, 455
A. Mute, 125, 50, 400, 250, 1000
H. C. Cagle, 40, 70, 500, 150, 440
T. Webb, 50, 350, 600, 100, 560
E. Barnett, 560, 150, 1200, 20, 350
R. Woods, 35, 285, 500, 10, 25
H. Harris, 50, 150, 1200, 20, 350
J. Watson, 40, 160, 500, 100, 228
J. Winsome (Winsonn), 190, 90, 100, 125, 550
L. Newsom, 100, 77, 1000, 50, 275
J. F. Mcfarlin, -, -, -, 25, 220
H. Miller, -, -, -, 25, 65
S. Miller, 70, 130, 1000, 20, 260
G. Woods, 100, 400, 1000, 125, 1370
J. Novel, 40, 65, 150, 10, 100
S. Jones, 40, 65, 130, 10, 175
C. Gibson, 140, 360, 100, 125, 180
Edom Hanes, 50, 524, 1400, 25, 200
N. Hanes, 50, 508, 1500, 5, 200
R. Hanes, -, -, -, 10, 100
S. J. Auley, 5, 90, 300, 5, 45
M. Stephens, -, -, -, -, 20
H. P. Simeons, -, -, -, 5, 2
A. Ballinger, 50, 700, 1400, 100, 340
J. Ballinger, -, -, -, 8, 169
M. Ballinger, 30, 26, 300, 30, 713
W. Ballinger, -, -, -, -, 313
J. K. Woods, 100, 200, 1000, 75, 1020
A. J. Taylor, 50, 50, 500, 25, 250
A. Dodd, 25, 50, 500, 15, 235
E. F. Barber, -, -, -, 5, 365
A. Watson, 35, 104, 400, 100, 383
F. Bulley, 70, 130, 400, 30, 380
W. A. Ivins, -, -, -, -, 20

B. Smith, 20, 145, 300, 75, 180
A. Smith, 50, 150, 400, 15, 125
P. R. Parsons, 16, 54, 500, 15, 130
P. T. Flosel, 75, 329, 1000, 10, 78
S. Miller, 70, 130, 1000, 20, 262
H. Miller, -, -, -, -, -
S. Esry, -, -, -, 5, 15
S. Boman, 125, 2075, 10000, 200, 1215
W. Car, 45, 262, 600, 25, 420
J. Prinn, 45, 155, 1000, 45, 390
C. S. Binally, 150, 3000, 4000, 250, 917
B. G. Bluker, 120, 889, 2500, 200, 1545
W. Lisington, 60, 250, 1000, 80, 300
J. H. Bohanen, 2, 60, 1200, 100, 215
W. Harris, 20, 180, 1000, 30, 215
W. C. Johnson, 130, 3000, 5000, 200, 760
H. A. Hendrix, 27, 68, 300, 100, 170
J. A. Bourzall, -, -, -, -, 12
J. W. Rice, 2, -, 15, 20, 150
E. Ziron (Zroin), 12, 188, 200, 10, 170
E. Boman (Bomer), 60, 270, 1000, 25, 890
S. G. Linsy, 6, 45, 150, 10, 80
N___ E. C. Prutly, 5, 262, 1000, 25, 890
J. Nall, 17, 83, 500, 1, 315
M. S. Spradlin, 65, 150, 800, 55, 820
W. L. Britt, -, -, -, 15, 50
N. Dickson, 20, 90, 450, 100, 535
P. Cannon, 6, 190, 300, 15, 378
M. E. Johnson, 80, 370, 1500, 15, 360
J. Thomas, 200, 600, 3000, 150, 800
J. H. Thomas, 60, 210, 3500, 10, 420
J. Westerman, -, -, -, 5, 150
D. Cagle, -, -, -, 10, 170
D. E. Marbest (Marbart), -, -, -, -, 250
T. G. D. Thompson, -, -, -, 31, 170
R. C. Miller, 15, 20, 600, 75, 265
L. Crises, -, -, -, 6, 34

J. A. tubs, -, -, -, 6, 10
S. Gibson, -, -, -, 10, 160
J. Brom, -, -, -, 25, 135
T. J. Miller, 35, 165, 1200, 100, 265
H. Baker, -, -, -, 10, 200
A. Gibson, -, -, -, 10, 231
E. Hamblin (Hanlbisx), 15, 85, 300, 10, 140
C. Tubbs, -, -, -, 10, 188
E. Griggs, -, -, -, 20, 315
C. Gibson, -, -, -, 3, -
H. Cagle, 20, 70, 500, 25, 800
N. Rogers, -, -, -, 10, 130
T. Gibson, -, -, -, 25, 250
J. M. Steward, -, -, -, 10, 135
W. W. Steward, -, -, -, 10, 25
K. Terry (Tarry), -, -, -, 90, 2273
S. Smith, -, -, -, 50, 15
T. L. Griggs, -, -, -, 8, 15
J. Flores, -, -, -, 3, 17
W. Dickson, 130, 15, 1500, 125, 1255
J. S. McCrory, -, -, -, 75, 600
J. L. Cadle, 16, 107, 1000, 10, 23
R. J. Odle, 100, 147, 2000, 40, 625
J. C. Swings, 250, 1400, 8000, 400, 1346
L. E. Davis (Daros), -, 1500, 10000, 41, 400
G. W. Huns, 40, 120, 1400, 75, 500
H. Baucom, 20, 230, 400, 15, 250
W. Griggs, -, -, -, 10, 190
W. Banlum (Burlum), 10, 125, 200, 40, 315
J. C. Crisos, 13, 40, 250, 40, 199
W. Bucnon, 150, 230, 800, 30, 525
J. C. Canrou (Cannon), 80, 350, 1000, 131, 990
E. Conrou, -, -, -, 20, 500
J. D. Akins, -, -, -, 10, 315
N. F. Livingston (Lisogtson), -, -, -, 75, 187
S. Rowhuf, -, -, -, -, 60
J. R. Parker, -, -, -, -, 25
S. W. Bucun, -, -, -, -, 25
W. H. Baker, 70, 450, 690, 25, 483

L. Cole, -, -, -, 33, 15
A. Cole, 30, 100, 400, 111, 255
J. A. Doyle, -, -, -, 10, 45
N. Trim (Lum), -, -, -, 10, 350
W. W. Watson, 35, 165, 400, 40, 20
G. Hagg (Hogg), 36, 424, 500, 15, 248
J. Robeson, 60, 110, 300, 41, 441
A. Mcin (Mein), 40, 130, 500, 65, 335
S. Singleton, -, -, -, 5, 20
E. Sulivan, -, -, -, -, 20
J. N. Standford, 35, 65, 800, 5, 300
S. C. Kennedy, 23, 117, 800, 55, 320
G. Boswell, 61, 190, 1300, 50, 200
E. White, 100, 450, 2731, 751, 5702
G. Oneal, 20, 120, 200, 5, 90
J. B. Davis, 50, 445, 1500, 75, 145
S. Eason, 70, 516, 1600, 60, 500
S. M. Voliner, -, 41, 300, 5, 145
J. Gurley, 15, 44, 550, 10, 400
R. J. Kennedy, 190, 331, 1200, 60, 500
E. J. Frysell, -, -, -, 8, 160
A. T. Murphy, 20, 57, 390, 60, 100
J. W. Ford, -, -, -, -, 100
H. Jones, -, -, -, 10, 171
C. Maniss, 30, 65, 500, 10, 167
A. H. Clissey, 40, 310, 1200, 60, 435
J. C. Clissey, 35, 107, 400, 10, 150
J. Medlin, 30, 10, 300, 52, 188
E. Lee, 60, 490, 1200, 15, 200
S. Debruyeat, -, -, -, -, 200
J. Medlin, -, -, -, -, 25
S. A. Mullin (Medlin), -, -, -, 7, 60
E. C. Medlin, 50, 180, 1200, 21, 400
J. Cromon, -, -, -, 6, 40
J. Homes, 25, 115, 1200, 6, 50
D. C. Canady, -, -, -, -, 30
J. A. Scott, 60, 450, 500, -, 195
B. Brunch, -, -, -, 10, 30
M. Pratt, 20, 179, 200, 6, 76
J. R. Pratt, -, -, -, 5, 15
_. Limerus, 40, 190, 250, -, 500
Thomas Linsony (Linsourg), -, -, -, -, 45

H. C. Caney, 25, 20, 50, 10, 460
H. Singleton, 60, 15, 500, 10, 400
J. G. Morgan, 100, 430, 500, 50, 500
J. B. Rice, 110, 500, 500, 50, 900
J. C. Rice, 40, 430, 600, 15, 343
B. H. Taylor, 15, 110, 300, 8, 125
M. A. Darnel, 30, 180, 500, 30, 40
L. Millender, 12, 135, 250, 5, 125
Wm. Taylor, -, -, -, 7, 140
Thos. J. Maniss, 15, 35, 250, 7, 25
_. Duck, 18, 30, 800, -, 200
J. M. Austin, 7, 30, 200, 8, 20
J. C. Austin, -, -, -, 5, 15
A. J. Bugance, -, -, -, 5, 140
J. Duck, 25, 130, 500, 45, 280
J. M. Austin, 20, 180, 300, 20, 150
Wm. Scott, -, -, -, 5, 15
J. S. Scott, 60, 210, 800, 55, 435
R. Moody, 30, 150, 300, 10, 200
M. D. Murphy, 90, 305, 1200, 100, 600
E. Pluket, -, -, -, -, 40
A. Douglass, -, 64, 250, 5, 170
M. Murphy, 50, 225, 1200, 35, 400
M. M. Cox, -, -, -, -, 15
S. W. Duck, 40, 270, 700, 200, 2000
S. Eason, 100, 226, -, 50, 550
S. Taylor, 15, 85, 150, 6, 40
Rutha Miller, -, -, -, 5, -
N. Donel (Dowel), 50, 350, 800, 100, 600
N. J. Dickison, 20, 80, 300, 8, 187
T. Miller, -, -, -, 5, 280
J. Delany, 14, 100, 300, 20, 146
R. Irings (Ivings), -, -, -, 20, 145
J. C. Neusom 50, 941, 2400, 125, 665
J. M. Johnson, 90, 225, 800, 15, 255
A. Gibson, 75, 339, 1008, 30, 700
T. Johnson, 75, 65, 500, 10, 150
H. Binser, -, -, -, 8, 135
A. J. D. Colwick, 25, 155, 600, 10, 285
W. Hale, 16, 181, 400, 25, 100
W. Colwick, 70, 123, 1000, 100, 656
J. A. Quinn, 5, 95, 250, 10, 18

A. H. Fulerton, 3, 147, 300, 5, 65
J. Q. Bisserr, 100, 100, 2000, 10, 165
M. Hinsly, 12, 38, 50, 10, 113
J. Doherty, 50, 160, 100, 10, 220
J. P. Hills, 60, 180, 700, 100, 495
E. Rogers, -, -, -, 8, 15
R. Cagle, -, -, -, 6, 187
H. Newman, 15, 145, 500, 8, 117
L. Gibson, 100, 700, 800, 100, 660
E. McWall, 50, 213, 400, 30, 1060
E. Florce (Floria), -, -, -, 10, 160
E. Herington, -, -, -, 6, 145
L. Miller, -, -, -, 8, 26
D. Mclowrme, 60, 90, 200, 100, 400
J. A. Collins, 175, 1130, 2500, 315, 2809
E. White, -, -, -, 10, 729
W. H. Pigg, -, -, -, 20, 175
D. Fowler, 40, 116, 800, 100, 665
J. H. Thomas (Bhorniss), 70, 1130, 2500, 120, 960
J. Harricis, 60, 110, 1500, 30, 400
A. King, 110, 400, 1200, 100, 840
Jas. Gullege, 28, 40, 250, 15, 399
S. Gulledge, 80, 20, 200, -, 95
H. Gulledge, -, -, -, 10, 200
J. E. Arnold, 95, 221, 1500, 50, 493
G. S. Long, 45, 95, 1000, 75, 440
E. Brussey, 70, 235, 1500, 100, 700
J. Grinaway, 30, 90, 200, -, 60
D. Hill, 350, 850, 4000, 300, 1850
K. Fruzell, -, -, -, -, 240
A. Britt, -, -, -, 20, 140
J. Long, 30, 95, 1000, 20, 310

E. Cartes (Carter), 50, 82, 300, 100, 260
G. Still, 80, 240, 850, 25, 648
J. L. Briant, 25, 75, 400, 100, 1320
W. Harill, 15, 185, 500, 15, 200
W. Briant, 60, 250, 800, 75, 225
B. Tubbs, -, -, -, 15, 35
D. Burnett, -, -, -, 5, 200
G. Curry, 20, 180, 350, 15, 25
L. Curry, 40, 422, 500, 40, 460
S. Harice_, 75, 525, 700, 50, 700
W. M. King, -, -, -, 10, 382
J. Box, 75, 225, 2500, 75, 600
R. Murry, 50, 187, 200, 20, 280
L. Tubbs, 150, 300, 4000, 85, 1600
C. W. Westerman, -, -, -, 10, 165
J. Johnson, 30, 170, 200, 10, 140
M. Smithe, -, -, -, 4, 125
J. Yalrington, -, -, -, 6, 25
L. Akins, 50, 214, 500, 65, 1025
J. McCorm__d, -, -, -, 20, 215
W. Wallace, -, -, -, 10, 219
L. Bendfield, -, -, -, 10, 189
J. B. Howe, 65, 735, 2000, 75, 175
G. Hustens, 40, 480, 300, 10, 305
W. J. Cox, 40, 142, 300, 25, 387
J. R. Wilson, 30, 78, 600, 15, 135
E. P. Philips, 40, 180, 750, 15, 195
C. P. Spence, 120, 1200, 2500, 100, 757
M. Miller, 40, 337, 700, 20, 275
M. N. Hagwood, -, -, -, 10, 172
J. Tubbs, -, -, -, 10, 280

Dekalb County Tennessee
1860 Agricultural Census

The Agricultural Census for Tennessee for 1860 was microfilmed by the University of North Carolina Library under a grant from the National Science Foundation and filmed from original records held at Duke University Library, Durham North Carolina.

There are some forty-eight columns of information on each individual. Only the head of household is addressed. I have chosen to use only six columns of the information because I feel that this information best illustrates the wealth of the individuals. These are shown below:

1. Name of Owner
2. Acres of Improved Land
3. Acres of Unimproved Land
4. Cash Value of the Farm
5. Value of Farm Implements and Machinery
13. Value of Livestock

Thus, the numbers following the names represent columns 2, 3, 4, 5, 13.

The following symbol is used to maintain spacing where information in a column is left blank (-). This symbol is used where letters, names or numbers are not legible (_).

Pages for this county were filmed out of sequence. They were transcribed in the order in which they were filmed.

W. F. Bennett, 40, 35, 500, 5, 290
J. B. Scott, 30, 34, 1600, 50, 300
J. Griffith, 19, -, 200, 15, 250
T. Bethel, 60, 65, 2000, 100, 1100
G. W. Bethel, 20, -, 300, 10, 400
J. W. Bethel, 50, 54, 1200, 200, 1000
B. J. Bethel, 20, -, 300, 10, 300
J. E. Moore, 50, 185, 3000, 100, 700
J. Turner, 40, -, 800, 10, 400
Edward Evans, 65, 60, 2500, 15, 650
J. Bargar, 35, 65, 1500, 35, 100
H. Bayne, 75, 100, 1500, 20, 500
G. W. Martin, 35, 60, 1500, 10, 100
W. W. Sellars, 70, 100, 3500, 25, 500
P. T. Smith, 60, 40, 3000, 40, 1000
_. M. Smith, 75, 5, 2500, 130, 800
D. Smith, 320, -, 20000, 450, 1725

J. Allen, 100, 80, 3600, 150, 1000
Jasper Pugh, 75, 235, 4500, 200, 1725
S. L. Dirting, 20, -, 400, 10, 250
Eli Vick, 150, 150, 9000, 150, 2500
C. Turner, 75, 80, 3500, 50, 1000
J. Truett, 70, 70, 1200, 120, 700
J. Taney (Tuney), 80, 141, 3600, 200, 1400
P. W. Clark, 200, 200, 12000, 100, 600
T. Groom, 15, -, 350, 85, 1300
H. B. Groom, 14, -, 350, 125, 90
L. Groom, 150, 240, 3500, 200, 2200
B. Jackson, 15, -, 200, 50, 500
P. Adams, 80, 100, 2000, 80, 1300
J. Adams, 200, 400, 12000, 100, 1400

T. G. Ward, 20, 40, 900, 30, 700
H. A. Overall, 350, 389, 10000, 225, 1340
J. O. Connor, 11, 75, 600, 5, 100
P. L. Adamson, 38, 35, 900, 100, 400
M. Barnett, 25, 35, 1100, 50, 300
W. Barnett, 11, -, 100, 10, 200
P. Pistole, 150, 275, 3000, 100, 1130
J. Vandergrift, 10, -, 100, 5, 150
W. Bryant, 20, 30, 500, 50, 200
J. W. Williams, 30, 160, 1400, 10, 500
W. D. Adamson, 60, 140, 2000, 50, 800
L. Rhoda, 50, 130, 1200, 35, 300
James Hale, 40, 140, 1000, 15, 300
M. Marcum, 15, -, 150, 8, 500
W. L. Dodd, 40, 110, 1500, 10, 500
Benj. Hale, 60, 300, 1500, 110, 400
William Rick, 30, 100, 1100, 200, 500
G. W. Dirting, 25, 75, 1000, 25, 250
S. Butcher, 15, -, 100, 10, 250
J. Dirting, 18, 75, 600, 10, 100
J. Anderson, 14, 66, 300, 100, 500
W. L. Turney, 40, -, 800, 100, 1000
Mary Turney, 150, 600, 9600, 5, 1000
Isaac Turney, 125, 435, 6250, 100, 2450
J. W. Stark, 100, 188, 5000, 150, 1000
Thos. Givans, 100, 320, 5000, 100, 1500
S. Givans, 70, 80, 3500, 75, 300
J. M. Smith, 15, -, 300, 10, 300
E. Bratton, 85, 115, 1700, 30, 600
B. A. Adamson, 50, 51, 1300, 50, 400
J. H. Allen, 110, 210, 5000, 100, 1000
J. S. Owen, 45, 67, 1500, 60, 800
W. Goggin, 70, 30, 1500, 30, 1100
W. G. Bratton, 80, 100, 4000, 100, 1450
Alfred Bone, 45, 100, 9000, 200, 400

J. P. Doss, 125, 105, 7000, 200, 2000
W. D. Bone, 50, 50, 3000, 100, 175
J. M. Baird, 225, 60, 12500, 400, 4700
T. J. Sneed, 14, 380, 2200, 20, 440
William Floyd, 200, 200, 1100, 500, 1200
D. Dinwiddie, 2, -, 1200, 100, 300
P. N. Laurence, 17, -, 4000, 200, 575
J. L. Wood, 10, -, 2000, -, 175
J. F. Goodner, 160, -, 8000, 300, 800
R. V. Wright, 10, -, 600, 50, 200
W. R. Robinson, 30, 56, 2500, 10, 200
G. C. Chapman, 10, -, 500, 20, 400
W. A. Wood, 80, 80, 6500, 300, 1200
H. Rutland, 6, -, 2600, 10, 550
W. B. Stokes, 200, 300, 25000, 300, 1600
J. Willeford, 20, -, 300, 10, 270
O. D. Williams, 140, -, 7000, 300, 1200
R. D. Allison, 110, 90, 8000, 500, 1000
J. Rollings, 300, -, 10500, 200, 1000
W. A. Nesmith, 1, 11, 200, 75, 188
J. Goodner, 220, 1500, 8000, 200, 620
O. B. Wright, 65, 100, 5000, 200, 1600
J. W. Pickett, 20, 10, 600, 100, 790
A. Pickett, 90, 145, 7000, 200, 350
O. Jenkins, 32, 25, 2000, 50, 300
E. Griffith, 50, 130, 5500, 200, 300
A. Vannatta, 40, 60, 3000, 100, 400
Eliza Bennett, 30, 20, 1900, 150, 300
A. Walker, 40, 46, 2400, 250, 400
Eli Rouland, 50, 50, 3500, 100, 700
Cyntha Kemp, 35, 15, 1800, 50, 400
H. Kemp, 35, 30, 2000, 100, 300
S. Sandlin, 75, 75, 3500, 20, 300
J. W. Sandlin, 10, -, 200, 75, 500
H. Vanover, 22, 3, 400, 10, 250
J. L. Davis, 40, 15, 1200, 6, 300

C. A. Baliff(Baliss), 50, -, 1200, 150, 500
J. Simpson, 40, 70, 3000, 15, 400
L. Palmer, 60, -, 3000, 50, 200
J. Chapman, 10, -, 100, 10, 300
M. Agee, 30, 60, 3000, 40, 180
J. Measles, 70, 55, 3500, 150, 1660
Lucy Preston, 100, 30, 4000, 150, 700
D. Grindstaff, 18, 5, 400, 20, 500
W. Grindstaff, 100, 60, 4000, 200, 2000
T. J. Kidwell, 128, -, 4000, 400, 800
W. B. Laurence, 140, 160, 12000, 500, 2000
N. Robinson, 60, -, 1800, 200, 600
J. A. Vantreece, 115, -, 5000, 50, 500
J. M. Vantrese, 45, 53, 3300, 75, 650
J. Pickett, 45, 41, 1300, 110, 380
J. Turner, 30, 30, 1200, 20, 250
J. Vawnatta, 60, 50, 3500, 150, 600
J. Vawnatta, 50, -, 1500, 100, 600
D. Griffith, 75, 83, 4500, 400, 800
A. B. Hicks, 78, 78, 5000, 125, 750
H. Bowers, 100, 96, 8000, 300, 1200
B. Garrison, 100, 40, 4900, 120, 500
J. M. Fouch, 70, 26, 4000, 200, 1000
J. D. Hail, 20, 10, 700, 50, 400
J. Vawnatta, 135, 67, 3000, 200, 400
J. G. Fuson(Fusor), 25, 35, 4000, 10, 200
W. Blackburn, 25, 104, 1600, 50, 600
T. H. W. Richardson, 45, 75, 1600, 100, 1100
Joseph Clark, 100, 140, 5000, 200, 3000
Isaac Whaley, 48, 6, 1700, 200, 250
R. Evans, 40, 40, 2000, 35, 60
J. H. Lamberson, 26, 34, 2000, 100, 700
L. P. Williams, 20, 10, 600, 25, 600
F. Turner, 180, 250, 10000, 50, 1000
E. Robinson, 350, 738, 21800, 440, 11580
S. Yeargan, 40, -, 1000, 20, 350
L. B. Vick, 80, 160, 2500, 100, 900
J. J. Bennett, 16, -, 200, 5, 250
W. C. Avant, 70, 90, 4000, 100, 1000
A. A. Stanford, 79, 216, 3870, 100, 700
A. Frazor Jr., 80, 100, 4000, 150, 1000
T. J. Williams, 90, 90, 3000, 50, 800
A. Robinson, 50, 100, 3500, 100, 500
W. A. Parker, 15, -, 200, 10, 300
W. Adamson, 150, 250, 5000, 100, 1400
T. Chapman, 40, 70, 1500, 20, 700
R. J. Scott, 18, 37, 1000, 10, 300
A. Hathaway, 80, 110, 6300, 200, 775
S. Williams, 75, 200, 4500, 100, 700
S. B. Williams, 24, 40, 1200, 200, 400
W. Overall, 60, 100, 2500, 130, 400
Isaiah White, 60, 65, 1500, 100, 450
Monroe Hunt, 10, 23, 500, 10, 80
M. Mathis, 10, 80, 800, 10, 75
W. Atwell, 10, 90, 600, 50, 150
J. Curtis, 50, 266, 3000, 20, 600
T. W. Vantrese, 19, 50, 500, 5, 250
S. Williams, 12, -, 240, 40, 300
J. A. Fuson, 250, 500, 8000, 250, 240
H. Frazor, 300, 1000, 10000, 200, 2400
A. Bullard, 25, 15, 400, 20, 330
G. Turner, 90, 235, 4000, 150, 1800
W. Sellars, 100, 120, 4000, 150, 1600
G. Martin, 50, 100, 1000, 100, 500
W. J. Martin, 10, -, 100, 10, 150
W. C. Odom, 50, 75, 1200, 30, 1125
A. Little, 40, 85, 1200, 40, 400
A. Vandergrift, 9, -, 100, 10, 150
R. Craddock, 40, 35, 1000, 95, 500
J. M. Dunlap, 12, 48, 500, 10, 300
F. M. Parkerson, 34, 200, 2000, 10, 475

W. Alexander, 9, 165, 400, 30, 250
W. Vier, 27, 100, 800, 50, 250
W. Kelly, 9, 26, 250, 5, 75
Y. L. Herndon, 25, 95, 800, 10, 230
S. Braswell, 45, 595, 1200, 50, 1000
H. Johnson, 6, 200, 600, 20, 20
A. Parsley, 15, 75, 300, 10, 150
N. Alexander, 15, 32, 300, 10, 100
B. Barnes, 100, 340, 4400, 20, 300
M. Sellars, 100, 900, 3000, 30, 800
J. L. Smith, 37, -, 700, 40, 730
E. Norton, 7, 90, 500, 5, 150
F. M. Cubbin, 15, -, 75, 10, 175
F. Hutchinson, 10, 90, 500, 5, 300
S. Braswell, 100, 458, 3000, 30, 200
L. J. Crips (Criss), 55, 250, 2500, 40, 995
G. W. Cathcart, 50, 100, 1000, 20, 400
Elein Edge, 10, -, 100, 10, 275
E. W. Edge, 35, 265, 700, 25, 250
W. Braswell, 40, 200, 2000, 50, 600
J. T. Criss, 50, 276, 3000, 500, 600
L. Braswell, 100, 400, 3000, 100, 600
J. Snow, 22, 76, 500, 30, 450
J. Alexander, 8, 92, 150, 5, 75
J. George, 50, 650, 800, 20, 300
W. D. Rhoda, 30, 20, 300, 90, 220
W. C. Smithson, 100, 250, 1000, 80, 250
E. Rucker, 70, 1000, 3000, 150, 200
H. Williams, 45, 450, 800, 10, 150
William Hayes, 60, 150, 1000, 50, 350
Isaac Johnson, 20, 130, 250, 5, 150
Moses Ferrell, 20, 800, 200, 5, 50
C. F. Jones, 50, 250, 2000, 250, 500
Lee Patterson, 10, 20, 300, 10, 200
J. W. Ware, 40, 110, 2000, 100, 600
J. C. Mitchell, 55, 80, 500, 15, 600
H. Bullard, 75, 500, 600, 10, 400
J. J. Summers, 50, 60, 300, 10, 200
M. Ward, 100, 536, 2000, 100, 350
Jas. Tate, 60, 80, 500, 10, 150
J. D. Hicks, 18, 117, 300, 5, 100

J. Banks, 50, 125, 600, 20, 400
A. Hildreth, 20, 115, 300, 5, 50
Thos. Martin, 100, 120, 1500, 100, 700
J. Martin Sr., 100, 900, 5000, 100, 650
J. Martin Jr., 50, 50, 600, 120, 1500
H. L. Cunningham, 15, 85, 300, 5, 100
J. N. Murphy, 20, 70, 300, 7, 20
A. Miller, 34, 166, 1000, 35, 200
E. E. Wood, 18, 32, 200, 10, 200
E. Wood, 100, 50, 600, 20, 500
E. N. Trail, 65, 183, 1000, 100, 500
J. Tate, 12, 120, 300, 10, 120
J. Stoner, 60, 300, 1000, 50, 150
Jas. Dodd, 60, 290, 1000, 20, 275
G. Cunningham, 45, 95, 500, 30, 100
C. Hutchinson, 75, 115, 2000, 30, 700
T. Patton, 70, 150, 900, 60, 150
D. Kirby, 25, 75, 250, 5, 100
E. H. Lassiter, 100, 160, 1500, 75, 500
J. C. Jones, 90, 20, 3000, 75, 500
H. O. Jones, 25, 25, 250, 5, 300
P. G. Millican, 30, 22, 500, 20, 400
S. Tramel, 20, 30, 250, 10, 100
P. Griffith, 75, 225, 1000, 80, 1015
O. Moss, 40, 60, 600, 10, 150
J. G. Mason, 20, 30, 300, 15, 100
G. W. Sanders, 30, 20, 300, 10, 100
W. Cantrell, 200, 750, 2500, 200, 1150
A. Griffith, 110, 415, 1500, 200, 1000
J. Ferrell, 60, 100, 1100, 50, 300
W. H. Davis, 60, 75, 600, 60, 400
A. W. J. Cantrell, 50, 50, 400, 10, 350
W. C. Martin, 150, 150, 2000, 150, 1000
P. G. Magness, 150, 300, 5000, 150, 1300
J. Cantrell, 125, 300, 1000, 100, 700
W. Potter, 120, 280, 3000, 100, 1200

Lucy Parish, 70, 130, 1500, 80, 700
Thos. Potter, 125, 375, 4500, 200, 1100
J. B. Wilkinson, 60, 240, 1400, 100, 700
Jackson Potter, 60, 60, 400, 30,800
A. P. Taylor, 100, 100, 1600, 100, 800
J. Cantrell, 40, 62, 400, 10, 250
A. Cantrell, 50, 95, 400, 10, 510
P. G. Magness, 40, 240, 1000, 10, 500
H. Cantrell, 100, 700, 2500, 50, 300
G. Givans, 40, 260, 1000, 30, 700
T. B. Cantrell, 25, 70, 1000, 40, 275
W. N. McNamer, 60, 210, 1000, 10, 65
Thos. Walls, 40, 130, 600, 10, 175
Thos. Ferrell, 35, 165, 600, 15, 300
Sarah Reeves, 40, 200, 1000, 15, 200
T. Parsley, 20, 30, 200, 5, 60
J. H. Parsley, 100, 400, 3000, 60, 1200
J. Collins, 85, 178, 1500, 20, 300
John Davis, 85, 175, 1500, 20, 300
E. Titsworth, 50, 50, 500, 35, 500
R. Titwsworth, 100, 300, 3000, 150, 900
R. M. Titsworth, 25, 25, 250, 6, 175
W. Woolridge, 10, 3, 200, 10, 270
E. H. Redman, 25, 75, 500, 40, 250
P. Driver, 20, 80, 500, 18, 200
S. Redman, 75, 570, 2000, 110, 75
Peter Cantrell, 20, 30, 300, 10, 400
G. Cantrell, 180, 520, 2600, 50, 1000
H. P. Cantrell, 15, 60, 600, 10, 250
J. Redman, 50, 100, 1000, 90, 300
L. McDowell, 40, 40, 800, 10, 175
L. Cantrell, 96, 157, 2000, 125, 800
J. D. Cantrell, 35, 65, 600, 30, 400
Evan Webb, 80, 95, 1500, 100, 900
W. R. Cantrell, 100, 295, 2500, 100, 800
J. J. Cantrell, 35, 40, 400, 10, 250
P. G. Cantrell, 15, 60, 400, 10, 200
A. C. Potter, 75, 150, 800, 100, 800

J. Capshaw, 50, 150, 800, 25, 330
C. A. Cantrell, 120, 280, 2000, 75, 550
T. Cantrell, 17, 21, 500, 10, 200
J. H. Parish, 40, 35, 300, 20, 400
J. Cantrell, 160, 400, 2000, 150, 500
J. Maggerson, 40, 31, 600, 25, 300
W. H. Cantrell, 80, 370, 2000, 125, 500
Colvin Parish, 20, 40, 500, 35, 400
B. Hodge, 30, 50, 300, 25, 150
Wm. Haney, 40, 85, 800, 5, 26
E. Capshaw, 40, 160, 400, 10, 150
J. B. Walker, 55, 85, 1200, 150, 400
J. M. Wilkinson, 20, -, 100, 100, 250
W. Adcock, 60, 170, 1200, 30, 500
D. C. Julin, 20, 100, 400, 30, 150
D. Dunham, 50, 150, 1000, 70, 400
W. C. Womack, 10, 40, 150, 10, 200
W. A. Lane, 8, 67, 200, 10, 150
J. J. Fisher, 25, 50, 300, 10, 250
J. Mullins, 13, 37, 200, 10, 100
C. Wright, 58, 192, 3500, 100, 600
W. Sanders, 50, 30, 300, 10, 800
W. Fisher, 35, 135, 1000, 15, 400
T. B. Fisher, 60, 170, 800, 50, 300
David Fisher, 125, 375, 2000, 75, 800
J. P. Fisher, 12, 88, 500, 10, 200
A. J. Fisher, 30, 200, 800, 40, 350
C. Goodson, 25, 100, 400, 10, 200
D. Lassiter, 30, 140, 600, 15, 250
James Ray, 75, 250, 800, 15, 250
Elizabeth Ray, 15, -, 100, 10, 200
L. R. Dunham, 16, 52, 250, 12, 300
J. J. Tramel, 18, 147, 300, 10, 100
A. Bain, 50, 150, 500, 20, 300
H. Bain, 75, 53, 1500, 100, 800
S. Bain, 60, 600, 1500, 20, 800
C. W. Cantrell, 45, 45, 800, 20, 300
B. Y. Cantrell, 12, -, 1000, 10, 200
B. Allen, 50, 350, 3000, 75, 680
R. Goodson, 60, 320, 2000, 75, 500
John Allen, 26, 74, 400, 10, 225
Isaiah Bain, 100, 140, 1500, 30, 500
E. Adcock, 30, 24, 400, 30, 800

W. Allen, 40, 44, 400, 30, 250
W. R. Dunham, 75, 52, 1500, 75, 900
A. Dunham, 60, 75, 1000, 50, 500
C. Rankhorn (Bankhorn), 80, 175, 2000, 20, 500
W. Tippet, 14, -, 70, 5, 150
G. Rankhorn, 12, -, 60, 10, 150
A. E. Luna, 45, 55, 800, 10, 400
J. Rankhorn, 30, 60, 256, 75, 200
J. G. Bankhorn, 33, 67, 300, 10, 200
S. Walker, 100, 153, 1000, 50, 700
C. B. Cantrell, 35, 200, 400, 30, 600
A. Redman, 20, 50, 400, 85, 350
J. A. Cantrell, 100, 300, 2000, 210, 1275
Z. Judkins, 50, 50, 300, 70, 250
B. Cantrell, 45, 70, 500, 80, 550
W. Adcock, 65, 362, 1800, 50, 600
J. Linder, 90, 230, 400, 10, 300
H. B. Cope, 50, 50, 1000, 70, 300
J. Arnold, 30, 50, 800, 10, 200
John Gibbs, 40, 65, 1000, 10, 300
J. Delong, 25, 200, 1000, 20, 100
F. Titsworth, 60, 129, 1000, 125, 600
W. Wilmoth, 12, 63, 400, 15, 200
J. M. Love, 180, 910, 8000, 260
James Love, 50, 425, 2000, 25, 300
S. S. Hooper, 150, 1750, 8000, 195, 942
W. Felts, 20, 100, 1000, 120, 200
A. P. Reinhardt, 100, 500, 10000, 100, 1000
G. P. Kelley, 1, 115, 150, 30, 150
L. B. Thompson, 35, 15, 450, 35, 140
J. W. Shaw, 150, 1000, 2500, 200, 800
W. Billings, 15, 45, 250, 10, 75
Elisha Luna, 25, 75, 400, 30, 200
Martha Kirby, 25, 25, 200, 10, 175
B. Pinnegar, 13, 350, 800, 10, 200
W. Pinnegar, 35, 128, 700, 10, 300
L. Pinnegar, 50, 50, 1000, 100, 700
Thos. Adcock, 30, 30, 300, 10, 100
Y. Pinnegar, 20, 45, 500, 50, 200

Wm. Neal, 40, 160, 1000, 10, 250
T. Kirby, 40, 60, 400, 30, 400
P. Adcock, 40, 75, 1500, 125, 1000
Wilson Taylor, 35, 30, 800, 10, 260
Mary Kirby, 22, 150, 1500, 20, 500
A. P. Adcock, 40, 53, 1000, 40, 445
H. Z. Pollard, 15, 85, 1000, 20, 350
Isaac Adcock, 50, 350, 1000, 20, 500
Jas. Delong, 60, 240, 1000, 30, 400
J. D. Threat, 50, 100, 1000, 11, 300
Giles Driver, 11, 40, 500, 11, 150
W. G. Threat, 65, 72, 3500, 70, 450
D. Hathaway, 40, 75, 300, 85, 800
H. Adcock, 30, 127, 1000, 40, 200
Lott Adcock, 10, 20, 150, 10, 300
J. P. Titsworth, 200, 1000, 5000, 500, 3000
J. B. Jones, 25, 180, 500, 50, 200
L. Cotton, 1, 49, 200, 50, 400
J. Pinnegar, 30, 82, 500, 30, 200
E. Allen, 60, 170, 2000, 40, 500
C. Turner, 30, 20, 250, 15, 300
T. Adcock, 60, 172, 1500, 50, 600
W. Herron, 4, 109, 300, 4, 200
J. R. Tompkins, 32, 125, 500, 15, 160
T. T. Mason, 60, 300, 1000, 500, 300
W. B. McCabe, 10, 183, 600, 15, 150
G. E. Baker, 40, 110, 600, 15, 400
Isaac Young, 20, 50, 500, 10, 150
W. Young, 40, 350, 1000, 10, 300
Jackson West, 30, 66, 600, 10, 200
I. Vaughn, 65, 40, 400, 50, 200
B. C. Vaughn, 25, 10, 300, 10, 250
Anna Young, 40, 80, 300, 10, 200
H. W. Compton, 12, 105, 300, 25, 700
T. Cantrell, 35, 165, 700, 70, 500
P. Cantrell, 12, 120, 400, 60, 200
J. Cantrell, 20, 90, 300, 10, 220
Mary Moore, 50, 150, 1500, 20, 400
A. Palmer, 40, 85, 1000, 15, 700
Z. Kirkland, 35, 300, 1000, 10, 400
R. Martin, 20, 30, 250, 8, 75
W. Maynard, 100, 225, 2500, 100, 250

J. Marynard, 75, 365, 1800, 15, 500
J. S. Palmer, 40, 260, 1200, 20, 300
Richd. Herron, 10, 140, 250, 5, 150
N. Vickars, 15, 35, 250, 5, 200
C. D. Hutchins, 13, 40, 300, 5, 140
C. Burton, 20, 230, 1200, 10, 600
John Burton, 35, 200, 1250, 15, 500
W. Gambol, 8, 42, 200, 10, 100
Enoch Fisher, 100, 364, 6000, 30, 600
J. D. Dyer, 28, 122, 1000, 15, 600
Geo. Smith, 13, 37, 500, 5, 200
W. Bozarth, 135, 600, 3500, 35, 1200
G. W. James, 15, -, 300, 10, 50
W. H. Baker, 90, 410, 3300, 75, 1200
W. James, 10, -, 200, 6, 100
A. Lafever, 31, -, 900, 65, 400
Eli Lafever, 25, 90, 1000, 35, 500
Robt. Pedigo, 10, 60, 200, 15, 100
E. Pedigo, 12, 113, 400, 20, 200
Nancy Love, 12, 180, 1000, 10, 400
J. Parsley, 12, 60, 600, 10, 175
G. B. Pedigo, 20, 180, 800, 6, 100
Moses Pedigo, 50, 100, 1000, 125, 650
E. League, 30, 200, 3000, 65, 300
J. League, 50, 100, 400, 10, 700
J. J. Pedigo, 30, 200, 800, 10, 350
Luther Love, 20, 60, 800, 10, 400
David James, 65, 30, 2500, 50, 700
Geo. Carter, 100, 65, 3000, 200, 100
Elias Lane, 40, 87, 200, 20, 300
J. Hallum, 80, 160, 4000, 25, 1285
G.W. Puckett, 250, 605, 7000, 400, 1100
H. Hargett, 17, 80, 500, 10, 110
H. L. Puckett, 100, 557, 2000, 40, 1030
G. W. Medley, 35, 155, 1500, 25, 250
S. M. Murdock, 35, 265, 300, 5, 200
A. B. Cheatham, 65, 135, 2000, 30, 900
J. Atnip, 60, 440, 1800, 25, 900

Alford Allen, 150, 890, 4000, 35, 1000
G. T. Williams, 60, 140, 2000, 50, 570
J. H. Hayes, 10, -, 100, 10, 200
A. E. Frazor, 60, 100, 2000, 250, 950
John Frazor, 100, 200, 6000, 300, 1500
P. Stocton, 8, 32, 200, 5, 100
B. Pack, 30, 60, 500, 10, 300
John Pack, 50, 80, 1000, 30, 500
I. Cantrell, 25, 125, 1000, 25, 250
G. W. Cantrell, 25, 50, 600, 25, 900
John Fuson (Fusor), 35, 65, 1000, 10, 500
John Hayes, 40, 170, 1000, 25, 400
S. Williams, 30, 4, 500, 3, 200
B. Pack, 50, 100, 1200, 30, 500
E. Pack, 8, 68, 400, 10, 140
Isaac Pack, 15, 60, 500, 10, 200
Jonathan Fusor, 60, 80, 1000, 15, 400
D. League, 180, 1123, 11700, 100, 1450
Edward Lisk, 90, 370, 3000, 20, 600
J. Johnson, 140, 460, 3500, 100, 1200
Allen Johnson, 100, 200, 3000, 50, 250
W. Johnson, 20, 30, 500, 70, 500
N. Parker, 200, 125, 7000, 160, 1375
M. Phillips, 50, 150, 2000, 20, 800
J. Lockhart, 16, 54, 400, 10, 100
Jud Parsley, 35, 200, 800, 10, 380
Thos. Moore, 6, 124, 300, 10, 50
W. W. Foster, 17, 100, 200, 10, 200
C. Ferrell, 70, 130, 2000, 25, 200
A. Bain, 18, 24, 700, 10, 200
E. McGinness, 16, 84, 200, 10, 150
G. W. Eastham, 50, 110, 1200, 150, 400
S. H. Batton, 20, 30, 800, 80, 400
T. S. Bennett, 85, 190, 4000, 35, 300
N. J. Shirley, 15, 60, 400, 15, 200
J. M. Allen, 208, 1770, 10600, 125, 150

G. Beckwith, 60, 490, 7000, 200, 3350
W. H. Magness, 30, 50, 3000, 100, 450
M. T. Martin, 175, 825, 10000, 100, 400
Robt. Cantrell, 70, 250, 4000, 150, 600
J. L. Fare, 40, 185, 1000, 30, 500
B. Estis, 10, 83, 500, 75, 300
W. Johnson, 30, 150, 900, 60, 300
W. Calwell, 35, 165, 1000, 50, 300
W. M. Shore, 125, 700, 4000, 150, 665
M. Lockhart, 48, 30, 1200, 15, 400
M. R. Phillips, 65, 220, 2500, 130, 600
Thos. Culwell, 15, 100, 1000, 15, 200
James Baker, 40, 260, 2000, 100, 500
A. Bain, 10, 25, 200, 10, 200
C. Shirley, 35, 65, 800, 100, 350
Spencer Bing, 45, 105, 1500, 200, 200
Mary Hailes, 100, 400, 25000, 120, 400
S. Warren, 90, 70, 1500, 35, 800
J. F. Fowler, 20, 30, 500, 40, 250
M. E. Cantrell, 50, 175, 800, 60, 400
R. V. Gilbert, 20, 30, 500, 10, 300
Giles Driver, 200, 400, 4000, 30, 500
W. L. Driver, 30, 20, 600, 80, 75
Isaiah Driver, 25, 75, 500, 10, 100
M. W. Shryer, 16, 4, 2000, 100, 300
J. C. Richardson, 20, 30, 800, 100, 200
T. R. Hooper, 100, 200, 1500, 100, 300
M. M. Kirby, 30, 60, 800, 10, 400
N. Chambers, 130, 280, 5000, 125, 607
S. Mingle, 20, 80, 300, 8, 200
J. Parsley, 35, 140, 500, 60, 200
J. R. Beckwith, 30, 270, 2000, 200, 100
N. Braswell, 30, 230, 800, 50, 100
H. Moser, 15, 200, 300, 10, 150
H. Smith, 35, 215, 1000, 75, 370
Alex Turner, 30, 200, 500, 85, 500
William Petty, 30, 270, 1200, 10, 150
C. Melton, 8, 130, 500, 20, 100
J. D. Whaley, 8, 52, 300, 20, 100
R. B. Beckwith, 70, 1430, 8000, 150, 375
T. M. T. Wall, 50, 100, 1000, 150, 600
M. H. White, 30, 70, 1000, 10, 300
J. B. Atwell, 14, 66, 1200, 100, 300
Abner Selph, 10, 11, 250, 100, 60
W. Robinson, 32, 195, 1000, 50, 600
J. E. Taylor, 10, 90, 1000, 5, 75
F. Ethridge, 10, 40, 200, 10, 25
S. H. Lane, 52, 50, 2500, 10, 275
J. G. Terry, 60, 30, 3000, 100, 400
J. P. Terry, 20, 30, 1000, 70, 500
G. W. Bond, 30, 35, 1000, 100, 800
James Bond, 130, 160, 3800, 200, 1018
A. J. Bond, 50, 75, 1000, 25, 800
Thos. Smith, 60, 55, 1500, 20, 300
A. E. Ferrell, 40, 100, 800, 10, 300
G. G. Taylor, 3, 20, 150, 10, 200
R. McGinness, 8, 40, 400, 10, 125
N. Mullican, 15, 180, 1000, 10, 150
J. Hall, 15, 35, 1200, 75, 300
M. Williams, 30, 61, 1500, 10, 200
Job Trapp, 100, 200, 2000, 50, 1000
J. T. Trapp, 30, 50, 800, 40, 500
I. H. Hayes, 45, 65, 1200, 25, 500
Enoch Atnip, 20, 83, 600, 25, 500
E. McGinness, 20, 50, 500, 25, 200
W. D. Trapp, 30, 20, 200, 10, 500
John Atnip, 100, 275, 2000, 25, 400
J. J. Hendrickson, 7, 12, 150, 10, 200
S. A. Neal, 30, 40, 700, 10, 200
E. D. Fish, 15, 85, 800, 25, 500
P. Stewart, 40, 50, 800, 25, 650
W. Mullican, 10, 30, 300, 10, 200
J. J. Mullican, 40, 109, 1000, 10, 300
Hugh Page, 40, 200, 1100, 25, 700

Andrew Allen, 40, 90, 800, 15, 1000
L. R. Taylor, 60, 100, 1000, 15, 500
J. C. Taylor, 35, 40, 1000, 35, 300
E. W. Taylor, 20, 30, 600, 10, 100
Isaac Turner, 55, 160, 1300, 20, 1000
E. W. Taylor, 100, 100, 3000, 150, 900
J. S. Stricklin, 10, 20, 300, 5, 150
D. C. Taylor, 32, 110, 1200, 20, 300
W. A. McClellan, 40, 110, 1000, 10, 300
S. Tramel, 50, 100, 1200, 50, 400
Barnabas Page, 100, 140, 1000, 25, 765
Andrew Page, 50, 150, 1300, 10, 500
Seborn Page, 3, 34, 100, 10, 300
James Page, 90, 310, 1500, 30, 800
Thos. Clark, 30, 20, 500, 20, 100
D. Tramel, 5, 45, 300, 40, 200
W. R. Hill, 12, 24, 250, 10, 150
J. B. Taylor, 35, 90, 1000, 100, 700
W. McClellan, 100, 200, 6000, 200, 1200
J. C. Taylor, 35, 95, 1200, 20, 400
W. G. Ethridge, 8, 12, 144, 6, 200
J. L. Mullican, 37, 75, 600, 6, 150
A. S. Selph, 37, 75, 600, 6, 200
H. Allen, 13, 75, 700, 12, 20
Peter Crips (Criss), 35, 65, 700, 20, 400
J. P. Taylor, 45, 30, 500, 10, 500
C. Drury, 20, 60, 300, 10, 300
D. J. Taylor, 50, 100, 1000, 60, 700
J. B. Taylor, 300, 250, 5000, 25, 2500
P. Robinson, 60, 50, 1200, 75, 600
H. M. Fite, 30, 60, 1200, 10, 500
J. Tramel, 25, 40, 600, 15, 350
J. H. Tramel, 95, 175, 1400, 30, 800
John Arnold, 15, 35, 200, 20, 125
James Fouch, 25, 75, 800, 40, 600
J. Washer, 45, 50, 2000, 50, 400
Wm. Bates, 100, 500, 10000, 100, 500

Wm. Oakly, 100, 150, 3700, 100, 1000
Sam Oakly, 100, 263, 3700, 100, 900
C. Cooper, 50, 50, 1500, 30, 400
Isaac Johnson, 50, 20, 1000, 30, 300
D. Johnson, 30, 20, 1000, 25, 400
William Agee, 7, -, 100, 50, 250
D. Yeargin, 65, 55, 2500, 25, 500
John Fouch, 12, 15, 700, 15, 300
S. Wauford, 95, 66, 2000, 20, 600
J. C Tramel, 50, 75, 3000, 20, 500
Allen Neal, 40, 60, 450, 50, 600
M. Fouch, 230, 20, 2500, 500, 1350
D. Malone, 250, 10, 5000, 100, 1200
J. Marler, 104, -, 3000, 25, 350
Elijah Fouch, 120, 8, 2000, 40, 700
Solomon Scott, 12, 48, 1000, 10, 200
Richd. Fouch, 15, 15, 1000, 10, 200
Sam Fouch, 3, -, 400, 10, 200
William Fouch, 300, 300, 4000, 50, 2000
Daniel Hail, 25, -, 400, 10, 200
W. M. Bradford, 110, 129, 6000, 100, 800
M. Parker, 10, -, 200, 10, 200
F. Sandlin, 20, 40, 600, 10, 300
J. Hullett, 25, 35, 350, 10, 400
Ben Curtis, 100, 50, 3000, 150, 2000
John Hail, 80, 50, 2000, 75, 300
Thos. Curtis, 60, 39, 1000, 10, 600
James White, 30, 30, 300, 10, 300
Henry Hayes, 80, 165, 3000, 20, 500
J. W. Scott, 70, 31, 2000, 125, 700
John Neal, 11, 16, 400, 10, 200
Wm. Ethridge, 20, 21, 200, 10, 250
J. Sandlin, 30, 60, 900, 15, 400
N. Neal, 180, 20, 250, 10, 100
Wm. Neal, 14, 20, 250, 10, 150
J. T. Claiborne, 25, 48, 500, 25, 300
B. Wauford, 15, 15, 400, 5, 25
T. D. Driver, 50, 60, 2000, 100, 1200
John Crook, 20, 25, 700, 25, 300
Henry Bess, 5, 30, 700, 10, 100
John Johnson, 15, 85, 1500, 10, 400
L. B. Driver, 50, 100, 1000, 175, 600
Ervin Driver, 35, 125, 1200, 75, 500

S. Chapman, 20, 30, 800, 100, 300
S. B. Prichard, 70, 157, 4580, 150, 878
E. W. Bass, 200, 147, 7000, 200, 2000
Thos. Bass, 40, 65, 1500, 30, 700
J. P. Tubb, 60, 140, 4000, 275, 1000
J. W. Bass, 65, 57, 400, 30, 800
Rufus Kelly, 45, 100, 1600, 40, 500
W. Hullett, 45, 100, 1800, 50, 250
C. Williams, 60, 80, 2000, 20, 300
J. Waller, 106, 77, 4000, 50, 150
E. J. Laurence, 50, 51, 1500, 30, 300
Jas. Oakly, 100, 225, 7000, 20, 1000
J. Corley, 150, 300, 10000, 50, 1100
J. Reynolds, 100, 130, 3000, 100, 1000
James Tubb, 200, 500, 14000, 200, 1100
John Baty, 15, 10, 1000, 20, 250
L. Laurence, 75, 60, 2800, 250, 400
Jas. Baty, 15, 10, 1000, 10, 200
T. V. Ashworth, 25, 100, 1200, 100, 600
C. Lawrence, 30, 60, 700, 20, 300
B. Anderson, 60, 120, 3000, 10, 150
M. Lawrence, 80, 60, 2500, 150, 500
Sol Davis, 50, 160, 2000, 100, 1000
R. P. Davis, 12, -, 144, 125, 250
J. Pistgole, 50, 400, 2500, 100, 900
A. J. Coplinger, 90, 120, 2500, 60, 700
J. H. Close, 35, 65, 1000, 20, 500
Ben Thomas, 40, 60, 700, 25, 250
Charles Hill, 80, 120, 2000, 50, 400
S. Simpson, 35, 45, 100, 15, 400
John Hill, 30, 57, 1000, 10, 230
Thos. Lawrence, 40, 62, 900, 95, 500
W. W. Nesmith, 25, 15, 500, 10, 250
J. M. Malone, 8, 33, 500, 10, 250
T. W. Lawrence, 20, 62, 400, 10, 250
Asa Driver, 30, 70, 600, 40, 150
Wm. Selph, 55, 130, 2000, 75, 650
Wm. Kelly, 50, 100, 2000, 15, 400
Allen Trusty, 35, 52, 800, 25, 400
John Davis, 50, 60, 1500, 75, 800

M. Simpson, 75, 75, 3000, 75, 1200
M. Griffith, 100, 192, 4000, 395, 1375
W. Griffith, 75, 125, 4000, 180, 500
J. Griffith, 50, 50, 1200, 30, 600
John Estis, 20, 10, 800, 200, 600
N. Hayes, 90, 90, 5000, 350, 1188
W. H. Hayes, 39, 80, 2500, 20, 500
Wm. Clark, 50, 20, 2500, 40, 1290
William Estis, 18, 2, 900, 10, 400
M. H. Ford, 30, 11, 200, 40, 1000
Moses Fite, 40, 70, 3100, 75, 250
J. M. Roy, 100, 150, 7500, 150, 1100
Henry Fite, 100, 90, 7000, 100, 1000
Isaac Fite, 20, 10, 1000, 20, 500
T. W. Fite, 30, 20, 1000, 30, 300
B.L. Estis, 15, 25, 1000, 175, 480
O. M. Garrison, 70, 140, 3500, 300, 600
Wm. Measles, 70, 140, 3000, 50, 800
John Allen, 110, 170, 10000, 150, 1670
Levi Fouch, 100, 142, 10000, 50, 800
G. R. West, 75, 378, 5300, 95, 1640
T. W. West, 100, 180, 10000, 150, 1080
N. Measles, 20, 40, 1000, 100, 350
H. C. Bennett, 8, 18, 650, 15, 250
J. C. Bennett, 10, 16, 600, 100, 300
W. C. Bennett, 8, 30, 600, 60, 400
A. J. Bennett, 7, 30, 600, 6, 200
Mary Bennett, 75, 30, 1100, 50, 300
M. S. West, 100, 200, 8000, 150, 750
M. Grindstaff, 80, 40, 2000, 10, 1100
Joseph West, 25, 25, 2500, 150, 600
T. Tramel, 60, 40, 3000, 15, 350
S. Henley, 90, 40, 3500, 50, 1025
J. D. Wauford, 12, 38, 500, 10, 100
A. J. Yeargin, 35, 17, 1000, 15, 600
J. Yeargin, 300, 280, 8000, 350, 2470
Reuben Hayes, 40, 20, 3000, 75, 400
W. A. Cameron, 13, 23, 2000, 78, 150
J. W. Certain, 32, 32, 3500, 15, 300

M. L. Hayes, 275, 1625, 10000, 125, 700
Asa Certain, 15, 85, 700, 10, 250
J. Waddle, 20, 30, 300, 50, 150
H. Childress, 50, 150, 2000, 100, 300
S. Austin, 60, 480, 2000, 60, 800
D. S. Colvert, 20, 80, 300, 10, 300
J. W. Gracy, 15, 40, 1000, 15, 150
J. Robinson, 50, 150, 1000, 30, 800
John Robinson, 40, 335, 2000, 10, 700
T. Deweese, 50, 196, 1000, 50, 500
Wm. Frisby, 35, 100, 500, 20, 300
Z. Robinson, 35, 200, 1000, 35, 400
S. L. Tyree, 75, 425, 5000, 500, 1500
Jessee Petty, 25, 475, 600, 30, 300
Ella Bozarth, 30, 50, 800, 10, 700
Sarah Bozarth, 67, 100, 1000, 30, 500
J. Petross, 30, 445, 600, 10, 200
J. S. Allen, 40, 300, 2000, 120, 1500
Isaac Cantrell, 35, 31, 1500, 65, 300
J. E. Warren, 150, 550, 7500, 50, 1600
David Roger (Koger), 75, 75, 3000, 150, 300
A. M. Martin, 55, 150, 900, 15, 1100
D. M. Phillips, 120, 375, 4000, 350, 2750
A. Martin, 80, 190, 6000, 150, 2100
S. Allen, 100, 500, 6000, 75, 300
John Trapp, 75, 127, 2500, 50, 800
Allen Watson, 135, 465, 4000, 100, 900
J. Fisher, 75, 125, 1000, 20, 200
B. F. Winfree, 190, 510, 6000, 40, 1200
A. Page, 30, 10, 600, 10, 350
T. W. Fitts, 100, 200, 3500, 125, 2500
S. P. W. Maxwell, 20, 30, 1000, 10, 250
J. L. Robinson, 20, 30, 1000, 90, 60
A. Robinson, 50, 63, 1000, 30, 400
F. Robinson, 37, 10, 500, 5, 20

E. D. Hutchins, 37, 10, 500, 10, 200
W. Hickman, 16, 34, 400, 8, 150
E. C. Walker, 30, 55, 500, 10, 400
Isaac Hayes, 100, 200, 3000, 30, 500
B. Taylor, 13, 20, 500, 10, 250
P. S. Barry, 65, 118, 2000, 100, 1000
Levi Robinson, 13, 100, 500, 25, 1100
John Mason, 15, 140, 5000, 20, 350
J. E. Robinson, 50, 10, 1200, 50, 1000
John Robinson, 120, 175, 7000, 150, 1010
W. H. Christian, 60, 50, 3000, 120, 800
T. N. Christian, 25, 25, 500, 25, 285
J. G. Reynolds, 100, 250, 5000, 265, 1060
J. S. Close, 80, 131, 3000, 200, 1213
S. Carder, 30, 70, 1000, 10, 300
E. Moore, 30, 59, 1000, 10, 250
N. Smith, 300, 600, 27000, 530, 1400
C. Corley, 40, 65, 2500, 20, 350
J. M. Winfree, 100, 367, 4000, 160, 340
N. Adkins, 40, 10, 1000, 10, 750
J. C. Winfree, 13, 27, 300, 10, 200
Wm. Palmer, 20, 140, 1200, 10, 150
H. Robinson, 14, 16, 200, 8, 300
W. H. Jones, 75, 59, 3000, 400, 800
Robt. Nixon, 20, 30, 300, 20, 300
Jane Williams, 25, 25, 1000, 20, 300
J. B. Glenn, 25, 50, 1000, 10, 300
E. Conger, 35, 35, 1500, 60, 600
Eli Conger, 20, 24, 1000, 20, 1200
Mary Conger, 18, 32, 1000, 12, 200
W. Garner, 13, 47, 600, 10, 500
C. Ervin, 40, 70, 1000, 50, 600
W. E. Foster, 30, 50, 400, 10, 500
Epps Foster, 70, 130, 1000, 20, 500
Bird Elrod, 25, 75, 700, 70, 1100
M. C. Foster, 15, 250, 200, 10, 75
J. H. Clemens, 25, 175, 1000, 10, 600
A. J. Foster, 17, 40, 400, 8, 200

W. L. Foster, 17, 40, 400, 8, 200
E. Smith, 30, 270, 1000, 20, 400
J. Smith, 30, 100, 1500, 10, 650
James Hall, 30, 44, 800, 8, 200
T. C. Harper, 36, 114, 1200, 30, 765
C. Vaughn, 35, 78, 1400, 10, 250
J. F. Stacy, 26, 36, 600, 15, 250
A. Vaughn, 24, 26, 600, 10, 400
J. A. Alexander, 40, 40, 600, 100, 600
M. B. Smith, 30, 45, 800, 15, 600
Wm. Garner Sr., 40, 85, 800, 15, 250
C. McCray, 30, 20, 500, 30, 100
J. R. Conger, 20, 40, 600, 5, 150
J. H. Kerr, 100, 175, 600, 100, 855
J. Mitchell, 150, 210, 3600, 150, 800
J. Meritt, 75, 200, 5000, 30, 1500
J. W. Exum, 28, 82, 800, 10, 250
Jesse Hailes, 40, 40, 1500, 10, 300
E. R. League, 65, 10, 2000, 10, 150
R. R. League, 200, 93, 6000, 50, 1271
T. J. Mitchell, 20, 30, 500, 20, 600
A. H. Farmer, 16, 14, 200, 120, 200
T. Winchester, 30, 36, 500, 10, 200
J. Holly, 7, 41, 300, 20, 250
B. S. Sexton, 100, 55, 4150, 155, 1614
H. Love, 200, 150, 3000, 200, 1200
J. Rowland, 160, 152, 6240, 200, 1400
T. J. Lee, 50, 150, 2000, 30, 800
N. Coggin, 100, 60, 3000, 50, 400
T. J. Gill, 50, 50, 1000, 30, 300
R. D. Exum, 75, 40, 1500, 40, 800
L. D. Coggin, 75, 85, 1200, 50, 900
J. H. Nollner, 85, 245, 3500, 145, 1134
J. R. Jones, 60, 65, 2500, 200, 1000
J. Plunckett, 50, 75, 2000, 200, 750
J. S.Holly, 10, 78, 300, 10, 300
T. J. Finley, 120, 120, 3500, 40, 1345
W. D. Prichard, 75, 53, 3000, 188, 1360
B. F. Nollner, 50,75, 2500, 100, 490

M. V. Trapp, 30, 53, 800, 10, 300
R. M. Titsworth, 60, 300, 2000, 10, 800
J. S. James, 8, 8, 300, 10, 175
N. M. New, 85, 175, 3000, 100, 1272
Jane Hailes, 50, 25, 1500, 10, 275
J. R. Hailes, 25, 55, 1500, 10, 300
J. C. Hailes, 30, 30, 1500, 15, 500
Z. Martin, 50, 234, 1500, 15, 600
Joel Foster, 40, 85, 1800, 20, 327
James M. Lee, 40, 200, 2000, 20, 800
H. Vickers, 245, 25, 500, 40, 600
J. M. Foster, 130, 250, 5000, 50, 436
G. B. Hamilton, 18, 28, 300, 30, 150
J. F. Hamilton, 15, 34, 300, 35, 300
W. C. Johnson, 18, 54, 600, 10, 400
Isaac Burton, 35, 135, 800, 25, 430
J. Johnson, 175, 271, 3000, 150, 1700
P. W. Presley, 50, 250, 2000, 15, 600
J. C. Coggin, 15, 35, 1000, 10, 300
W. A. Starnes, 15, 15, 600, 5, 250
Charles Starnes, 30, 110, 1500, 100, 800
P. L. Powell, 50, 150, 2000, 75, 500
B. Braswell, 50, 197, 2000, 25, 400
F. Starnes, 55, 545, 2500, 15, 700
O. Butler, 15, 35, 300, 10, 200
G. W. Close, 25, 100, 1200, 100, 200
George Fisher, 35, 115, 1500, 25, 200
John Kelly, 40, 97, 2000, 10, 180
John Reed, 6, 12, 100, 30, 500
R. Lamberson, 70, 75, 1200, 5, 150
J. Lamberson, 140, 120, 4000, 100, 500
Levi Nixon, 14, 50, 1000, 10, 250
W. P. Kelly, 30, 130, 1000, 40, 250
James Fisher, 80, 65, 4000, 40, 900
John T. Stokes, 500, 200, 17000, 500, 2000
Wm. Kelly, 40, 100, 1000, 40, 500
David Kelly, 40, 80, 1000, 10, 300
James Bates, 80, 131, 6330, 30, 800
H. Denny, 12, 8, 300, 10, 300

D. Driver, 90, 110, 2000, 5, 200
T. Driver, 10, 20, 800, 50, 400
S. Malone, 18, 37, 800, 50, 250
W. C. Malone, 75, 150, 4000, 10, 400
C. Washer, 75, 75, 4500, 50, 600
A. Williams, 80, 150, 1800, 30, 800
J. Williams, 25, 10, 500, 18, 150
A. T. Jackson, 6, 15, 1500, 12, 500
J. Malone, 70, 90, 3000, 70, 1277
R. W. Tubb, 75, 69, 2166, 40, 875
J. B. Tubb, 75, 69, 2166, 40, 875
S. Bradley, 3, 3, 200, 10, 100
L. Jackson, 10, 20, 500, 10, 100
M. B. Fouch, 33, 81, 2500, 30, 1250
B. Malone, 85, 100, 2500, 30, 200
J. Pittman, 30, 30, 900, 15, 250
T. Malone, 10, 25, 500, 5, 60
J. Malone, 25, 37, 1200, 10, 300
D. Driver, 13, 3, 200, 10, 300
J. N. Easton, 75, 105, 3500, 100, 1000
J. Deadman, 90, 100, 3000, 60, 890
J. Helmontaler, 40, 60, 2000, 10, 200
J. B. McCormack, 35, 20, 1400, 30, 400
J. Parker, 38, 12, 600, 85, 400
G. Hardcastle, 75, 75, 2000, 20, 300
W. S. Parker, 15, 10, 500, 10, 100
T. B. Askew, 100, 100, 5000, 30, 900
A. Washer, 40, 60, 2000, 15, 125
J. Willoughby, 65, 95, 400, 30, 400
W. Fouch, 60, 120, 4000, 100, 1500
W. Malone, 100, 50, 4000, 40, 700
G. Tomasson, 25, 6, 1000, 10, 200
J. Jones, 40, 47, 2000, 15, 400
Jason White, 90, 45, 3600, 40, 1000
W. Williams, 12, 1, 500, 20, 300
A. Allen, 30, 20, 1200, 30, 300
Allen Jones, 60, 60, 3000, 75, 600
P. McComack, 60, 60, 3000, 5, 200
T. P. Jones, 60, 130, 5000, 75, 700
J. Rowland, 20, 37, 1200, 10, 300
J. J. Callicott, 100, 320, 8000, 200, 1600
W. T. Robinson, 100, 200, 4500, 225, 1820

Dickson County Tennessee
1860 Agricultural Census

The Agricultural Census for Tennessee for 1860 was microfilmed by the University of North Carolina Library under a grant from the National Science Foundation and filmed from original records held at Duke University Library, Durham North Carolina.

There are some forty-eight columns of information on each individual. Only the head of household is addressed. I have chosen to use only six columns of the information because I feel that this information best illustrates the wealth of the individuals. These are shown below:

1. Name of Owner
2. Acres of Improved Land
3. Acres of Unimproved Land
4. Cash Value of the Farm
5. Value of Farm Implements and Machinery
13. Value of Livestock

Thus, the numbers following the names represent columns 2, 3, 4, 5, 13.

The following symbol is used to maintain spacing where information in a column is left blank (-). This symbol is used where letters, names or numbers are not legible (_).

Sr. F. Shelton, 350, 350, 14000, 200, 850
W. W. Switchell, 100, 200, 4500, 3, 1180
J. S. Shoemate, 12, -, -, 80, 450
C. Browning, 25, -, -, 10, 170
E. S. Parrish, 65, 85, 1000, 10, 153
Henry Newman, 50, 150, 800, 65, 175
Jo. Edwards, 50, 70, 500, 30, 258
A. B. Robertson, 21, 30, 500, 5, 360
John James, 35, 100, 700, 50, 315
W. J. Craige, -, -, -, 5, 91
H. R. Rogers, 30, 250, 700, 100, 415
Wm. Underwood, 5, -, -, 5, 100
J. B. Holley, 5, -, -, 10, 147
George Ragan, 75, 75, 1800, 100, 630
Saray R. Hill, -, -, -, 4, -
Isaac Hill, 60, 170, 1000, 100, 53

N. H. Nichols, 150, 150, 1500, 60, 195
E. Pope, -, -, -, 15, 167
W. H. Nichols, 400, 600, 12000, 400, 2800
James Brill, 50, 230, 1000, 40, 360
Oat Story, 4, -, -, -, 50
Wm. Baker, 16, 34, 200, 10, 95
R. C. F. Cagle, 40, 50, 400, 10, 132
Benj. Waynock, 25, 125, 500, 8, 138
F. N. Hall, 15, 48, 200, 24, 275
J. N. Stanfill, 40, 360, 400, 200, 265
Sterling Dugger, 4, -, -, -, 110
Jacob Crisman, 150, 600, 500, 150, 736
J. A. Albright, 36, 101, 500, 20, 360
J. A. Allbright, 3, -, -, -, 25
W. B. Simmons, 10, -, -, 10, 150
R. C. Fells, 25, -, -, 10, 160
A. J. Cooksey, 20, -, -, 100, 350
John Barrax, 10, -, -, 6, 288

G. W. Coleman, 14, -, -, 5, 87
Geo. Waynock, 12, -, -, 10, 392
Peter Finch, 30, 110, 1000, 15, 192
W. M. C. Averitt, 9, -, -, 25, 52
J. R. McClelland, 1, -, -, 10, 75
Wm. Averitt, 50, 50, 1000, 50, 429
John Browning, 20, 80, 500, 60, 143
Edwd. Holly, -, -, -, -, 3
C. J. Williams, 40, 160, 1100, 50, 410
J. D. Halloburton, 40, 60, 800, 20, 203
Chas. Halliburton, 54, 50, 600, 40, 612
J. C. Ragan, 25, 45, 300, 10, 310
Elisha Hassel, 50, 125, 1500, 50, 643
G. C. Shelton, 60, 232, 1500, 60, 625
Thomas Rye, 50, 40, 1000, 20, 360
Robt. Patterson, 8, -, -, 10, 210
Thos. Patterson, 8, -, -, 10, 464
E. D. Holley, 4, -, -, 5, 60
C. H. Reynolds, 50, 50, 300, 10, 140
Thos. Halleburton, 11, -, -, 10, 255
J. N. Booze, 98, 90, 2500, 50, 467
Nancy Booze, -, -, -, -, 350
A. Dillehay, 40, 543, 4000 100, 850
J. C. Bailey, 40, 70, 600, 8, 169
A. Browning, 40, 160, 1000, 10, 160
B. Browning, 12, -, -, 7, 230
J. W. Jones, 60, 240, 1200, 15, -
R. J. Smith, 30, 70, 1000, 10, 100
D. A. Waynock, 35, 90, 700, 60, 518
N. A. Bledsoe, 50, 170, 1000, 15, 110
R. B. Daniel, 35, 35, 350, 5, 126
John Jordan, 30, 45, 200, 8, 45
Elizaabeth Russel, 60, 240, 3000, 25, 900
W. S. Latham, 14, -, -, 25, 504
Wm. Buchanan, 60, 152, 1000, 10, 455
Wm. Buckanan Jr., 5, -, -, 10, 70
J. W. Walker (Welker), 75, 75, 1000, 75, 480
Nancy West, 200, 460, 15000, 400, 2050

Wm. Rogers, -, -, -, -, 150
Wm. W. Adams, 20, 80, 1000, 100, 285
F. J. Hughs, 11, -, -, 5, 200
J. S. Clark, 20, -, -, 10, 280
G. T. Cooksey, 300, 900, 8000, 300, 1818
J. R. Cooksey, 30, -, -, -, 600
Elig Hendricks, 8, -, -, -, 113
E. W. Ellis, 150, 435, 6000, 60, 1295
W. V. Fentress, 700, 4300, 20000, 1000, 13325
J. J. Fentress, 60, -, -, 200, 725
G. W. Fentress, 40, -, -, 50, 600
Susan Patterson, 40, 100, 1000, 25, 330
A. B. Skelton, 190, 512, 6000, 300, 5725
A. A. Brown, 200, 4000, 6000, 2000, 6560
Jas. Adkins, 30, 100, 1000, 50, 725
Elig Dickson, 50, 50, 1200, 25, 850
J. G. Parrish, 8, -, -, 5, 109
W. D. Morrsett, 15, -, -, 10, 125
John James, 40, 110, 1000, 20, 265
H. J. Dickson, 130, 230, 2000, 175, 915
E. James, 50, 125, 600, 20, 383
Hugh Edmondson, 100, 814, 5000, 100, 1060
Wm. Adkins, 130, 1830, 2000, 150, 1100
T. J. Swift, -, -, -, -, 20
P. M. E. Avritt, 5, -, -, -, -
Z. Frost, 8, -, -, 10, 166
J. F. Bruce, 22, 180, 800, 50, 85
G. J. Craige, 33, 125, 800, 10, 268
R. H. Nader, 20, 100, 500, 21, 350
L. Green, 40, 323, 800, 10, 320
W. C. Frost, 15, -, -, 10, 221
W. H. Green, -, -, -, -, 24
W. A. Parrish, 60, 290, 1500, 100, 425
David Craige, 12, -, -, 20, 672
A. J. Parrish, 130, 195, 1500, 100, 900

J. McClurkan, 25, 80, 500, -, 207
Hevel Parrish, 60, 65, 600, 20, 750
Perry Patten, 40, 130, 1000, 92, 160
Eligah Hossel, -, -, -, -, 100
M. P. H. Dailey, 9, -, -, 5, 75
Jas. Irby, 4, -, -, 5, 50
d. Climen, 45, 77, 600, 40, 336
W. R. Patey, 60, 50, 700, 50, 490
A. Jones, 130, 354, 2000, 100, 425
R. Avritt, 75, 290, 1000, 50, 418
Thos. C. Morrisett, 15, 135, 300, 75, 150
Isaac Morrisett, 75, 175, 1300, 30, 495
M. D. Adams, 26, 126, 200, 40, 825
D E. Balthrop, 100, 500, 2000, 125, 1800
S. M. Balthrop, 75, 225, 4000, 150, 1050
Thos. W. Bailey, 75, 152, 3000, 15, 350
Stephen Halellin, 11, -, -, 10, 220
J. T. Jones, 6, -, -, 100, 270
Jas. M. Jones, -, -, -, -, 20
T. E. Adams, 150, 350, 5000, 75, 1065
J. I. J. Adams, -, -, -, 10, 418
A. S. Hasley, 45, 95, 800, 50, 150
Henry Hasley, -, -, -, -, 155
D. W. Phillips, 6, -, -, 10, 35
Jesse Daniel, 65, 70, 2000, 50, 800
Sarah Smith, 25, 70, 400, 10, 160
J. C. Dunaway, 8, -, -, 3, 20
Joseph Etherage, 15, 335, 300, 65, 250
Aces Etherage, -, -, -, -, 50
Susan Williams, 30, 170, 1000, 5, 50
Saml. Etherage, -, -, -, -, 130
Geo. Northern 33, 130, 600, 5, 75
Wm. Jones, 4, 49, 150, 5, 117
J. C. Nesbite, 200, 225, 5000, 50, 2185
George Kellan, 1, -, -, 7, 95
O. C. Maxey, 6, -, -, -, 100
W. J. Dickson, 14, -, -, 10, 715

A. F. Nesbite, 200, 300, 5000, 100, 1350
Joseph Nesbite, -, -, -, -, 200
Thos. H. Edwards, -, -, -, -, 365
G. W. Smith, 15, 35, 500, 15, 365
Jas. Daniel, 75, 425, 2000, 50, 715
S. F. Gilmore, 7, -, -, 5, 360
Jos. Gilmore, 100, 500, 2500, 100, 1350
David Robertson, 90, 800, 1000, 100, 800
M. Davidson, 50, 80, 1000, 30, 300
Jas. Smith, 40, 96, 100, 80, 260
John Smith, 18, 32, 150, 15, 510
G. W. Fleet, 8, -, -, -, 45
Jas. Jones, 25, 80, 400, 10, 60
Wm. Anderson, 30, 70, 400, 40, 245
B. N. Morgan, 4, -, -, 5, 78
Jas. Edwards, 30, 170, 600, -, 150
A. Edwards, -, -, -, -, 15
R. S. Nesbitt, 60, 112, 1500, 50, 1208
j. C. Hall, 20, 80, 400, -, 130
F. Lovelady, -, -, -, -, 30
W. Hasley, 10, 110, 200, 10, 160
L. Burpo (Bursso), 25, 100, 400, 10, 95
John Nixon, 30, 20, 500, 25, 60
H. McClurkan, 35, 100, 1000, 25, 60
A. Self, 6, -, -, -, 288
D. B. Street, 80, 90, 1500, 40, 500
A. B. Williams, 8, -, -, 50, 175
Wm. Street, 6, -, -, 5, 45
W. H. Cummins, 60, 75, 750, 80, 300
Thos. James, 8, -, -, 10, 150
Nancy James, 50, 266, 800, 5, 235
M. B. Street, 100, 300, 1500, 40, 1100
T. J. Handlin, -, -, -, -, 25
John Stokey, 75, 675, 1500, 75, 1105
S. Cunningham, 75, 125, 1200, 25, 250
J. Narramore, 30, 20, 40, 15, 175
E H. Narramore, -, -, -, -, 115
J. W. Patterson, 10, -, -, 10, 275

S. D. Cunningham, 50, 100, 800, 10, 315
A. Wallace, 8, -, -, 5, 125
Steph Baker, 6, 41, 250, 5, 30
Jas. Mathis, 10, -, -, 5, 120
Henry Etherage, -, -, -, -, 40
Rob Easley, -, -, -, -, 20
R. Pickutt, 100, 200, 3500, 40, 950
Henry Pickell, -, -, -, -, 30
W. H. Daniel, 20, 30, 2000, 50, 650
Jane Slayden, 150, 375, 4000, 150, 1530
John May, 300, 700, 10000, 1000, 2250
J. C. Hunt, 30, -, -, 40, 550
John Adams, 150, 1250, 10000, 700, 1400
E. R. Deason, -, -, -, -, 75
J. R. Deason, 5, -, -, 15, -
Isaac Bone, 25, 75, 500, 20, 250
John Bone, -, -, -, -, 250
R. A. Hudson, 30, 220, 800, 25, 75
H. B. H. Williams, 200, 1000, 7000, 100, 1800
John Musgroves, -, -, -, 100, 100
Kinch Mathis, 65, 185, 1500, 10, 485
John Mathis, 50, 50, 500, -, 230
D. G. Dodson, 6, -, -, -, 50
G. W. Woody, 8, -, -, -, 200
G. K. Coleman, 80, 800, 250, 100, 450
Eligah Heath, 8, -, -, 10, 150
James Heath, 5, -, -, 10, 135
Andy Wallace, 4, -, -, 8, 125
J. Street, 100, 300, 600, 50, 1250
G. B. Dunn, 40, 160, 400, 5, 150
James McNully (McNeeley), 100, 300, 200, 150, 1050
T. R. Tatum, 25, 75, 400, -, 265
J. W. Mathis, 12, 200, 200, 10, 150
Wm. Lemasters, 50, 350, 500, 80, 300
Wm. Baker, 20, 80, 300, 8, 205
W. B. Dodson, 70, 130, 200, 20, 40
Ace Adams, 10, -, -, 100, 75
Kinch Adams, 2, -, -, 65, 60
Nelson Adams, 75, 225, 2000, 100, 700
Ancil Adams, 8, -, -, 5, 75
John H. Madden, -, -, -, -, 45
Wilson Braswell, 60, 300, 2200, 50, 1190
Jesse Epperson, -, -, -, -, 20
John A. Baker, 70, 430, 3000, 100, 630
W. R. Mathis, 10, 40, 200, -, 150
Jesse Adcock, 10, 90, 250, 10, 235
John Dbrask, 1, -, -, 10, 20
John Dunn, 4, -, -, 5, 40
John Stuart, 10, 40, 200, 10, 200
Wm.Mathis, 8, -, -, 5, 150
John Harral, 6, -, -, 10, 40
G. Cumberland, -, -, -, 10, 30
Stanford Dunagin, 60, 384, 2000, 150, 900
R. L. England, 19, -, -, 50, 350
Allen Braswell, 50, 114, 500, 20, 350
Jas. Braswell, -, -, -, -, 130
Benj. Allen, 40, 20, 500, 30, 375
G. W. England, 100, 535, 1500, 50, 550
W. R. Sinks, -, -, -, -, 150
M. England, 100, 310, 1500, 50, 1450
Delpha England, -, -, -, -, 20
M. Averitt, -, -, -, -, 150
Thos. Hammons, 27, -, -, 5, 215
J. R. Vanhook, 90, 140, 2000, 25, 588
J. F. Wright, 40, 220, 1500, 150, 1150
G. C. Dodson, 80, 1400, 2000, 60, 1220
J. M. Dodson, -, -, -, -, 700
G. W. Dodson, -, -, -, -, 125
T. H. Thompson, 8, -, -, 10, 100
J. Thompson, 100, 300, 4000, 50, 1060
A. R. Thompson, 12, -, -, 10, 410
Jas. Edwards, 2, -, -, -, 35
J. G. Stanfill, 60, 200, 2000, 25, 700

S. A. Ellis, 80, 200, 4000, 100, 578
E. F. Cullum, 6, -, -, 5, 115
B. Adams, 200, 100, 4000, 150, 1250
G. W. Gunn, 35, 200, 1150, 100, 1233
Mary Braswell, -, -, -, -, 60
G W. Hedge, 100, 165, 2000, 150, 600
Mary Hedge, 40, 35, 1000, 15, 300
Wm. Fine, 40, 110, 600, 10, 280
G. W. Fine, 100, 915, 2000, 50, 1000
A. J. Myatt, 100, 295, 1000, 50, 1100
F. Craft, 65, 415, 800, 30, 1575
D M. Hamillon (Hamilton), 5, -, -, 10, 50
J. Arrington, 100, 125, 1000, 150, 900
Jas. Haley, 12, -, -, -, 50
John Harris, 50,70, 1000, 125, 720
F. G. Baker, 17, 35, 50, 10,70
Angus Baker, 6, -, -, 5, 20
Beach Thompson, 40, 10, 500, 10, 175
R. Walker, 12, -, -, 10, 150
J. Gray, 8, -, -, 10, 125
Thos. Haley, 6, -, -, 10,75
J. Yates, 35, 185, 800, 10, 200
R. H. Rumsey, 10, -, -, 5, 40
G. B. Leathers, 7, 53, 250, 5, 80
Sarah Brown, -, -, -, -, 30
J. R. Goodrich, 40, 50, 1000, 20, 435
Eliz Dunegan, 40, 360, 1200, 10, 250
Marth Bowen, -, -, -, -, 300
E. O. Ferril, 10, -, -, 10, 175
John Baker, 25, 35, 500, 10, 525
Blount Baker, -, -, -, -, 250
G. Evans, 100, 350, 2000, 100, 1115
Jo. Springer, 15, -, -, 5, 418
N. W. Springer, 200, 1000, 3000, 150, 1410
Lucy Tatom, 200, 300, 3000, 10, 200
E. J. Tatom, 10, 90, 1000, 10, 250
R. Manley, 6, -, -, 10, 100
J. C. Braswell, 20, -, -, 24, 475
Aaron James, 50, 200, 1500, 30, 1500

Rebe Bowen, 125, 300, 3000, 100, 1400
E. L. Bowen, 3, 30, 100, -, 700
Wm. Hannah, 4, 46, 100, 5, 200
G. W. Harner, 60, 450, 1400, 100, 600
S. Fielder, 80, 100, 2000, 150, 585
J. F. Stanly, 50, 65, 2000, 30, 360
Jas. R. Anderson, 200, 444, 4000, 100, 960
Nancy Augenett (Angenett), -, -, -, -, 60
Jas. Myall (Myatt), 60, 60, 1000, 50, 640
Ace Stanly, -, -, -, -, 100
Nancy Graham, 50, 144, 500, 10, 825
G. W. Dunigin, 12, -, -, 10, 500
J. K. Dunigin, 15, -, -, 8, 300
H. Dunigin, 100, 112, 3000, 100, 625
Lan Gunn, 80,700, 1500, 100, 200
Andy Gunn, 30, 80, 700, 10, 700
Wm. Adams, 80, -, -, 10, 300
Jas. Fern, 100, 300, 2000, 100, 1100
Willis Ledbetter, -, -, -, -, 400
Joel Errington, 100, 60, 1000, 60, 930
And__ Haley, 25, 30, 150,18, 70
W. L. Haley, 25, 35, 400, 10, 350
Jas. Bruce, 25, 75, 500, 5, 50
Saml. Bruce, 100, 2000, 2000, 75, 200
Silas Bruce, 20, -, -, 10, 200
And__ Bruce, 12, 122, 500, 20, 200
John M. Hay, 30, 100, 500, -, 160
Wm. Marta, 6, -, -, 15, 350
A. Baker, 10, -, 140, 5, -
Bailey Bruce, 5, 95, 250, 10, 120
D. Bramlet, -, -, -, 8, -
C. Gray, 4, 45, 350, 3, -
W. H. Harner, 25, 125, 800, 20, 415
John Chester, 30, 217, 1500, 15, 300
C. D. Wells, 25, 27, 1500, 12, 250
Green Tatom, 8, 120, 1500, 60, 500
J. B. Dunagin, 40, 50, 500, 10, 250
W. B. Tatom, 15, -, -, 35, 400

C. Vineyard, 115, 900, 4000, 1555, 1656
W. D. Dunagin, 60, 55, 800, 125, 760
J. A. Rooker (Booker), 8, -, -, 10, 120
C. W. Harner, 60, 90, 1000, 10, 450
Mathew Myatt, 50, 75, 600, 20, 625
Sharp Dunagin, 50, 50, 100, 100, 820
B. Dunagin, 50, 130, 1000, 30, 430
G. Marsh, 16, -, -, 15, 150
W. Wines, 30, 85, 600, 30, 350
R. Adcock, 25, 40, 200, 8, 285
G. W. Ives, -, -, -, 5, 75
Wm. Thompson, -, -, -, -, 75
Wilie Myatt, -, 200, 200, 2, 140
J. W. Brown, 80, 150, 150, 4, 140
A. Bailey, 20, 80, 500, 5, 200
G. Polly, 6, -, -, 10, 180
J. Booker, 16, -, -, 10, 200
W. B. Ralden, 100, 400, 2000, 80, 720
John Martin, 5, -, -, 5, 100
T. Nelson, 30, 35, 400, 8, 365
C. Lovell, 15, -, -, 8, 80
N. Dunegin, 30, 100, 1000, 10, 328
J. W. Tucker, 30, 140, 500, 10, 270
J. M. Murrel, 30, 80, 500, 8, 458
W. T. Spears, 40, 162, 1000, 60, 380
Jas. Trammel, 40, 83, 600, 10, 182
Mary Myatt, 50, 100, 1000, 5, 280
Wm. Hamlett, 5, -, -, -, 10
Burrel Myatt, 8, -, -, 5, 37
R. H. Lankford, 3, -, -, 5, 34
G. Kimbrew, 3, 20, 1000, 5, 80
W. V. Lauftis, 30, 50, 500, 50, 187
B. F. Brown, 100, 300, 3000, 200, 1460
D. R. Williams, 25, 25, 500, 90, 225
B. M. Dunegin, -, -, -, 10, 150
Alf Holt, 20, -, -, 15, 600
David Frazier, 70, 80, 250, -, 1130
W. P. A. Frazier, 20, 40, 250, 10, 238
J. P. Bryan, 80, 220, 200, 60, 821

H. H. Bryan, 1, -, -, 5, 84
R. W. Raisney (Raimey), 8, -, -, 5, 360
J. Lankford, 30, 50, 500, 30, 294
B. Hays, 35, 50, 1000, 70, 1000
Moses Tidwell, 18, 50, 300, 10, 370
A. R. Lankford, 12, -, -, 5, 209
R. Lampley, 50, 70, 125, -, 674
A P. Beard, 25, 44, 300, 25, 291
Wm. Hammond, 60, 27, 600, 60, 1340
Andrew Lampley, 35, 65, 700, 10, 330
W. H. Shelton, 60, 280, 1500, 30, 935
J. T. Beck, 50, 350, 700, 15, 60
M. Sellars, 50, 100, 800, 100, 490
M. White, 100, 143, 1000, 50, 685
Wm. Dunegan, 15, -, -, 15, 400
E. Walker, 40, 75, 600, 75, 550
J. Walker, 20, -, -, 10, 150
J. Yates, 100, 160, 1500, 150, 1200
S. Yates, -, -, -, -, 150
C. Baker, 40, 186, 800, 10, 220
B. F. Goodrich, -, -, -, -, 75
H. Malugan, 8, 117, 300, 10, 250
Stanley Crow, 5, -, -, -, 110
J. Thadford, 60, 200, 800, 20, 115
Abner Adcock, 10, -, -, 5, 150
G. Russ, 12, -, -, 15, 80
R. C. Murrel, 7, -, -, 10, 70
J. Wiley, 7, -, -, 10, 70
B. Murrel, 15, -, -, 410, 250
Essie Alspaugh, 8, -, -, 10, 150
John Tatom, 35, 65, 500, 35, 300
J. R. Clifton, 60, 140, 1500, 150, 4150
F. M. Crow, 10, -, -, -, -
R. Adcock, -, -, -, -, 10
Josh Buller, 14, 98, 500, 25, 100
J. G. Buller, 4, -, -, 5, 25
Fanya King, 30, 40, 300, 5, 215
E. W. Wiley, 100, 100, 1500, 150, 4120
W. B. Bowen, 100, 335, 200, 200, 2855

Steph Adcock, 20, 37, 150, 5, 40
E. Wells, -, -, -, -, 40
N. E. Work, 200, 414, 300, 250, 1250
E. Grayer, 35, 165, 600, 20, 315
J. T. Redden, 30, 120, 1000, 20, 880
J. M. Nelson, 20, 50, 300, 5, 665
D. T. Nelson, 24, 48, 200, 10, 330
J. F. Dudley, 75, 500, 800, 175, 1246
L. Redden, 60, 240, 400, 70, 200
Eliz. Patton, 20, 130, 200, 10, 435
E. Gray, 30, 95, 500, 12, 38
E. W. Blackwell, 10, -, -, 5, 125
J. W. Tucker, 50, 175, 1000, 40, 600
B. Myatt, 8, -, -, 5, 200
Sam King, 40, 280, 500, 40, 530
J. F Baker, 15, -, -, 5, 225
W. M. Yates, 12, 125, 500, 10, 125
R. Braswell, 60, 140, 800, 25, 950
S. Butler, 25, 75, 400, 10, 400
M. Lauftis, 80, 200, 1500, 100, 100
Mary Howard, 30, 45, 200, 75, 265
J. Petty, 30, 95, 500, 10, 95
J. C. Blackburn, 25, 414, 600, 15, 165
A. J. Dudley, 30, 120, 800, 10, 400
M. M. Peely, 40, 85, 500, 100, 375
B. Myatt, 15, 120, 600, 10, 420
M. Petty, 15, 25, 200, 15, 140
J. Sugs, 65, 117, 1000, 50, 825
R. Myatt, 60, 200, 1500, 75, 688
R Myatt Sr., 50, 40, 600, 30, 395
M. Myatt, -, -, -, 10, 245
M. Lankford, 50, 850, 1200, 100, 885
J. Kimbroo, 25, 75, 400, 10, 200
J. F. Frazier (Fragien), 25, 225, 400, 15, 322
A. King, 35, 40, 350, 40, 450
I. King, 35, 265, 300, 10, 375
J. H. Brown, 45, 160, 500, 85, 550
W. H. Sugs, 50, 100, 600, 15, 575
J. D. Sugs, 8, -, -, 6, 460
W. Russel, 30, 100, 1000, 80, 425
W. Holton, 50, 350, 1500, 95, 800
T. S. Russel, 10, -, -, 40, 485

D. R. Williams, 50, 38, 300, 10, 200
J. L. Edney, 40, 90, 500, 15, 360
F. Lather, 100, 300, 1500, 150, 1075
A. Brown, 65, 100, 2000, 125, 505
B. A. Clarchy, 40, 160, 400, 10, 250
J. C. Anglin, 125, 505, 100, 100, 1140
E. Anglin, 25, -, -, 20, 565
W. H. Tidwell, 12, 108, 500, 175, 325
F. P. Lanfham, 30, 120, 300, 40, 435
R. Gorden, 60, 140, 600, 50, 900
F. McCaplin, 100, 400, 3000, 150, 6045
W. Dunagin, 25, 275, 1000, 15, 600
R. Parry, 12, 13, 350, 5, 100
E. Tidwell, 50, 400, 500, 50, 700
J. Tidwell, 15, -, -, 15, 180
W. C. Lampley, 75, 50, 300, 30, 375
W. Sullivan, 4, -, -, 10, 350
J. Lampley, 50, 250, 800, 100, 700
M. Huchison, 70, 80, 400, 30, 760
T. P. Lampley, 20, 230, 600, 25, 250
M. B. White, 40, 490, 1000, 40, 500
M. Gordon, 100, 263, 3000, 75, 1500
W. G Carter, 50, 100, 1000, 25, 325
J. McKechney, 50, 50, 1000, 100, 975
W. C. Stuart, 35, 75, 800, 125, 960
T. J. Sellars, 40, 61, 1200, 25, 423
W. L. White, 50, -, -, 75, 1180
J. Pentergrass, 40, -, -, 10, 340
J. Herberson, 40, 110, 1500, 25, 750
John Gorden, 40, 113, 1400, 10, 190
J. B. Brown, 60, 40, 1000, 50, 1070
H. Gorden, 40, 60, 800, 20, 965
Ben White, 65, 85, 800, 20, 865
E. Garden, 30, -, -, 5, 20
W. Mealey, 25, -, -, 10, 100
H. H. Yates, 30, 40, 500, 10, 90
J. R. Brown, 30, -, -, 10, 110
J. Chester, 45, 50, 800, 40, 638
Z. Porter, 35, 465, 1000, 30, 400
_. Brown, 100, 233, 1000, 60, 700
A. G. Austen, 50, -, -, 16, 110
Susan Carr, 50, 110, 1000, 30, 410

A. Craige, 80, 30, 500, 5, 100
W. D. Turner, 50, -, -, 100, 210
J. T. Turner, 250, 350, 2500, 150, 950
M. Blackwell, 18, 51, 250, 10, 115
W. P. Lewis, 20, 163, 900, 5, 60
W. R. V. Schmelton (Schmellow), 100, 415, 2500, 50, 960
W. F. V. Schsmellow, 3, 47, 400, 10, 215
M. Parratt, 25, -, -, 10, 125
A. B. J. Turner, 20, -, -, 10, 300
F. F. V. Schmellow, 80, 140, 300, 40, 600
H. W. Turner, 75, 440, 4000, 100, 465
C. Rogers, 50, 53, 1000, 20, 850
C. J. Shelton, 75, 83, 2000, 60, 1105
A. G. Shelton, 40, 69, 1000, 15, 325
R. L. Litteral, 11, -, -, 10, 225
D. W. Martin, 20, 33, 500, 100, 355
W. T. Patterson, 50, 225, 1800, 35, 650
B. Latham, 80, 180, 2000, 50, 575
S. Shelton, 50, 220, 1500, 10, 170
R. J. McCollum, 40, 110, 1600, 20, 835
W. B. Lloyd, 50, 35, 200, 10, 200
J. M. Baker, 30, 270, 500, 60, 385
O. L. V. Schmelton, 70, 100, 1200, 50, 650
J. McDale, 20, -, -, 10, 150
W. Crane, 30, 100, 600, 10, 275
C. A. Baker, 35, 10, 30, 10, 248
R. W. Potts, 15, -, -, 10, 200
P. Potts, 100, 125, 700, 40, 550
S. C. Robertson, 26, 118, 100, 10, 500
J. H. Bledsoe, 25, -, -, 10, 275
M. J. J. Cagle, 45, 150, 750, 25, 285
J. C. Trotter, 65, 148, 1200, 50, 475
S. Martin, 70, 570, 10000, 40, 305
J. A. Bone, 12, -, -, 20, 145
W. Foster, 50, 206, 2000, 25, 550
J. F. Foster, 10, -, -, 5, 125
W. Foster, 3, -, -, 5, 135

T. Bledsoe, 10, -, -, 9, 140
O. Edwards, 40, 435, 2200, 90, 475
W. Davidson, 8, -, -, 5, 65
J. Nickle, 35, 135, 1000, 40, 400
W. E. Slayden, 100, 800, 8000, 40, 650
T. Slayden, 45, 320, 500, 200, 1135
W. L. Davidson, 5, -, -, 5, 55
G. B. Lewis, 10, -, -, 15, 75
J. S. Slayden, 65, 365, 2500, 50, 466
S. J. Austen, 60, 17, 1000, 20, 195
J. S. Reynolds, 35, -, -, 10, 150
Sam Reynolds, 5, -, -, 10, 100
J. M. Green (Greer), 5, -, -, 10, 100
W. Briant, 6, -, -, 5, 100
B. B. Briant, 20, -, -, 10, 135
J. T. Bledsoe, 5, -, -, 5, 100
D. Wallace, 8, -, -, 10, 200
O. Harvey, -, -, 4000, 150, 2150
J. Dickson, -, -, 2500, 100, 900
J. Bull, 50, 90, 1490, 100, 1145
J. A. Weakley, 75, 125, 2500, 50, 805
W. M. Grymes, 10, -, -, 6, 190
H. Davis, 35, 40, 800, 3, 110
Hus Davis, 10, 28, 500, 5, 225
W. Bone, 100, 590, 5000, 75, 960
W. R. Blount, 60, 55, 1000, 35, 435
R. Wallace, 45, 110, 600, 11, 600
B. Wallace, 3, -, -, 10, 60
J. M. Stokes, 30, 130, 400, 10, 380
W. C. Dean, 15, -, -, 10, 150
J. Hunter, 10, -, -, 5, 165
A. Hunter, 40, 120, 200, 75, 400
T. Sensing, 5, -, -, 5, 30
W. B. Bell, 350, 500, 6000, 350, 3800
W. D. Bateman, 18, -, -, 100, 240
J. Smith, 15, -, -, 10, 225
J. Stokes, 140, 160, 3000, 40, 425
D. B. Sensing, 40, 60, 800, 35, 465
J. B. Walker, 60, 940, 2000, 75, 680
L. T. Coke, 30, 292, 1200, 30, 175
D. H. Harper, 35, 125, 600, 10, 180
B. G. Harper, 45, 135, 900, 65, 250

J. G. Hinson, 125, 500, 8000, 260, 1581
M. Tidwell, 200, 1600, 4000, 367, 6064
M. Tidwell, 75, 240, 1500, 350, 755
C. M. Tidwell, 10, -, -, 10, 172
L. Richardson, 75, 85, 1200, 75, 900
W. Richardson, 41, 100, 700, 400, 668
W. Austin, 60, 250, 2000, 100, 720
E. Napier, 20, 26, 150, 5, -
D. Gray, 20, 30, 300, 5, 50
J. L. Lawson, -, -, -, 8, -
G. W. Austin, 50, 200, 500, 20, 630
J. Adcock, 50, 100, 400, 6, 265
R. Gorden, 5, -, -, 5, 75
M. Rhodes, 8, -, -, 5, 150
D. R. Adcock, 37, 258, 1600, 45, 500
A. G. Crow, 20, 80, 1000, 20, 196
B. F. Laughlin, 22, 72, 600, 10, 162
J. C. Estus, 40, 110, 8000, 20, 334
D Thomas, 15, -, -, 8, 823
Ann Marsh, 200, 500, 5000, 120, 2990
J. C. Lankford, 16, -, -, 8, -
L. Tidwell, 140, 20, 200, 30, 335
J. B. Tidwell, 40, 120, 800, 75, 878
T. Yates, 12, -, -, 6, 300
A. Tidwell, 10, -, -, 5, 205
A. J. Tidwell, 30, 300, 1000, 30, 378
S. Tidwell, 75, 225, 3000, 150, 940
J. Yates, 150, 250, 3000, 150, 2778
S. A. Nall, 15, -, -, 5, 380
E. Tidwell, 150, 250, 1500, 50, 1568
W. H. Chapell, 3, 117, 800, 5, 403
J. Brown, 85, -, 320, 30, 827
A. Gentry, 80, 170, 2000, 100, 793
M. C. Meak, 90, 28, 2000, 75, 200
I. S. Anderson, 6, -, -, 85, 180
J. T. Yates, 40, 57, 500, 90, 445
C. D. Yates, 12, 19, 50, 10, 310
J. H. Wright, 12, -, -, 10, 290
M. Mitchell, 75, 300, 1800, 125, 648
M. B. Stuart, 70, 456, 4000, 70, 704
R. J. Jackson, -, -, -, -, 390

Aron R. Johnson, 65, 100, 2000, 50, 716
Aaron Lavs (Laws), 80, 120, 2500, 125, 1275
S. D. Thompson, 67, 103, 2500, 60, 658
W. Hering, 40, 68, 1600, 100, 277
W. G. D. Butry, 12, 63, 500, 8, 441
Ann Gentry, 80, 70, 800, 30, 442
T. Brown, 80, 160, 2200, 125, 713
B. A. Johnson, 60, 180, 1500, 25, 300
A. Johnson, 6, -, -, 10, 6
J. Lather, 30, 25, 800, 218, 870
J. F. White, 60, 140, 700, 30, 575
J. J. Sellars, 25, 75, 300, 5, 195
O. Spicer, 70, 331, 2300, 80, 750
S. A. Thompson, 15, 80, 1200, 50, 322
W. T. Gentry, 50, 146, 1200, 200, 926
G. Groves, 15, 85, 500, 30, 595
J. Yates JR., 70, 200, 2000, 10, 590
C. S. Jones, 50, 50, 100, 50, 725
J. W. Beck, 200, 775, 4700, 200, 145
D. C. Beck, 60, 540, 2000, 100, 558
W. D. Edwards, 30, 200, 1000, 32, 260
T. J. Biggers, 20, 100, 200, 25, 130
J. W. Sullivan, 8, -, -, 75, 490
John Yates, 15, -, -, 30, 410
Elig Welch, 5, -, -, 10, 56
Jesse White, 8, 150, 700, 35, 340
C. Slayden, 50, 130, 500, 10, 887
L. M. Richardson, 50, 183, 2700, 10, 560
J. G. Gorden, 17, -, -, 10, 150
W. C. Gentry, 50, 150, 1600, 25, 498
Wm. Brown, 70, 153, 1500, 12, 656
F. M. Cathey, 11, -, -, 5, 5
Geo. Cathey, 20, 55, 400, 10, 335
H. Cathey, 3, -, -, 3, 33
Danel Cathey, 30, 70, 600, 24, 252
Mary Brown, 40, 90, 800, 10, 230
Ben House, 25, 75, 400, 5, 65

H. A. Davidson, 50, 50, 1000, 40, 942
Lud Crow, 50, 100, 700, 20, 171
S. Davidson, 125, 675, 5000, 125, 965
J. M. Davidson, 25, -, -, 20, 832
Josh Cathey, 75, 573, 2500, 25, 535
Sqr. Rickardson, 100, 300, 300, 100, 1220
S. C. Edwards, 145, 930, 6000, 150, 600
J. C. Dunagin, 35,110, 1500, 25, 840
Sphen Bird, 2, 48, 300, 5, 125
J. Hambrick, 10, 30, 200, 5, 50
M. J. Martin, 65, 80, 2300, 10, 334
John Lyles, -, -, -, 4, 70
John Tibbs, 10, -, -, 10, 86
E. J. Hicks, 80, 140, 2000, 75, 648
I. Houston, 8, -, -, 5, 250
H. Fuzzell, 14, -, -, 75, 359
B. C. Hicks, 30, 85, 500, 25, 156
W. Fuzzell, 75, 205, 2500, 56, 752
J. W. Page, 25, 80, 900, 85, 320
B. B. Brown, 100, 300, 2500, 100, 1590
B. F. Walker, 90, 159, 3000, 125, 785
J. Gravitt, 40, 147, 600, 100, 475
J. Fuzzell, 15, -, -, 40, 716
M. Carn, 100, 880, 6000, 180, 350
J. E. Ellis, 65, 235, 1200, 198, 853
J. G. Martin, 100, 197, 2000, 100, 767
J. D. Martin, 6, -, -, 5, 12
D. C. Wiley, 15, 85, 100, 30, 534
W. A. J. Austin, 20, 80, 600, 10, 256
H. Mise, 30, 270, 600, 10, 780
W. J. Hambrick, 10, -, -, 12, 167
W. F. Dunagin, -, -, -, -, 182
A. C. Hagan, 90, 910, 3000, 236, 2628
Thos. Murrel, 200, 300, 3000, 220, 640
Thos. Flannery, 75, 150, 3000, 100,770
W. R. Taylor, 57, 113, 1500, 15, 430

H. King, 14, -, -, 50, 374
W. Lewis, 16, -, -, 105, 480
W. Adcock, 40, 80, 00, 75, 528
W. Thadford, 40, 160, 3500, 75, 380
W. B. Stanfill, 100, 300, 3000, 200, 2175
W. Goodin, 40, 110, 900, 75, 305
Aug Reaves, 6, -, -, 5, 177
J. Spicer, 35, 60, 500, 5, 160
W. Cox, 300, 1300, 6600, 315, 2334
W. Cox Jr., 12, -, -, 275, 3727
J. B. Austin, 8, -, -, 50, 675
B. B. Hall, 100, 300, 2000, 75, 1150
J. G. Eleazor, 70, 150, 2000, 60, 689
P. F. Hall, 65, 750, 1600, 150, 1246
M. Eleagon (Eleazor), 150, 495, 3500, 216, 1146
John Russell, 40, 100, 1200, 40, 565
Wm. Crunk, 2, -, -, 20, 63
Elig. Joslin, 40, 100, 500, 5, 100
A. Joslin, 40, 110, 800, 40, 305
S. C. H. Joslin, 30, 100, 800, 50, 571
A. Price, 30, 30, 300, 10, 150
John Bryant, 20, 40, 600, 10, 228
J. Rose, 30, 70, 600, 15, 175
J. M. Hall, 15, 60, 1500, 125, 760
J. H. Speight, 6, -, -, 86, 372
M. E. Edwards, 4, -, -, 10, 195
B. J. Jackson, 4, -, -, , 118
Ireford (Inford) Halley, 50, 60, 500, 35, 425
J. M. H. Howel, 40, 110, 800, 35, 450
J. Whitfield, 15, 145, 600, 100, 247
A. Halley, 10, -, -, 8, 145
Thos. Rose, 10, 20, 100, 5, 129
J. W. Appleton, 8, -, -, 5, 143
Ben Howel, 10, -, -, 10, 390
E. J. Harris, 23, 540, 1300, 30, 230
W. Hall, 1, 49, 50, 5, 85
Peter Jackson, 100, 310, 4000, 125, 768
G. Bibbs, 12, 38, 400, 60, 222
Robt. Martin, 23, 375, 1200, 6, 226
J. B. Cording, 250, 475, 6000, 222, 1622

Wm. Hendrix, 75, 94, 800, 50, 229
J. W. Mclaughlin, 60, 520, 400, 150, 916
J. S. Oakley, 45, 75, 1500, 50, 613
B. Richardson, 75, 175, 2000, 100, 1365
J. C. Larkins, 100, 1400, 4300, 100, 1565
G. W. Clark, 50, 365, 2300, 40, 951
J. W Richardson, 10, 35, 300, 10, 358
Wm. McMahan, 32, 68, 500, 5, 604
W. G. Chester, 45, 88, 1500, 100, 713
G J. Hooper, 40, 143, 2000, 25, 344
J. N. Garland, 10, -, -, 5, 22
J. Hooper, 15, 81, 500, 10, 387
Wm. Copley, 7, -, -, 5, 35
J. R. Hooper, 50, 100, 1600, 35, 958
B. C. Wilkins, 40, 137, 7500, 65, 510
J. James, 30, 30, 1000, 35, 310
E. J. March (Marsh), 10, -, -, 12, 322
G. J. Murrel, 50, 100, 1200, 100, 3500
J. C. Hall, 70, 356, 1200, 150, 1383
Ben Murrel, 40, 40, 1000, 125, 1882
S J. Fuzzell, 25, 195, 500, 30, 482
Elig Binam, 25, 75, 500, 210, 281
J. Murrel, 12, -, -, 10, 450
H. J. Richardson, 15, 85, 250, 10, 376
D Smith, 200, 300, 5000, 125, 1365
J. D. Everett, 35, 150, 2030, 350, 2245
Robt. Larkins, 125, 300, 2000, 50, 400
J. Rains, 30, -, -, 225, 1215
Ann Armstrong, 100, 150, 3000, 125, 640
W. Talley, 100, 200, 2260, 170, 1408
B. W. Bell, 200, 1600, 9000, 300, 2022
J. H. Lavel, 60, 90, 100, 35, 413
Mary Hicks, 6, -, -, 15, 164
A. N. Thompson, 24, -, -, 10, 100

M. Porter, 80, 350, 2000, 75, 362
G. C. Brown, 30, 50, 1000, 20, 554
Mary Hall, 10, -, -, 10, 156
A Tilley, -, -, -, -, 120
S. D Austin, 15, -, -, 100, 330
J. D. Austin, 50, 208, 2500, 125, 1180
W. R. Daniel, 72, 224, 900, 35, 416
T. M. Barns, 20, -, -, 50, 210
W. H. Crutcher, 400, 17600, 20000, 50, 385
J. D. T. Price, 8, -, -, 10, 140
J. McCaslin, 20, 380, 5000, 5, 175
D. E. Parnell, 12, 58, 3000, 115, 182
Sam Cathey, -, -, -, 26, 55
J. W. Wood, 4, -, -, 26, 25
S T Scott, 10, -, -, 60, 260
H. M. Hutton, 60, 1200, 4000, 60, 598
J. W. Hutton, 5, 120, 520, 7, 250
B. Dillard, 5, 95, 400, 8, 210
Jas. Nall, 3, 30, 160, 20, 175
Rob Oakley, 173, 525, 7000, 40, 1900
J. W. Coke, 15, 85, 600, 50, 185
E J. Harper, 20, -, -, 60, 282
N. F. Wilkins, 75, 125, 1500, 10, 1099
E. D. Easley, 16, -, -, 10, 25
J. W. Easley, 50, 210, 800, 80, 325
S. W. Crane, 6, -, -, 5, 50
D. Bishop, 7, -, -, 5, 92
P. Bishop, 20, 70, 720, 35, 328
E. Bishop, 30, 35, 1000, 25, 524
G. Bishop, 6, -, -, 5, 150
J. J Grymes, 7, -, -, 28, 30
P. Pentacost, 6, -, -, 5, 65
H. J. Binkley, 130, 80, 3500, 25, 1188
Saml. Gray, 30, 10, 400, 10, 373
Wm. Gray, 75, 75, 2000, 350, 825
Nels Davis, 18, 32, 400, 25, 312
W. R. Parrott, -, -, -, 10, 45
D. L. Matlock, 70, 400, 3500, 70, 1132
J. B. Stokes, 17, 112, 400, 20, 370

W. D. Stokes, 35, 265, 2000, 10, 310
R. Miles, 40, 57, 1000, 20, 439
Z. N. Morgan, 4, -, -, 10, -
J. M. Morgan, -, -, -, -, 20
J. Hines, 250, 1400, 12300, 450, 3940
W. W. T. Crockett, 40, 72, 2000, 280, 785
Jordan Moore, 65, 61, 2000, 125, 540
Daniel Moore, 50, 80, 1500, 25, 315
H. Procter, 50, 85, 2000, 150, 1702
S. W. Patterson, -, -, -, 5, 75
D. C. Lavell, 4, -, -, 5, 80
Joseph Morgan, 70, 112, 1200, 10, 222
O. Musgrove, 12, -, -, 20, 128
A. Porter, 25, -, 600, 10, 180
D. Wall, 80, 200, 1500, 25, 200
Jas. Jobe, 45, 90, 1200, 25, 300
S. Farthing, 10, -, -, 15, 120
J. Brock, 40, 110, 1000, 30, 136
J. Gray, 150, 210, 3000, 100, 580
J. McCauley, 16, 59, 1000, 70, 232
M. G. Harris, 28, -, -, 125, 617
Wm. Harris, 300, 4000, 8600, 300, 3595
C. Jackson, 200, 330, 10000, 200, 1471
J. Jackson, 200, 320, 5200, 200, 900
J. Logins, 55, 50, 1500, 75, 1534
B. W. Mathis, 90, 90, 2000, 100, 763
Wm. Carroll, 60, 23, 1000, 100, 675
S. Dotey, 20, 80, 200, 6, 370
J. L. Daniel, 22, -, -, 10, 542
W. R. Procter, 40, 110, 1500, 45, 536
L. Procter, 10, -, -, 12, 240
J. Gamble, 6, -, -, 8, 57
E. U. Carroll, 20, -, -, 100, 248
J. Cunningham, 30, 55, 2500, 100, 425
J. Grymes, 200, 487, 5070, 315, 1686
J. B. Grymes, 15, -, -, 100, 925
C. Penticast, 11, -, -, 8, 189
E. W. Phipps, 35, 65, 750, 80, 480

J. G. Jackson, 150, 290, 600, 290, 1040
J. E. Sensing, 20, 170, 800, 15, 160
J. Matlock, 30, 20, 600, 15, 250
A. D. Hicks, 3, 107, 600, 50, 288
S. Matlock, 15, 35, 350, 10, 105
W. J. Lang (Long), -, -, -, -, 500
J. Grymes, 50, 230, 2000, 60, 661
J. R. Rye, 16, -, -, 10, 144
B. A. Collins, 500, 1100, 8000, 500, 5480
S. G. Garrett, 100, 200, 1500, 100, 1015
W. H. Lansing, 10, 40, 250, 10, 106
W. H. Mathis, 3, 50, 200, 5, 50
F. M. Owens, 5, -, -, 8, 165
J. C. Davis, 15, 85, 450, 10, 344
W. H. Sensing Jr., 9, 41, 250, 20, 311
S. Starks, 54, 554, 3000, 100, 1035
A. H. Douglas, 8, -, -, 8, 230
J. R. Daniel, 40, 260, 1800, 100, 794
L. A. Graves, 6, -, -, 10, 245
J. Collins, 30, 127, 800, 30, 211
S. Hagwood, 40, 20, 300, 5, 60
T. Miller, 12, -, -, 10, 275
J. R. Sutton, 12, -, -, 35, 305
S. Eleazor, 85, 215, 10000, 30, 925
W. E. Mayfield, 22, 78, 300, 40, 430
H. White, 18, 45, 800, 10, 212
W. Hand (Harrel), 100, 1100, 10000, 375, 700
J. A. Maybery, 14, -, -, 10, 195
E. Bell, 100, 500, 10000, 360, 1280
J. M. Bell, 137, 208, 5000, 125, 1009
J. J. Hinton, 125, 470, 15680, 260, 1735
J. W. Simpkins, 200, 300, 20000, 280, 1755
R. A. Duke, -, -, -, -, 198
Wm. Lang (Long), 40, 81, 700, 10, 150
J. T. Daniel, 100, 300, 2000, 100, 1393
J. P. Buckanan, 85, -, -, 500, 600

E. S. Gleaves, 150, 150, 1500, 280, 2200
J. G. Curtis, 6, -, -, 10, 191
W. B. Harris, 75, 145, 2000, 35, 565
A. Puckett, 35, -, -, 50, 510
W. B. Lee, 25, 399, 2300, 40, 603
Wash Hunter, 35, 240, 1500, 125, 652
L. D. Pack, 60, 100, 2000, 100, 867
Dilly Speight, 40, 37, 600, 75, 410
Sarah Speight, 25, 10, 500, 50, 950
J. F. Russell, 150, 350, 4350, 10, 650
B. C. Robertson, 450, 5550, 30000, 1945, 4650
G. W. Brown, 100, 600, 7000, 174, 1600
Wes Hampton, 15, 72, 500, 10, 105
C. T. Doughton, 16, 74, 500, 35, 385
H. C. Larkins, 115, 135, 5000, 300, 830
D. McCall, 25, -, -, 15, 233
J. Huggins, 2, -, -, 10, 50
Wm. Gafford, 30, 70, 500, 20, 230
J. C. Carroll, 1, -, -, 10, 115
S. A. Laurens, 8, 89, 200, 100, 315
B. G. Duke, 6, -, -, 10, 28
J. Jackson, 30, 236, 1200, 100, 529
S. Cruise, 30, 158, 400, 10, 340
J. F. Furgerson, 12, 25, 200, 15, 296
Wm. Johnson, 50, 350, 1500, 50, 808
E. C. Yates, 85, 515, 7000, 75, 623
S. T. Anderson, 300, 3500, 600, 75, 368
H. Stuart, 150, 210, 500, 262, 1145
G. W. Hillard, 100, 1500, 7000, 155, 1601
I. McLouglin, 30, 100, 1100, 11, 350
W. C. Smith, 8, -, -, 5, 64
T. Pack, 8, -, -, 25, 150
F. M. Carter, -, -, -, 8, 30
A. A. Shroud, 100, 150, 4000, 125, 691
P. Williams, 165, 435, 4000, 150, 2057
G. McLoughlin, 80, 150, 2000, 50, 1407

J. White, 80, 150, 2000, 35, 335
B. Jackson, 100, 285, 4000, 88, 1169
G. Jackson, 2, -, -, 35, 216
M. S. Sweeney, 30, 50, 500, 35, 101
T. A. Jackson, 8, 50, 500, 25, 226
E. Brown, 8, -, -, 5, 72
B. Harris, 100, 300, 5000, 150, 1330
H. N. Grymes, 15, 242, 1000, 10, 360
W. Hudgins, 40, 60, 750, 40, 675
H. A. Bibb, 70, 130, 2000, 20, 330
R. B. Booker, 4, -, -, -, 18
E. Booker, 25, 86, 600, -, 15
T. C. Morris, -, -, -, -, 48
W. B. Booker, -, -, -, -, 37
J. C. Dodson, 35, 515, 1100, 100, 214
A. Sensing, 30, 270, 1200, 100, 465
F. M. Starks, -, -, -, 40, 370
D. Aulsbrooks, 35, 60, 450, 40, 83
J. T. Ford, 30, 50, 400, 5, 325
M. A. Cane, 12, 45, 300, 3, 175
D H. Baker, 5, -, -, 6, 20
Wm. Hand Sr., 18, 157, 700, 8, 275
Mary Hagwood, -, -, -, 25, -
John Hand, 25, 75, 250, 75, 215
C. Mayfield, 10, -, -, 5, 135
J. J. Silliams, 80, 392, 4000, 75, 672
J. Hand, -, -, -, 2, 73
J. M. McClelland, -, -, -, 2, 285
G. W. Gray, -, -, -, 8, 80
Mont Bell, 150, 450, 10000, 150, 1825
J. T. Mitchell, 75, 75, 750, 100, 822
M. Mitchell, 15, 59, 500, 20, 305
A. Andrews, 10, 12, 100, 30, 451
M. P. Hall, 12, 113, 750, 15, 185
J. Hunter, 2, -, -, 25, 65
B. Hunter, 15, 195, 500, 100, 430
A. Pinson, 3, 297, 400, 75, 395
W. M. Mitchell, 100, 200, 1000, 50, 780
W. B. Smith, 50, 100, 1000, 34, 404
J. M. Glasgow, 9, -, -, 30, 237
G. W. Scott, 30, 80, 700, 20, 350
W. A. Harris, 15, 125, 500, 75, 455

W. B. Ross, 175, 525, 400, 395, 944
E. Glasgow, 3, 69, 500, 50, 214
H. H. Hunter, 6, 44, 150, 45, 355
J. Jones, 15, 107, 400, 30, 650
J. J. Buckner, -, 3, 400, -, 37
A. Hunter, 12, 448, 800, 65, 362
L. Chaudoin, -, -, -, -, 35
J. S. Jones, 2, 75, 300, 5, 88
I. Hunter, 2, -, -, 6, 66
P. G. Cruise, 10, -, -, 40, 112
M. Joslin, 2, -, -, 5, 203
J. W. Shelton, 150, 1600, 12000, 100, 850
G. Mills, 350, 1950, 9200, 250, 2940
T. E. Brown, 50, 280, 2500, 50, 802
J. Edwards, 30, 270, 2000, 25, 237
R. Hudson, 10, 40, 300, 15, 290
J. B. Bartee, -, -, -, 100, 500
E. A. Paschal, 8, -, -, 9, 477
W. Patterson, 22, 41, 415, 10, 320
T. Edwards, 150, 850, 5000, 200, 1412
D. Hunter, -, -, -, 100, 100
T. J. Craft, 3, 97, 200, 18, 73
J. B. Rucker, 30, -, -, 10, 785
W. Kephart, 7, -, -, 10, 175
H. L. Duke, -, -, -, 5, 110
E. Linsey, 11, -, -, 5, 142
H. Prichett, 25, -, -, 15, 262
H. M. Gilbert, 75, 255, 1500, 30, 391
J. D. Woodard, 40, 260, 2000, 30, 331
L. B. Linsey, 1, -, -, -, 30
J. H. Hodges, 60, 581, 3000, 60, 639
A. J. Brim, 6, -, -, 40, 200
D. R. Williams, 13, -, -, 5, 375
J. Linsey, 60, 740, 3000, 100, 590
R. Williams, 40, 510, 2500, 100, 1029
J. Wall, 30, 70, 500, 25, 396
R. T. Williams, 50, 160, 1100, 200, 934
J. Camperry, 15, 35, 100, 5, 55
J. Hightower, 20, 320, 500, 30, 521
J. W. Ham, 5, -, -, 5, 25
H. Paschal, 12, 28, 100, 5, 106

W E. Winfree, 30, 70, 800, 15, 465
A. Heath, 60, 613, 1050, 15, 315
A__ Heath, 10, -, -, 8, 134
Z. V. Walker, 23, 89, 800, 10, 135
G. Taylor, 100, 1300, 3000, 100, 797
I. D. Walker, 40, 60, 500, 210, 30
J. E. England, 50, 189, 200, 100, 400
A. B. Caldwell, 300, 1100, 5200, 500, 1581
M. T. Berry, 150, 100, 2000, 100, 719
Wm. May, 40, 250, 2000, 150, 598
Wm. Lane, 75, 93, 2000, 100, 449
H. Lane, 5, -, -, 10, 7
Alf Lane, -, -, -, 10, 75
G. W. C. Lovel, 16, 250, 1000, 30, 510
J. Rye, 106, 100, 3500, 200, 1000
S. Walker, 80, 170, 1500, 50, 358
J. D. Hudson, 60, 110, 1300, 500, 496
T. W. Willey, 60, 140, 800, 30, 346
D. M. Marsh, 8, -, -, 8, 132
D. F. Hudson, 25, 125, 1000, 25, 332
M. Willey, 50, 198, 600, 10, 550
W. T. Waller, 25, 50, 500, 10, 925
W. M. England, 40, 253, 1500, 40, 383
D. Gray, 50, 120, 1000, 75, 291
A. Steerman, 1, -, -, -, 25
S. H. Watkins, 15, 123, 600, 10, 75
M. G. Dodson, 3, 22, 600, 130, 295
F. M. Rutledge, 6, -, -, 30, 35
Jo. Johnson, 25, 175, 1000, 10, 110
P. H. Hartgrove, 8, 40, 100, 50, 80
T. Hartgrove, -, -, -, -, 100
J. M. Hartgrove, 5, 95, 500, 20, 105
T. J. Coleman, 130, 132, 1000, 125, 806
J. Sane, 10, -, -, 10, 185
E. A. Russell, 5, 23, 500, 10, 826
G. W. Williams, 40, 38, 1000, 50, 524
J. Williams, -, -, -, 5, 101
M. Bowen, 50, 25, 800, 15, 255

W. W. Walker, 80, 151, 3500, 200, 1193
W. C. Crunk, 40, 85, 800, 25, 185
J. W. Hudson, 75, 250, 2000, 250, 1038
W. Gravit, 30, 94, 900, 25, 485
J. Choat, 35, 65, 500, 25, 314
James Choat, 60, 200, 1500, 50, 491
J. L. Choat, 2, -, -, 10, 65
M. B. Willey, 60, 282, 2000, 250, 1250
L. M. Matlock, 1, -, -, 10, 148
G. W. Choat, 1, -, -, 10, 116
M. Cassleman, 40, 160, 300, 2, 75
J. Cassleman, 4, 8, 50, 4, 470
R. Gorden, 25, 25, 500, 125, 380
S. Spencer, 65, 230, 800, 125, 260
J. W. Martin, 30, 100, 600, 8, 1215
H. A. Spencer, 8, -, -, 10, 232
J. Holt, 80, 100, 1800, 25, 495
W. Marsh, -, 118, 1000, 85, 180
W. J. Caps, 40, 140, 1600, 40, 667
I. T. Spencer, 125, 30, 3000, 60, 255
B. Pendergrass, 100, 550, 1000, 25, 148
E. F. Pendergrass, -, 1000, 1500, 10, 379
H. Sears, 8, -, -, 50, 140
W. Parker, 80, 110, 1000, 100, 524
S. Bibb, 40, 110, 1500, 80, 870
W. A. Moody, 200, 500, 1200, 150, 1500
J. M. Dickson, 25, 25, 400, 15, 300
W. W. Norris, 75, 320, 5000, 50, 500
Susan Sanders, 100, 300, 4000, 100, 1302
Jas. Sheren, 30, 100, 1000, 125, 791
A. Miatt, 45, 100, 1000, 55, 1380
L. L. Leech, 45, 15, 500, 25, 420
H. Hickerson, 8, 120, 1800, 75, 1030
F. M. Binkley, 50, 465, 6000, 20, 230
Daniel Leech, 150, 1300, 2500, 150, 973
S. M. Wilkins, 100, 70, 500, 23, 339

J. Southerland, 75, 250, 2000, 150, 462
John Taler, 15, 100, 400, 10, 55
Willis Jackson, 56, 10, 1000, 50, 661
Edward McCormic, 40, 160, 1000, 15, 500
Saml. Heath, 80, 100, 2000, 75, 678
Abel Heath, 30, 476, 1000, 20, 279
Avery Heath, 18, -, -, 10, 105
F. M. Taler, 8, -, -, 10, 340
J. J. Larkins, 4, 41, 300, 20, 63
E. Southerland, 8, -, -, 50, 149
W. D. Carlew, 80, 88, 1500, 50, 380
E. Dunaway, 65, 141, 1200, 35, 330
J. R. Carlew, 12, -, -, 15, 280
Ben Carlew, 65, 130, 1500, 40, 641
A. S. Gill, 20, 115, 500, 35, 335
John Carlew, 80, 180, 3000, 150, 1265
Jacob Leech, 8, -, -, 20, 385
A. N. Larkins, 80, 190, 5000, 240, 920
J. P. Gafford, 40, 93, 1500, 75, 601
B. G. Clark, 20, -, -, 15, 610
O. B. Spradlin, 33, 48, 1000, 50, 259
David Herd, 27, 67, 320, 100, 825
J. H. Owens, 60, 21, 900, 105, 693
Thos Nesbitt, 125, 655, 4000, 150, 978
J. A. Nesbitt, 35, 65, 500, 25, 370
Wm. Dodson, 150, 107, 3000, 200, 1013
Allen Nesbitt, 150, 300, 4000, 150, 1015
W. J. Mathis, 80, 1200, 700, 100, 965
R. Feribee, 15, -, -, 25, 435
S. D. Bowen, 135, 309, 8000, 170, 1270
D. C. Hartigin, 50, 50, 1000, 150, 1413
J. Ward, 150, 400, 12000, 250, 1450
W. H. Neblett, 23, 350, 2000, 75, 581
John Story, 6, -, -, 50, 339
T. O. Serbrooks, 5, -, -, 30, 260

G. Hutcherson, 400, 2000, 8000, 250, 975
E. Cearn (Ceam), 30, 370, 1200, 200, 2097
J. Gorden, 5, -, -, 10, -
J. F. Walker, 60, 105, 2000, 25, 422
A. Roberts, 150, 250, 3200, 100, 2348
R. Steele, 200, 600, 4000, 150, 1175
Jas. Staley, 20, 80, 500, 15, 79
W. Davis, 63, 90, 2500, 90, 555
J. H. W. Allen, 5, -, -, 85, 170
Wm. Willey, 35, 65, 1000, 15, 290
W. G. Sanders, 15, -, -, 20, 635
L. Larkins, 75, 60, 1400, 100, 982
W. S. Coleman, 200, 500, 3500, 150, 1410
W. M. Larkins, 85, 222, 2850, 170, 849
W. Sanders, 30, 205, 1200, 100, 363
T. W. Sanders, 35, 83, 900, 40, 388
S. J. Choat, 3, -, -, 5, 180
S. G. Choat Sr., 50, 103, 800, 120, 410
J. W. Anglin, 75, 75, 1200, 60, 380
T. Overton, 150, 1079, 13550, 400, 1350
R. McNully, 84, 320, 10000, 700, 968
S. Hendricks, 20, 204, 2000, 220, 1215

G. W. McMayhan, 80, 320, 5600, 600, 1487
James Mathis, 60, 67, 3500, 125, 712
J. C. Collier, 100, 1160, 3100, 150, 925
E. E. Larkins, 200, 2300, 10200, 280, 565
Miles Lang (Long), 60, 73, 1000, 30, 772
Jno. Eubank, 55, 245, 2000, 50, 674
Thos. Hudgins, 25, 25, 400, 75, 315
J. H. Herd, 15, -, -, 125, 270
T. Hendricks, 40, -, -, 40, 673
T. H. F. Kirkman, 60, 120, 1800, 350, 700
H. C. McCall, 76, -, -, 25, 140
C. E. Livingston, 60, 140, 2000, 50, 600
J. W. Oakley, 15, -, -, 50, 355
Jane Mathis, 50, 150, 1800, 100, 340
Mary Larkins, 40, 66, 1000, 75, 194
N. M. Carroll, 14, -, -, 75, 155
N. T. Cunningham, 70, 126, 2000, 30, 348
S. T. Hughs, 100, 300, 4000, 110, 435
B. W. S. Nicks (Hicks), 50, 575, 3000, 350, 4470
A. W. Vanleen (Vauleer, Vanleer), 1050, 14615, 100000, 5825, 12342

Dyer County Tennessee
1860 Agricultural Census

The Agricultural Census for Tennessee for 1860 was microfilmed by the University of North Carolina Library under a grant from the National Science Foundation and filmed from original records held at Duke University Library, Durham North Carolina.

There are some forty-eight columns of information on each individual. Only the head of household is addressed. I have chosen to use only six columns of the information because I feel that this information best illustrates the wealth of the individuals. These are shown below:

1. Name of Owner
2. Acres of Improved Land
3. Acres of Unimproved Land
4. Cash Value of the Farm
5. Value of Farm Implements and Machinery
13. Value of Livestock

Thus, the numbers following the names represent columns 2, 3, 4, 5, 13.

The following symbol is used to maintain spacing where information in a column is left blank (-). This symbol is used where letters, names or numbers are not legible (_).

M. P. Hurley, 35, 15, 1000, 100, 270
J. B. Garrett, 15, 44, 1180, 10, 335
Thos. Evans, 62, -, 800, 125, 4142
J. T. Burnett, 25, 25, 900, 40, 614
J. A. Stallings, 125, 62, 3640, 20, 385
A. T. Frelous (Freleus), 60, 40, 2000, 80, 822
J. F. Caruthers, 100, 222, 6000, 65, 1250
R. C. Coffman, 50, 106, 3500, 125, 500
L. W. Sannears (Sanncars), 70, 80, 3000, 100, 480
F. G. Smith, 10, 2, 457, 10, 290
J. H. Perry, 7, 58 ½, 1200, 10, 250
G. W. Taylor, 30, 30, 1500, 20, 390
W. W. Biggs, 60, 200, 8000, 100, 920
E. W. McClanahan, 18, 82, 2000, 65, 575

J. T. Loveless, 25, 37, 1249, 50, 420
J. F. Randolph, 20, 25, 800, 15, 350
A. Garrett, 85, 130, 3450, 125, 690
W. Garrett, 15, 35, 400, 10, 288
S. F. Curtis, 35, 43, 1690, 10, 285
L.S. Mongomery, 55, 78, 2660, 50, 835
B. T. Frelaer (Fielder), -, -, -, 75, 635
S. W. Fielder, 50, 50, 1500, 15, 580
J. G. Averett, -, -, -, 65, 520
C. A. Arnold, -, -, -, 445, 180
T. J. Kerby, -, -, -, 8, 450
R. Murdough, 105, 25, 2000, 50, 550
C. W. Thacker, 600, 300, 18000, 1000, 3000
G. J. Evans, 75, 98, 2000, 60, 990
L. B. Fielder, 75, 150, 3375, 70, 650
R. B. Davidson, 35, 17 ½, 1840, 85, 660
J. T. Slaton, 15, 45, 750, 10, 336
W. C. Coop, 40, 27, 1200,1 5, 665

J. G. Brewer, 53, 49 ½, 2000, 140, 805
N. C. Burrough, -, -, -, 5, 240
T. D. Howell, 100, 262, 5940, 120, 1050
K. Stallings, 20, 30, 750, 10, 200
H. F. Warren, -, -, -, 10, 600
M. A. Montgomery, 50, 82, 2640, 90, 709
J. D. Echoles, 25, 25, 900, 10, 225
E. G. Davidson, 50, 100, 1030, 60, 900
W. Cunningham, -, -, -, 60, 290
W. M. Balentine, 80, 70, 2300, 50, 500
Jno. Balentine, -, -, -, 7, 100
W. Davidson, -, -, -, 50, 545
Jno. Davidson, 20, 20, 220, 10, 242
F. Henderson, -, -, -, 20, 450
J. H. Yancey, 20, 61 ½, 1250, 10, 390
L. F. Swanner, -, -, -, 20, 169
A. Lasater, 70, 193, 4738, 50, 978
J. R. Hickman, -, -, -, 80, 145
E. Taylor, 47, 125, 3440, 55, 489
Jas. Wright, 25, 20, 1000, 55, 429
D. D. Hickman, -, -, -, 10, 300
W. B. Ward, 300, 275, 14375, 500, 2144
W. Ward, -, -, -, 75, 845
Thos. Bell, 50, 74, 3100, 100, 620
C. L. Goodman, 20, 33, 1325, 100, 429
J. P. Hall, -, -, -, 10, 200
M. W. Robertson, 100, 180, 2600, 150, 1040
W. M. Powell, 125, 173, 6160, 60, 955
W. L. Wright, -, -, -, 20, 405
S. D. Ward, 20, 70, 600, 10, 350
J. A. Cuningham, 30, 30, 1200, 10, 270
Jas. Nettles, -, -, -, 10, 200
G. A. Hay, 19, 48, 970, 15, 225
Jno. McCracken, 35, 83, 2770, 100, 425

P. C. Kirby, -, -, -, 25, 242
Thos. Eason, -, -, -, 20, 169
W. Antwine, 70, 68, 1380, 100, 795
W. T. Polston, 30, 70, 1600, 10, 285
M. Hardin, 50, 160, 3360, 80, 530
Saml. Wilson, -, -, -, 10, 175
W. H. Simms, 20, 50, 840, 10, 177
W. L. Holmes (Holman), 20, 30, 800, 10, 177
M. Perry, 70, 230, 6000, 125, 900
E. Warren, 100, 250, 5250, 30, 745
A. Griffin, 40, 195, 2330, 40, 675
T. B. Wingate, -, -, -, 20, 290
R. R. Browder, 60, 210, 2500, 30, 675
G. C. Scarberry, -, -, -, 10, 18
F. G. Swanner, 5, 45, 350, 60, 165
H. H. Browder, 35, 165, 1400, 45, 470
J. W. Lemons, -, -, -, 10, 140
T. J. Readick, 15, 63, 900, 20, 390
B. Chrourister, -, -, -, 10, 100
J. H. Hay, 40, 80, 1800, 90, 415
P. Chrourister, -, -, -, 100, 455
J. G. Jones, -, -, -, 60, 220
J. Scarburrough, 20, 96, 642, 50, 160
Jas. Swanner, 16, 50, 660, 50, 165
R. A. Buragh, -, -, -, 10, 170
A. L. Fergason, 100, 150, 5000, 50, 795
J. P. Davis, 100, 263, 600, 100, 1485
G. W. Blain, 100, 30, 2000, 125, 590
W. W. Hall, 60, 50, 2750, 126, 1025
A. Warren, 40, 130, 3400, 50, 664
H. Robertson, 25, 35, 1625, 15, 220
S. Stallings, 90, 97, 3350, 71, 1035
L. P. Stallings, 16, 182, 2250, 15, 220
Thos. Ward, 50, 225, 6900, 50, 420
L. Robertson, 20, 32, 1080, 25, 380
R. Robertson, 15, 4, 500, 35, 210
E. E. Hawkins, 40, 30, 2100, 85, 355
W. L. Furguson, -, -, -, 7, 112
J. J. Bell, -, -, -, 7, 30
J. N. Jackson, -, -, -, 100, 420
J. G. Trusly (Finsley), -, -, -, 5, 229

J. J. Davis, 35, 59, 940, 50, 340
T. W. Jones, 300, 550, 21250, 200, 4980
G. W. Walker, 60, 174, 4000, 300, 1200
B. F. Farmer, 26, 170, 2000, 30, 475
B. C. Powell, -, -, -, 5, 135
J. R. Todd, 80, 86, 3325, 150, 400
E. A. Henderson, 30, 66, 2000, 100, 525
L. C. Hodge, 50, 257, 6140, 100, 690
L. W. Sorrell, 80, 120, 4000, 60, 725
N. J. Sorrell, 10, 150, 1280, 35, 700
N. Sorrel, -, -, -, 40, 800
E. Johnson, -, -, -, 100, 545
S. Massey, -, -, -, 10, 29
Robt. Thompson, -, -, -, 10, 116
W. Moore, 38, 37, 1500, 125, 494
J. M. Murrey, -, -, -, 25, 210
Jno. C. Murrey, 55, 140, 3950, 25, 565
H. King, 80, 380, 9500, 100, 681
B. Payne, -, -, -, 15, 220
M. Caldwell, 80, 220, 8000, 100, 1000
G. W. Adams, 130, 20, 5000, 160, 3795
N. Parish, 225, 75, 6000, 175, 1925
W. Hassell, 70, 55, 1500, 30, 550
W. H. Parish, 80, 43, 1845, 20, 320
T. C. Mitchell, 115, 285, 8000, 150, 1310
P. R. Bessent, 18, 86, 1040, 25, 450
N. C. Gentry, 30, 50, 1000, 25, 515
E. Parish, 50, 150, 4000, 200, 635
Thos. Nash, 100, 855, 4625, 100, 1480
Thos. Shelton, -, -, -, 85, 370
E. M. Yates, -, -, -, 10, 385
G. G. Gentry, 20, 30, 1000, 80, 365
J. T. Staggs, -, -, -, 25, 365
J. D. Ferguson, -, -, -, 10, 420
Jno. Warren, -, -, -, 10, 200
R. Staggs, 60, 106, 2324, 10, 1520
S. M. Pates, 100, 133, 5825, 80, 980
J. D. Wood, -, -, -, 33, 330

Thos. Miller, 150, 413, 8260, 430, 1480
N. Shelton, 35, 115, 3000, 10, 287
D. Shelton, 30, 112, 2840, 20, 500
J. A. Shelton, 50, 82, 2640, 25, 391
W. Shelton, 40, 110, 3000, 140, 735
L. Frost, 60, 62, 2440, 25, 1010
Geo. Miller, 100, 224, 4860, 162, 1125
Jo. Miller, 100, 208, 4620, 200, 1165
W. R. Nash, 15, 48, 1000, 46, 172
L. M. Thurmond, -, -, -, 10, 280
M. Edwards, 30, 48, 280, 10, 190
Jas. Edwards, -, -, -, 10, 192
H. Worrell, 17, 33, 300, 5, 140
A. E. Hurley, -, -, -, 6, 190
J. L. Moore, 60, 48, 1000, 10, 430
W. V. Reading, 30, 82, 1120, 40, 560
W. D. Endarley, -, -, -, 10, 42
A. Cook 50, 91, 2820, 100, 345
G. W. Cook, 50, 91, 2820, 30, 575
A. Hardison, 60, 316, 9400, 40, 825
J. C. Leggett, -, -, -, 15, 245
W. S. Leggett, 20, 20, 800, 30, 680
S. P. Hawkins, 30, 250, 1100, 30, 485
J.S. Hardin, 60, 169, 3455, 75, 1010
J. Taylor, 20, 30, 1000, 10, 420
S. Hoax, 15, 35, 450, 5, 230
N. Taylor, 14, 36, 750, 20, 360
W. F. Nash, 25, 86, 2220, 10, 494
W. B. Nash, 30, 52, 1200, 10, 350
G. B. Craig, -, -, -, 35, 338
L. J. Moore, -, -, -, 10, 285
W. Worrell, -, -, -, 75, 185
D. Parish, 150, 330, 5760, 400, 1935
Jno. E. Bell, 150, 450, 16000, 100, 2027
W. Miller, 200, 400, 10000, 150, 1295
R. Walker, 30, 90, 2400, 15, 410
E. Garland, 16, 34, 1000, 100, 200
K. Sorrell, -, -, -, 10, 205
W. T. Shelton, 40, 60, 2000, 125, 485
B. T. Wood, 50, 275, 3900, 125, 640

N. B. Wood, 35, 22, 862, 10, 125
W. W. Sorrell, 35, 116, 1510, 10, 385
M. King, 14, 71, 1275, 7, 200
C. Ross, 29, 42, 800, 75, 320
J. G. Fleming, 25, 81, 2010, 10, 350
L. Kerley (Kerby), 27, 67, 1780, 10, 514
Jno. Hogan, -, -, -, 10, 280
Jno. Scalling, -, -, -, 10, 235
T. H. Fitzhough, -, -, -, 120, 405
J. B. Thompson, -, -, -, 10, 191
F. M. Saulsbery, 19, 81, 2000, 10, 199
J. F. White, 20, 20, 800, 30, 360
B. T. Robertson, -, -, -, 10, 205
Allen Rawles, 65, 45, 2750, 100, 700
J. Olds, 30, 70, 2000, 25, 610
A. B. Stalcup, 90, 110, 4000, 75, 765
P. L. Perry, 20, 216, 3540, 15, 322
Thos. Olds, 20, 60, 1600, 25, 507
J. T. Vales, 60, 70, 2600, 140, 490
T. L. Singleton, 90, 82, 3440, 300, 1480
W. Cotton, -, -, -, 25, 288
B. Edwards, -, -, -, 5, 48
S. Bennet, -, -, -, 5, 153
S. Heath, -, -, -, 15, 219
E.G. Stallings, 75, 50, 2500, 245, 1029
W. N. Beasley, 25, 65, 1530, 15, 168
H. Jones, 50, 86, 2700, 65, 710
C. Jones, -, -, -, 10, 95
H. Jones, -, -, -, 10, 86
H. Reddick, 50, 70, 1800, 65, 700
W. D. Jones, -, -, -, 85, 294
R. F. Tucker, 25, 37, 1250, 95, 485
W Ferguson, 32, 61, 1500, 110, 760
L. Poland, 18, 38, 800, 10, 417
E. Stevenson, 25, 49, 760, 10, 497
W. H. Jones, -, -, -, 10, 135
D Patton, 30, 20, 550, 75, 331
J. C. Mansfield, -, -, -, 35, 45
H. Reddick, 100, 82, 2730, 80, 915
H. Swane, -, -, -, 10, 80
Job Swane, 75, 146, 3315, 150, 1260
L. Stallings, -, -, -, 100, 433
A. C. Howell, -, -, -, 10, 60
M. Baker, -, -, -, 10, 108
B. Robertson, -, -, -, 50, 300
T. J. Mansfield, 25, 25, 500, 20, 339
S. Kent, 10, 7, 170, 10, 249
Jo. Privit, -, -, -, 10, 150
Jo. Reddick, -, -, -, 45, 460
G. W. Floyd, 25, 76, 1525, 30, 490
J. E. Parker, -, -, -, 10, 122
J. A. Floyd, 120, 110, 3450, 100, 800
Jno. Wright, -, -, -, 5, -
W. G.Camel, -, -,, -, 10, 61
J. N. Robertson, -, -, -, 50, 377
T. T. Reddick, 70, 38, 800, 80, 488
S. B. Robertson, -, -, -, 25, 75
Jno. W. Hammel, -, -, -, 12, 170
Jas. Robertson, 30,70, 1500, 100,740
A. Richardson, 40, 58, 1000, 25, 200
P. H. Reece, 30, 48, 780, 10, 253
W. F. McCoy, 7, 40, 400, 10, 275
W. Lewis, 15, 64, 790, 10, 159
Willis Reddick, -, -, -, 350, 937
S. K. Wood, -, -, -, 35, 650
P. H. Warren, 120, 120, 4800, 75, 1105
R. Williams, 50, 21, 1430, 25, 425
G. W. Bettis, 100, 600, 14000, 100, 1440
Jos. Little, -, -, -, 3, 215
J. D.Robertson, -, -, -, 45, 215
Ben Jordan, -, -, 500, -, 445
J. M. Lucas, 60, 90, 3000, 100, 1000
Robt. Johnson, 250, 810, 11600, 775, 2250
Jno. M. Parker, 50, 45, 2500, 130, 746
H.E. Farmer, -, -, -, 10, 420
A. J. Howard, 80,70, 2250, 55, 765
J. A. Nunn, 100, 133, 5825, 155, 1250
W. C. Vale, 20, 94, 2450, 90, 215
Jas. Jackson, 30, 170, 1600, 130, 335
L. Peterson, 27, 73, 1500, 10, 291
J. C. Robertson, 30, 123, 1530, 100, 715

J. J. Jacox, 50, 250, 6000, 100, 600
H. Stokes, 28, 80, 2000, 5, 574
L. Warren, 60, 40, 2500, 60, 1075
M. Harris, 110, 890, 10000, 30, 382
A. Turpin, 40, 42, 1640, 75, 885
Jo. Peal, 80, 420, 10000, 60, 765
J. A. Crooves, -, -, -, 30, 657
Jno. E. Roberts, 20, 30, 3000, 10, 400
R. H. McGaughey, 70, 150, 9500, 120, 967
H. Clark, 225, 900, 15000, 125, 490
S. R. Latta, 55, 140, 8500, 30, 416
J. W. Hassell, 90, 390, 6600, 130, 1000
G. W. D. Harris, 135, 544, 17550, 300, 480
Jessee Clark, 60, 742, 7510, 150, 1316
R. G. Henderson, 10, -, 2500, 125, 355
Jno. P. Hughs, -, -, -, 75, 1000
L. Watkins, 70, 91, 6233, 100, 964
W. P. Fowlker, 300, 800, 33120, 425, 2920
G. D. Mayze, -, -, -, 65, 310
S. Skipper, -, -, -, 7, 315
W. B. Tipton, 30, 135, 2260, 100, 700
T. J. T. Walker, 145, 144, 7800, 200, 1832
B. F. Brazier, 11 ¾, -, 150, 15, 485
Isaac Bunnel, 100, 500, 12000, 100, 710
Jo. Singletery, -, -, -, 75, 365
Jno. C. Pate, 35, 315, 7000, 35, 1055
J. M. Bernett, 100, 730, 5500, 50, 775
W. Thompson, -, -, -, 20, 140
C. Manning, 20, 60, 1200, 85, 315
P. C. Brandon, -, -, -, 10, 180
Jno. Finley, 20, 3 0, 1000, 15, 505
A. J. Fullerton, 25, 80, 1266, 65, 415
D. Weakley, -, -, -, 10, 315
P. T. A. Walker, 20, 95, 300, 50, 480
H. P. Fowlkes, 70, 150, 7200, 105, 875
E. A. Danevant, 66, 38, 2940, 75, 665
J. A. Light, 250, 344, 11880, 600, 2375
M. E. Williamson, 75, 205, 8400, 90, 475
Chas. Rudder, 125, 195, 9600, 150, 1390
Jno. Rudder, -, -, -, 90, 135
A. Ledbetter, -, -, -, 115, 420
J. N. Endaley (Endsley), -, -, -, 90, 300
T. A. Peacock, 130, 50, 5400, 95, 1000
W. P. Mengies, 30, 20, 1500, 95, 1660
S. Cooper, 40, 120, 1920, 150, 185
A. G. Ferguson, 175, 617, 16300, 250, 1661
R. M. Tarrant, 30, 17, 400, 150, 490
J. B. Armstrong, 30, 106, 3960, 100, 660
W. A. Austin, -, -, -, 10, 275
L. H. Shaw, 80, 180, 7800, 180, 1915
J. H. Short, -, -, -, 75, 230
G. W. Pierce, 30, 170, 1000, 50, 590
C. R Pierce, 60, 120, 5400, 75, 402
N. Connel, 300, 200, 15000, 150, 1235
A. G. Pierce, 30, 134, 4920, 100, 660
M. Mills, 15, 6, 210, 125, 380
G. H. Todd, 50, 85, 3000, 95, 275
J. L. Tillman, -, -, -, 25, 80
W. J. Carter, 8, 8, 250, 30, 319
J. T. North, 10, 15, 375, 10, 156
J. N. Ledbetter, 15, 168, 940, 35, 340
O. J. P. Carter, 20, 30, 750, 30, 475
W. R. Garrett, -, -, -, 30, 1190
W. N. McKnight, -, -, -, 15, 564
C. B. Bloomingdale, 25, 25, 2000, 100, 436
S. H. Lauderdale, 40, 48, 2800, 225, 1325

W. R. Read, 4, 96, 800, 95, 209
J. W. Wright, 65, 159, 5000, 200, 1060
J. H. Crenshaw, 50, 63, 2250, 115, 880
T. H. Johnson, 150, 250, 8000, 155, 1520
W. O. Williams, -, -, -, 5, 20
G. A. Fowlkes, 130, 370, 13000, 125, 2115
G. W. Lane, 20, 80, 1000, 20, 425
J. P. Hurt, 45, 73, 1770, 20, 665
C. N. Lasley, 60, 111, 2550, 38, 800
G. W. Henkle, 50, 293, 3400, 100, 589
A. C. Neeley, 5, 176, 1810, 110, 405
S. D Light, 190, 430, 12400, 340, 1955
H. Fowlkes, 400, 800, 30000, 250, 6450
H. L. Fowlkes, 275, 821, 27400, 350, 1189
A. Fowlkes, 300, 464, 19100, 230, 2066
T. B. Harris, 71, 100, 4375, 120, 973
R. D. Dickerson, 60, 90, 3950, 106, 935
S.C. Graves, 250, 220, 9400, 400, 1115
W. S. Normat, -, -, -, 50, 870
E. M. Smith, 20, 52, 1440, 5, 232
S. J. Neeley, -, -, -, 40, 300
J. Neeley, 80, 320, 8000, 100, 930
P. C. Ledsinger, 400, 200, 16000, 245, 3285
J. L. White, 24, 76, 2000, 40, 175
L. P. Gleaves, 25, 8, 660, 100, 375
D. Burnham, 10, 40, 500, 15, 150
J. M. Hurt, 35, 95, 2580, 20, 274
F. R Miller, 15, 185, 3000, 10, 135
L. H. Roggers, 25, 75, 1000, 25, 593
L. Gallaha, 5, 75, 800, 10, 280
E. Jones, 3, 99, 700, 100, 95
W. W. Jones, -, -, -, 75, 370
Mary Jones, -, -, -, 60, 160
S. M. Kerr, 27, 90, 1400, 35, 425

D. A. Chamberlain, -, -, -, 10, 353
J. Ferrell, 15, 35, 500, 10, 151
M. H. Davis, 16, 30, 460, 35, 205
W. C. Davis, 20, 80, 1000, 20, 695
A. Freeman, 25, 65, 900, 70, 521
Jas. Mills, -, -, -, 30, 1220
P. Mills, -, -, -, 10, 210
N. A. Whittenton, 40, 60, 500, 60, 438
W. Marehaut(Marchant), 100, 1200, 14400, 440, 1200
S. Marehaut, 18, 184, 1600, 30, 300
T. Thurmond, -, -, -, 10, 150
W. A. Capps, -, -, -, 10, 140
W. L. Smith, 75, 60, 1632, 30, 370
Jno. B. Pierce, 40, 66, 2120, 125, 660
W. Brent, -, -, -, 10, 245
E. Hambrick, 40, 37, 1540, 45, 556
Jo. Smith, 130, 310, 8800, 150, 1472
J. W.Roggers, 125, 165, 5800, 150, 1503
H. Landrum, -, -, -, 10, 270
Mary Hurt, -, -, -, 5, 145
M. W. Baker, 60, 165, 5625, 30, 838
S. Fairbanks, 100, 175, 5460, 90, 1180
S. C. Cobb, 45, 55, 2000, 75, 615
J. W. Payne, 50, 92, 2040, 120, 455
V. G. Wynne, 65, 195, 3200, 50, 630
W. W. Davis, 40, 63, 1545, 60, 845
P. Marehaut (Marchant), 40, 62, 2040, 20, 554
J. P. Marchant, 50, 250, 3000, 45, 510
M. Chamberlan, 25, 25, 1000, 80, 410
W. Ferrell, 25, 25, 1000, 20, 425
D. C Neeley, -, -, -, 50, 290
W. H. Previtt, -, -, -, 10, 70
W. Edwards, -, -, -, 10, 180
J. J. Radford, -, -, -, 10, 200
J. B. Ferguson, 40, 260, 3000, 175, 2080
E. W. Tipton, 30, 170, 1200, 95, 2815

C. W. Brown, -, -, -, 10, 150
K. Bledsoe, -, -, -, 35, 320
W. S. Wright, -, -, -, 40, 980
H. D. Semfale, -, -, -, 10, 270
F. Sample, -, -, -, 10, 88
S. Whitehead, -, -, -, 40, 160
Thos. Hampton, -, -, -, 100, 1720
A. B. Crocket, -, -, -, 10, 260
E. White, 45, 75, 3000, 100, 660
D. M. Craig, -, -, -, 10, 190
C. J. Grimes, 130, 460, 14750, 250, 4800
J. H. Hamilton, 35, 78, 2500, 100,585
J. P. Hampton, 15, 125, 1680, 15, 2090
W. H. Hampton, -, -, -, -, 174
K. Kirk, -, -, -, 60, 555
Jno. L. James, 30, 77, 2140, 50, 518
Jasen Wright, 50, 122, 3440, 100, 615
A. P. Frith, 125, 265, 2800, 250, 1930
Jno. R. Crow, 100, 200, 6000, 40, 1130
W. E. Troy, 417, 60, 2000, 65, 470
H. Hogan, 40, 60, 3000, 100, 600
W. R. Wynne, 65, 136, 500, 200, 1080
H. Wynne, 115, 110, 5000, 100, 1375
Guy Douglas, 240, 19, 7000, 150, 1515
Jno. M. Drane, 100, 115, 6450, 165, 1315
W. Fuller, 40, 64, 3100, 30, 700
R. H. Enoch, 30, 103, 2000, 70, 509
T. Garison, -, -, -, 50, 420
J. T. Montgomery, 30, 120, 1800, 60, 333
C. Davis, -, -, -, 10, 76
J. J. Mills, 30, 30, 1000, 40, 336
J. A. Jones, -, -, -, 10, 85
J. S. Crow, 40, 63, 1800, 40, 360
F. M. Griffin, 35, 68, 2060, 100, 471
J. Norington, -, -, -, 20, 515

A. Enoch, 300, 3356, 19050, 210, 1820
J. W. Enoch, 21, 113, 2660, 10, 320
G. W. Smith, 10, 140, 2500, 225, 650
W. H. Ellis, -, -, -, 10, 181
J. J. W. Ellis, 125, 225, 6000, 40, 605
E. N. Sullivan, -, -, -, 10, 200
J. A. Norington, -, -, -, 10, 195
B. A. Flowers, 20, 30, 1000, 10, 325
E. Spane, 25, 115, 2400, 15, 338
D. G. Headdy, 25, 50, 750, 40, 290
W. Jackson, 40, 78, 2360, 25, 1500
M. C. Wiggs, -, -, -, 10, 165
R. R. Jones, -, -, -, 10, 190
E. Burket, 25, 25, 1000, 115, 650
Jas. Weakly, 75, 49, 3000, 75, 845
W. T. Weakly, 21, 29, 1250, 15, 243
R. J. Jones, -, -, -, 5, 144
T. Jones, -, -, -, 50, 202
J. P. Jones, 5, 67, 432, 5, 102
J. A. Read, 20, 191, 2220, 15, 340
L. V. Read, 25, 25, 1000, 5, 320
J. T. Kirkpatrick, 100, 50, 3000, 125, 840
W. H. Guthrie, -, -, -, 40, 295
M. Ellis, 50, 141, 4000, 40, 415
N. Porter, 50, 150, 6600, 140, 885
S. Weathers, -, -, -, 120, 396
T. Rasberry, 15, 85, 1250, 20, 380
J. B. Weathers, -, -, -, 10, 31
W. F. Ellis, -, -, -, 10, 255
J. D. Scoby, 30, 50, 1600, 70, 650
A. Simpkins, 15, 35, 1000, 40, 390
T. Scoby, -, -, -, 10, 140
Jno. Simpkins, 20, 31, 1000, 60, 335
D. H. Green, -, -, -, 10, 193
J. R. Green, 65, 178, 4740, 150, 784
W. Hampton, 50, 75, 2460, 110, 1040
J. A. King, 50, 53, 2060, 80, 708
Silas Ferrell, 35, 75, 3900, 125, 638
A. Moore, 25, 35, 1800, 20, 387
W. E. Dunevant, -, -, -, 10, 170
N. Green, -, -, -, 10, 255
J. Green, 65, 107, 4240, 110, 748

J. D. Kirkpatrick, 40, 90, 3300, 110, 764
C. Smith, 15, 15, 600, 5, 240
W. L. Meadows, 40, 60, 3000, 250, 700
M. Dickey, 53, 50, 3090, 110, 825
A. Dickey, 60, 110, 5100, 120, 1480
L. Walker Sr., 60, 63, 2460, 40, 620
L. Walker Jr., -, -, -, 5, 38
E. Haskins, 400, 400, 25000, 362, 3375
Jno. Tylor, -, -, -, 15, 145
H. T. Bell, 170, 230, 8250, 275, 1435
Jno. Sullivan, -, -, -, 10, 118
S. G. Ferrell, 125, 91, 6000, 125, 1075
C. H. Ferrell, 125, 116, 6025, 120, 795
J. J. Ferrell, 125, 126, 6325, 150, 1751
Mary Fuller, 100, 100, 5000, 80, 1107
T. Fuller, 50, 105, 4650, 50, 587
T. F. Fulds, -, -, -, 7, 409
J. W. Smith, 75, 102, 8000, 75, 1340
T. C. Churchman, 80, 55, 3500, 240, 734
A. Jones, -, -, -, 85, 301
W. H. Lanier, 70, 30, 300, 175, 924
J. L. Spencer, 17, 85, 2040, 100, 750
J. B. Blankenship, 65, 75, 4050, 150, 1000
S. A. Moore, 60, 115, 5250, 90, 840
W. B. Parnell, -, -, -, 10, 140
D. H. Trout, 50, 125, 5280, 100, 785
D. C. Churchman, 16, 59, 2250, 10, 425
J. G. Tucker, 60, 170, 7200, 100, 752
L. Brown, -, -, -, 10, 345
W. Trusty, -, -, -, 50, 150
M. McGinnis, 40, 108, 4440, 130, 374
A. G. Harris, 300, 220, 15600, 600, 1850
W. B. Beard, 60, 90, 4500, 100, 670

R. H. Applewhite, 40, 32, 3760, 125, 658
H. Fuller, 50, 106, 4680, 100, 1000
W. H. Applewhite, 80, 20, 3000, 100, 500
W. T. Lanier, 20, -, 600, 125, 305
W. A. Hutson, 225, 450, 20880, 175, 2050
A. Harris, 4009, 250, 19500, 600, 3099
R. E. Johnston, 42, 121, 4890, 80, 758
R. Campbell, 130, 209, 10170, 350, 1650
S. Garrison, -, -, -, 70, 505
J. B. Butler, -, -, -, 50, 450
M. J. King, 100, 120, 6600, 75, 950
M. J. Light, 200, 400, 18000, 200, 1980
G. R. Mulherin, 250, 645, 17900, 180, 1810
J. Sawyer, 200, 326, 10520, 245, 1766
S. Baker, 50, 146, 400, 135, 720
J. M. Thompson, 60, 260, 4800, 45, 791
E. P. Kirk, 100, 78, 3560, 85, 738
S. Chittwood, 100, 238, 6760, 118, 855
D. Vrah, 40, 36, 1320, 50, 1257
A. H. Finch, -, -, -, 10, 230
Jo. Chitwood, 100, 125, 5625, 125, 913
E. L. Palmer, 40, 60, 2000, 65, 660
J. C. Bradshaw, -, -, -, 10, 190
H. P. Scott, 50, 242, 3404, 90, 375
J. Pierce, 125, 75, 6000, 35, 1175
W. R. Prichard, 80, 80, 2400, 80, 1017
W. Sawyer, 60, 140, 3000, 35, 675
E. Powell, 50, 100, 2000, 135, 875
E. Bradshaw, 100, 98, 4000, 175, 1060
D. E. Parker, 600, 2700, 66000, 610, 7420

Saml. Walker, 380, 765, 22900, 315, 2220
H. Moore, 30, 490, 3000, 200, 1950
Jo. Prichard, 50, 895, 3000, 100, 835
M. B. Chitwood, 125, 112, 4740, 250, 1050
M. Dean, -, -, -, 75, 167
E. Holland, -, -, -, 80, 505
W. A. Wagoner, 25, 25,500, 50, 230
J. R. Clements, -, -, -, 15, 175
A. Wilkins, 140, 80, 3100, 700, 829
E. Ray, -, -, -, 5, 475
W. Sawyer, -, -, -, 15, 457
G.C. Barker, 25, 42, 1300, 40, 500
Susan Barker, 15, 30, 900, 40, 266
E. Dearmoore, 20, 80, 2500, 20, 432
B. C. Smith, 40, 44, 2000, 1400, 207
M. Hendrick, 30, 75, 2500, 100, 654
E. A. Wilkins, 20, 74, 100, 15, 170
G. Chitwood, -, -, -, 25, 480
N. Edney, 28, 71, 2000, 10, 335
D. W. Gaulding, 30, 120, 3000, 70, 280
J. W. Gaulding, 30, 120, 3000, 70, 217
A. A. Dickerson, 35, 89, 2480, 20, 436
S. Self, -, -, -, 10, 103
W. V. Self, 22, 38, 1200, 110, 400
W. A. Baker, 15, 35, 1000, 10, 247
M. O. B. Gaulding, 200, 274, 9480, 150, 2245
L. M. Williams, 80, 111, 5000, 220, 1104
R.W. Tucker, 45, 55, 2000, 125, 690
S. J. Jones, 35, 85, 2400, 100, 960
J. Holland, -, -, -, 10, 120
A. Dunevant, 75, 25, 2000, 80, 760
W. A. J. Walker, -, -, -, 110, 485
Geo. Fouse, 120, 285, 5000, 85, 840
Geo. Davis, 75, 338, 5162, 50, 425
W. Chamberlan, 60, 82, 2840, 50, 545
J. Sawyer, 20, 30, 1000, 10, 202
D. Ferrell, 20, 30, 500, 10, 150

W. J. Mahan, 250, 23, 7460, 220, 2310
J. T. Bradshaw, -, -, -, 10, 153
Jas. Walker, 90, 39, 2600, 150, 1570
J. R. Robbins, 30, 120, 3000, 85, 181
C. Walker, 75, 104, 3580, 160, 590
W. E. Cummings, 30, 96, 2500, 26, 575
T. C. Smith, 350, 300, 13000, 125, 2080
J. W. Prichard, -, -, -, 10, 186
R. Prichard, 40, 60, 1500, 15, 525
S. D. Wood, 250, 743, 21000, 800, 3280
J. Pierce, 50, 62, 1780, 47, 940
N. P. Tatom, 40, 145, 3700, 108, 404
J. J. Martin, 75, 39, 1680, 40, 893
W. B.Smith, 100, 200, 4500, 50, 598
J. R. Foster, 200, 200, 6000, 130, 2254
J. Hall, -, -, -, 7, 94
R. H. Davis, 20, 32, 2800, 20, 254
P. Oneal, 40, 82, 1830, 25, 968
E. Smith, 200, 200, 6000, 150, 1094
W. Maddrey, 40, 35, 1500, 10, 441
D. Wageter, -, -, -, 40, 915
A. Webb, 65, 83, 2220, 15, 650
A. Stean, 30, 221, 3000, 125, 469
Jno. F. Stean, -, -, -, 10, 114
E. C. Butler, 17, 8, 200, 35, 355
E. L. Akins, 40, 118, 1980, 50, 720
W. Featherston, 25, 28, 1000, 50, 728
W. J. Featherson, 100, 296, 10000, 85, 1175
H. D. Featherston, 25, 52, 1000, 10,387
M. F. Akins, 50, 50, 2000, 35, 581
W. B. Arnold, -, -, -, 35, 161
R. Ferrell, -, -, -, 10, 184
James Wageter, -, -, -, 20, 400
H. Hester, 30, 70, 1500, 30, 575
S. B. Akin, 60, 182, 3630, 100, 608
Jno. Reynolds, -, -, -, 10, 112
A. M. Reynolds, -, -, -, 100, 578

Jas. McCutchen, 80, 147, 3260, 115, 490
W. R. Reynolds, -, -, -, 10, 148
J. J. Hale, -, -, -, 35, 365
S. S. Hall, 60, 240, 5000, 210, 1065
S. Hall, -, -, -, 35, 68
J. R. L. Neal, -, -, -, 10, 263
W. Holland, -, -, -, 10, 82
J. Jerow, 35, 65, 1500, 20, 165
T. H. Pierce, 50, 40, 1800, 100, 550
T. H. Akin, 30, 12, 810, 15, 475
A. Wyatt, 20, 22, 800, 50, 320
L. G. Brown, -, -, -, 8, 178
G. H. Wright, 100, 260, 4200, 150, 580
J. Anthony, -, -, -, 60, 1055
R. Arnold, -, -, -, 10, 341
S. W. Archibald, 4, 46, 1000, 60, 281
A. C. Walters, -, -, -, 55, 275
F. W. Hall, -, -, -, 8, 140
A. T. Featherston, 45, 205, 5000, 50, 410
S. C. Henderson, 40, 124, 3280, 30, 572
Jas. Duke, 70, 90, 3650, 120, 1390
W. S.Skipwith, 45, 55, 2000, 38, 689
P. Madderly, 50, 48, 2500, 135, 1190
J. C. Hale, 15, 35, 1150, 15, 519
A. Chitwood, 40, 64, 1600, 25, 305
T. H. Fowlkes, 380, 400, 19500, 540, 3147
H. McKane, 30, 43, 1460, 20, 239
A. R. Robins, 20, 80, 2000, 120, 635
G. W. Shackleton, 40, 138, 3560, 28, 876
R. W. Michael, 3, 47, 1000, 80, 264
E. A. Cole, 50, 85, 2666, 38, 860
B. G. M. Cole, 25, 41, 1355, 55, 435
Thos. Smith, 40, 90, 1720, 120, 407
T.Gaultney, 25, 25, 1500, 120, 385
T. Ferrell, -, -, -, 40, 272
J. R. Davis, 14, 51, 1040, 15, 342
A. Cannada, 24, 39, 756, 65, 535
C. N. Whealer, -, -, -, 10, 364
W. H.Hendrick, 35, 175, 3600, 15, 175
M. C. Cole, -, -, -, 15, 195
V. R. Allen, 50, 82, 2640, 20, 570
R. A. Jenkins, -, -, -, 10, 214
W. C. Hogan, -, -, -, 10, 358
H. McKey, -, -, -, 10, 230
J. H. Ward, 50, 244, 5960, 110, 1110
C. C. Ray, 60, 127, 4675, 160, 1210
L. Gaultney, -, -, -, 10, 166
P. Holland, 10, 73, 1494, 20, 478
J. M. Atkins, 275, 381, 17680, 260, 2215
A. K. Farris, 20, 8, 300, 45, 213
Jno. Harrison, -, -, -, 10, 130
G. S. Jones, -, -, -, 10, 154
E. A. Hugley, 16, 40, 560, 10, 770
S. S. McCorkle, 20, 91, 2220, 25, 310
R. J. Shackleton, -, -, -, 10, 268
Robt. Cannada, -, -, -, 10, 300
Jas. Cannada, -, -, -, 10, 196
Jas. Tucker, 45, 105, 2250,130, 695
Ben Prichard, 45, 55, 2500, 100,766
E. W. Moore, 35, 107, 2840, 120, 680
T. J. Blankenship, -, -, -, 35, 380
Jno. Gamnons, 25, 186, 2000, 105, 625
W. J. Farris, 27, 73, 1600, 18, 300
P. G. Eastridge, -, -, -, 240, 465
Jesse Pierce, 200, 156, 7120, 110, 2771
E. Roberts, -, -, -, 5, 144
Jno. Lovett, 40, 60, 1000, 10, 275
Mary Lovett, -, -, -, 20, 234
D. T. Moore, -, -, -, 10, 130
A. B. Orr, -, -, -, 25, 228
A. L. Thomas, -, -, -, 10, 245
A. Jones, 100, 160, 5200, 150, 1230
E. McKnight, 100, 253, 7060, 125, 915
J. M. Shelton, -, -, -, 30, 750
A. A. McKnight, -, -, -, 30, 523
Saml. Payne, 80, 116, 3920, 205, 810
A. Green, 75, 114, 3780, 120, 535
N. C. Hendrick, 50, 80, 1930, 136, 844

M. K. Headden (Hadden), 25, 30, 800, 60, 408
E. Hadden, 65, 160, 4500, 45, 388
A. L. Tucker, 25, 65, 1600, 110, 395
H. H. Banks, 15, 50, 1300, 90, 210
R. R. Banks, -, -, -, 10, 310
J. W. Terantine, -, -, -, 80, 266
D. J. Gallaha, 25, 42, 1340, 150, 476
E. Wood, 80, 200, 5600, 140, 2360
W. T. Wood, 30, 100, 3000, 230, 1228
A. J. McCorkle, 50, 43, 1860, 65, 835
D. R Hendrick, 33, 22, 1200, 90, 482
W. R. Hendrick, 57, 18, 1500, 130, 455
E. McCorkle, 50, 143, 3869, 40, 434
H. Shoffner, -, -, -, 110, 326
W. A. Dickey, -, -, -, 10, 165
W. G. Parks, -, -, -, 35, 209
L. A. Jopling, -, -, -, 80, 100
W. T. Boatwright, -, -, -, 10, 196
J. B. Haynes, 40, 110, 2250, 160, 720
L. Alexander, -, -, -, 5, 165
J. T. Smith, 45, 55, 1800, 85, 376
J.N. Porter, 40, 30, 1400, 100, 1005
J. W. Harrison, 22, 28, 1000, 60, 473
A. Cothran, -, -, -, 10, 275
M. Cothran, -, -, -, 30, 500
W. E. Cothran, 28, 84, 2000, 15, 495
J. Jackson, 25, 50, 1500, 110, 653
G. Sizemore, -, -, -, 8, 237
F. Gammons, -, -, -, 5, 53
M. Hamilton, -, -, -, 5, 55
J. H. Crawford, 30, 70, 2000, 100, 103
Jas. Gammons, 6, 29, 525, 10, 90
J. L. Coleman, -, -, -, 10, 138
E. J. Kelson, 20, 30, 1000, 10, 70
A. L. Dunevant, -, -, -, 6, 214
G.S. Crudup, -, -, -, 10, 95
N. Scoby, -, -, -, 20, 649
M. Scoby, -, -, -, 10, 42
T. W. Ellis, 70, 184, 5080, 85, 675

D.C. Weakley, 45, 77, 3660, 100, 200
W. W. Scoby, -, -, -, 10, 246
R. Heath, 25, 35, 1200, 100, 520
N. Parks, 25, 27, 1260 80, 475
U. M. Herron, 80, 181, 7850, 120, 1350
R.W. Pace, 25, 35, 1800, 10, 215
J. G. Parnell, -, -, -, 10, 156
Thos. Pace, 140, 132, 8760, 120, 785
D. Michael, -, -, -, 10, 350
T. Russell, -, -, -, 60, 156
A. McKeen, -, -, -, 40, 355
T. Anthony, 35, 89, 2600, 90, 400
Robt. Jackson, 40, 46, 1720, 800, 575
H. P. Strawn, 80, 27, 2800, 100, 705
J. M. Scoby, 30, 53, 2490, 35, 426
W. C. Pace, 60, 100, 4800, 60, 621
J. Pace, 30, 20, 1500, 65, 689
S. Moore, 3635, 2130, 100, 477
W. W. McCulloch, 75, 25, 3000, 150, 975
W. F. Harris, 35, 35, 2160, 100, 625
H. H. Green, 30, 40, 1730, 110, 597
C. Green, 35, 15, 1250, 150, 697
A. Lancaster, 25, 15, 720, 85, 350
T. Hunt, -, -, -, 55, 166
E. Doke, 40, 205, 4900, 75, 1110
A. Winters, -, -, -, 10, 90
R. L. Crafton, 70, 65, 2700, 90, 680
J. H. Templeton, 50, 100, 3000, 65, 746
Robt. Hall, 30, 30, 1200, 8, 219
W. J. Smith, -, -, -, 25, 625
J. W. Huie, 11, 12, 460, 8, 224
D. Minton, 100, 176, 4140, 70, 815
G. W. Dickey, 45, 29, 1110, 213, 1065
J. D. Light, 30, 52, 1230, 15, 391
B. A. Bailey, 50, 57, 2675, 150, 1065
Jas. Scott, 140, 243, 11490, 425, 900
W. E. Doke, 75, 115, 4000, 100, 740
W. C.Cawthon, -, -, -, 2, 480
W. H. Franklin, 80, 143, 6690, 80, 1030

J. B. Simonds, 21, 35, 1100, 135, 340
J. T. Averitt, -, -, -, 10, 213
W. Hall, 45, 186, 4620, 125, 737
W. M. Hall, -, -, -, 50, 426
T. Minton, 50, 83, 2740, 100, 950
J. W. Elks, -, -, -, 10, 320
R. C. Archabald, 30, 20, 1250, 128, 659
E. Jones, -, -, -, 10, 18
L. J. Jones, -, -, -, 10, 128
S. Tilford, 50, 53, 2060, 100, 570
Jas. Arnet, 30, 22, 1000, 35, 462
Jno. Cook, 75, 25, 1500, 120, 625
Jo. Dozier, -, -, -, 35, 480
E. P. Gower, 30, 70, 2500, 15, 239
W. Payne, 120, 151, 8130, 135, 1540
Smith Parks, 120, 246, 9150, 250, 1170
Thos. Cotton, 55, 51, 2980, 125, 894
H. D. Parnell, -, -, -, 100, 203
A. A. Atkins, 350, 300, 9500, 365, 3450
J. C. Zarecor, 50, 50, 3000, 115, 810
P. P. McCorkle, 50, 175, 6250, 100, 958
W. J. Scoby, 50, 140, 5700, 100, 570
H. Parks, 400, 900, 27000, 350, 2145
T. M. Harrell, 65, 22, 2610, 115, 1271
H. R. A. McCorkle, 80, 171, 7530, 150, 1415
G. W. Wilburn, 10, 290, 1500, 10, 980
M. D. Pate, 20, 80, 1200, 20, 624
A. Winberry, -, -, -, 77, 228
Jno. Gardner, -, -, -, 30, 438
W. R. Previtt, -, -, -, 10, 160
Robt. Pery, -, -, -, 10, 156
B. King, 45, 205, 1500, 25, 610
J. B. Wright, 6, 25, 200, 10, 255
J. A. Gillis, -, -, -, 5, 75
M. Talley, -, -, -, 10, 850
W. A. Harris, 20, 30, 400, 10, 390
E. J. Rawls, 25, 239, 1500, 25, 565

J. W. Whitson, 70, 130, 4000, 55, 954
J. G. Murphy, 25, 26, 1250, 30, 550
G. J. Tarkenton, -, -, -, 80, 200
J. E. Barret, 45, 107, 1500, 150, 1669
M. L. Stone, -, -, -, 5, 256
D. A. Brewer, -, -, -, 95, 1485
S. R. Steel, -, -, -, 10, -
H. T. Basey, -, -, -, 10, 1040
B. Edwards, 30, 77, 1284, 125, 1225
W. E. Edwards, 9, 97, 300, 85, 76
A. Finley, 30, 85, 1130, 75, 1187
A. Hart, 35, 68, 1000, 40, 800
J. Palmer, -, -, -, 10, 125
E. Jones, -, -, -, 5, 475
W. P. Ford, -, -, -, 40, 875
T. R. Milan, 25, 175, 1000, 75, 1600
W. L. Adam, 30, 72, 500, 30, 617
M. Spence, 200, 478, 10170, 100, 2570
N. R. Prichard, 30, 70, 1000, 50, 405
B. F. Prichard, 75, 100, 3500, 60, 1020
W. H. Boon, 18, 120, 690, 50, 415
P. C. Walker, 65, 72, 2750, 105, 705
W. Wynne, 65, 260, 4895, 205, 920
J. L. Sullivan, -, -, -, 9, 181
G. E. Spence, 60, 40, 2000, 9, 875
Jno. B. Tancell, 6, 37, 430, 10, 390
J. Weakly, 10, 90, 1500, 85, 625
Thos. Pitts, -, -, -, 90, 1620
M. Pitts, -, -, -, 10, 120
K. Pitts, -, -, -, 10, 400
E. Hart, 20, 620, 6400, 10, 310
Jas. W. Redding, -, -, -, 10, 760
H. Redding, -, -, -, 55, 475
A. Pitts, 40, 100, 2000, 10, 285
A. C. Anderson, 60, 157, 4340, 25, 830
Jno. Hicks, -, -, -, 5, 410
Jno. P. Lane, 7, 113, 600, 5, 820
W. H. Seat, -, -, -, 60, 560
J. G. Pitts, 12, 18, 600, 10, 260
W. R. King, 10, 90, 1000, 35, 830
J. W. Pierce, -, -, -, 15, 175
W. M. Tipton, -, -, -, 150, 1220

J. A. Allen, 45, 135, 2300, 20, 1205
Jno. W. Hibbard, 50, 2173, 4446, 26, 1710
G. W. Lacy, -, -, -, 10, 86
P. M. Tipton, 100, 190, 4350, 25, 2250
J. W. McCracken, -, -, -, 10, 400
J. Gibson, 30, 20, 1000, 35, 530
Geo. Pursell, -, -, -, 5, 300
J. H. Fowlkes, 35, 71, 2900, 75, 570
Jno. Childers, 35, 101, 1760, 10, 264
J. Bracken, 75, 1100, 10000, 200, 2000
J. W. Hobbs, -, -, -, 10, 321
W. A. Hogg, 40, 60, 800, 35, 356
L. Lillard, 65, 101, 1660, 65, 1275
Jo. Mitchell, 165, 255, 8400, 150, 3508
Jno. B. Pate, 65, 109, 1740, 100, 1731
J. Wallace, -, -, -, 5, 200
W. T. Pate, 35, 72, 1500, 250, 1760
J. R. Bell, 40, 120, 1600, 150, 1835
W. R. Peal, -, -, -, 125, 358
J. H. Coats, -, -, -, 10, 793
J. H. Humphrys, 30, 230, 2600, 90, 537
E. C. Pate, -, -, -, 90, 660
E. Willis, -, -, -, 10, 730
J. T. Fields, 50, 450, 5000, 125, 1305
W. A. Gay, -, -, -, 100, 400
M. McCarty, -, -, -, 6, 234
J. Earnheart, -, -, -, 5, 180
L. Matheney, 17, 305, 2400, 120, 581
J. F. Kee, -, -, -, 10, 190
H. F. Ferguson, 225, 1100, 26500, 200, 1585
J. A. Pierce, 90, 385, 11875, 125, 970
J. A. Cooper, -, -, 225, 160
S. King, 80, 310, 7800, 150, 825
T. Skipper, -, -, -, 200, 650
L. A. Goodrick, -, -, -, 10, 110
R. B. Robertson, -, -, -, 10, 320

M. J. Williams, 40, 110, 1200, 80, 655
W. W. Stegall, -, -, -, 10, 190
Jno. Robertson, -, -, -, 10, 285
R. E. Harris, -, -, -, 10, 292
A. Falkner, -, -, -, 10, 462
J. Harris, 40, 38, 1560, 20, 542
W. Saulsburry, 50, 152, 4050, 100, 835
Jno. Powers, -, -, -, 10, 352
T. A. Crews, 40, 85, 2500, 180, 905
J. G. Powell, -, -, -, 10, 129
R. Stricklin, -, -, -, 10, 203
Jas. Thantee (Thornton), 50, 25, 1875, 35, 1090
N. King, 50, 122, 2440, 50, 713
Jas. McCoy, 75, 295, 9500, 100, 1470
W. J. McCoy, 40, 145, 2000, 10, 200
J. H. McCoy, -, -, -, 10, 400
J. King, 75, 162, 5925, 250, 105
J. A. Phillips, 50, 58, 2160, 50, 785
J. E. Andrews, 24, 60, 1680, 8, 415
E. W. Pate, 20, 30, 1000, 25, 225
J. A. Olive, 12, 35, 500, 10, 235
R. W. Butterworth, -, -, -, 100, 1520
Jas. Bizzle, 8, 92, 400, 45, 167
B.B. Fitzhugh, -, -, -, 15, 220
N. Cowell, -, -, -, 5, 110
N. Penington, -, -, -, 15, 60
G. W. McDearmon, -, -, -, 120, 535
S. H. Bucker (Butler), 100, 70, 1400, 75, 760
T. M. Rodgers, 15, 47, 682, 10, 232
J. B. Rodgers, 55, 62, 1344, 50, 410
Jas. Brandon, 45, 855, 4500, 12, 726
C. W. Watson, 40, 210, 2000, 100, 1246
Jane Brandon, -, -, -, 10, 445
W. Butler, 40, 760, 2000, 75, 800
N. Williams, 15, 35, 500, 15, 367
P. Williams, -, -, -, 15, 189
A. C. Bower, 56, 27 ½, 1500, 60, 1045
J. D. Smith, 70, 28 ½, 7600, 100, 2190

W. Benthal, -, -, -, 80, 4110
M. C. Ray, -, -, -, 10, 240
R. Meredith, 50, 50, 1600, 25, 540
J. Y. Rice, 40, 67, 1926, 50, 520
W. D. Echoles, 55, 56, 1500, 90, 880
J. C. Giles, -, -, -, 10, 210
J. B. Moore, -, -, -, 75, 360
P. M. Odle, 15, 35, 350, 15, 230
W. Flowers, -, -, -, 10, 310
L. Flowers, -, -, -, 110, 705
W. Michael, 10, 16, 140, 15, 108
W. Flowers, 10, 16, 280, 10, 320
J. A. Nicholes, -, -, -, 10, 210
J. Flowers, 15, 10, 300, 85, 575
A. Nicholes, -, -, -, 10, 176
E. T.Smith, 15, 85, 900, 15, 425
J. M. McDermit, -, -, -, 15, 565
J. C. Flowers, -, -, -, 15, 169
A. Jones, -, -, -, 10, 95
W. M. Warren, 20, 45, 950, 10, 420
R. C. Saunders, 14, 8, 220, 10, 493
A. Greer, -, -, -, 10, 400
A. M. Childres, -, -, -, 10, 150
J. H. Wessen, -, -, -, 10, 300
Jo. Green, 24, 30, 1100, 10, 570
D. Green, -, -, -, 15, 350
J. Ray, 80, 64, 2500, 25, 495
E. Warren, -, -, -, 100, 660
E. Saunders, 15, 85, 2000, 20, 700
A. B. Eason, -, -, -, 10, 170
W. J. Mayze, 40, 60, 1500, 90, 950
L. Flowers Sr., 13, 49, 620, 60, 140
R. L. Williams, -, -, -, 10, 95
W. _. Thompson, -, -, -, 85, 595
G. A. Hawkins, 100, 300, 5000, 150, 940
W. M. Walker, 75, 75, 3000, 230, 1200
L. Williams, -, -, -, 70, 380
M. J. Willliams, -, -, -, 10, 150
P. B. Jones, 25, 170, 2925, 15, 450
W. Ray, 85, 291, 4000, 25, 600
H. Ray, -, -, -, 5, 70
A. C. Mifflin, -, -, -, 10, 100
J. T. Ray, -, -, -, 10, 210

E. B. Curtis, 100, 400, 10000, 125, 1620
J. Woodsides, 30, 15, 900, 20, 750
W. Wessen, -, -, -, 65, 650
S. S. Dove, -, -, -, 10, 20
J. H. Fry, -, -, -, 85, 550
P. W. Moore, -, -, -, 50, 590
N. W. Cochran, 50, 206, 4608, 35, 586
J. H. Taylor, 35, 70, 1890, 70, 425
J. P. Taylor, 25, 50, 1500, 85, 550
Jno. _. Sinclair, 200, 400, 12000, 225, 1750
W. P. Scales, 200, 200, 13000, 150, 2030
T. M. Strange, 100, 50, 2250, 100, 1140
P. H. Singleton, 30, 70, 2500, 90, 590
A. W. Swift, 150, 53, 5075, 375, 1215
Jno. Ward, 100, 90, 2850, 300, 675
T. H. Lanier, 12, 128, 2805, 15, 1565
N. Allen, 150, 95, 6650, 200, 1250
S. Rice, 200, 139, 6800, 530, 1510
Jno. H. York, 45, 65, 2645, 40, 690
L. J. Coffman, 75, 100, 4025, 110, 1175
J. Davis, 45, 55, 1800, 130, 800
W. D. Jones, 75, 110, 4625, 100, 1075
W. H. Craig, 400, 397, 15940, 225, 8415
J. M. Hammel, -, -, -, 20, 290
C. F. Curtis, 30, 55, 1020, 5, 160
Jno. B. Sudberry, 77, 74, 1076, 90, 540
J. W. Sudbery, 75, 98, 3640, 170, 820
N. C.Warren, 150, 400, 13750, 150, 1590
H. H. Wessen, -, -, -, 20, 500
S. L. Saunders, -, -, -, 20, 500
Danl. Smith, 60, 140, 4000, 80,750
W. J. Davis, 50, 200, 5000, 100, 900
J. H. Williams, -, -, -, 15, 140

G. R. Edwards, 90, 275, 4256, 90, 875
N. Coatney, 13, 58, 408, 5, 565

L. Benthal, 65, 15, 2000, 80, 560
T. W. Morris, 45, 55, 1500, 10, 140

Fayette County Tennessee
1860 Agricultural Census

The Agricultural Census for Tennessee for 1860 was microfilmed by the University of North Carolina Library under a grant from the National Science Foundation and filmed from original records held at Duke University Library, Durham North Carolina.

There are some forty-eight columns of information on each individual. Only the head of household is addressed. I have chosen to use only six columns of the information because I feel that this information best illustrates the wealth of the individuals. These are shown below:

1. Name of Owner
2. Acres of Improved Land
3. Acres of Unimproved Land
4. Cash Value of the Farm
5. Value of Farm Implements and Machinery
13. Value of Livestock

Thus, the numbers following the names represent columns 2, 3, 4, 5, 13.

The following symbol is used to maintain spacing where information in a column is left blank (-). This symbol is used where letters, names or numbers are not legible (_).

John W. Harris, 30, -, -, 20, 500
G. R. Scott, 100, 160, 300, 20, 900
Jas. J. Holloway, 15, -, 500, 25, 400
W. A. Williamson, 16, 40, 1000, 10, 400
G. G. Patillo, 40, -, 400, 20, 500
S. H. Walker, 40, -, 400, 10, 500
P. M. Palmer, 14, -, 1000, 20, 185
John C. Cooper, 27, -, 2700, 80, 250
G. W. Reeves, 25, 50, 750, 100, 300
Jos. H. Trotter, 30,-, -, 115, 450
W. H. Blake, 40, 50, 2400, 100, 400
L. M. Scott, 25, 30, 1500, 125, 555
J. M. Webb, 25, 45, 1000, 100, 300
A. N. Nesbitt, 5, -, 1200, -, -
J. D. Stanley, 25, -, -, -, 400
T. L. Dickinson, 21, 80, 1800, 50, 600
Mrs. H. Levy, 12, -, 1000, 40, 100
Thos. H. Isbell, 25, -, 375, 50, 300
Thos. Rivert, 25, -, 500, 100, 350
F. Crawford, 75, -, 750, 25, 200
E. Parks, 4, -, 350, -, 100
D. W. Webb, 15, -, 450, 75, 200
Wm. H. Macon, 130, -, 1000, 250, 1500
R. Winsett, 25, -, 500, 25, 250
E. P. Minor, 10, -, 200, 50, 200
W. W. Lucas, 170, 230, 1300, 120, 500
Mrs. M. Williams, 20, -, 300, -, -
E. George, 5, -, -, -, -
S. Pickinson, 225, 75, 7000, 300, 2000
W. B. Dortch, 200, 210, 6000, 250, 415
J. L. Pulliam, 22, -, 880, 150, 550
Thee. Wilkerson, -, 60, 3000, 175, 475
D. W. Fraezier, 30, 85, 1500, 15, 525
J. A. Mathew, 80, 180, 2600, 200, 890

J. Y. Lucas, 200, 136, 4032, 400, 1910
G. W. Green, 300, 250, 15000, 2000, 5000
J. Hancock, 750, 750, 20000, 1500, 8000
A. Richardt, 20, -, -, -, -
G. L. Phillips, 100, 130, 4600, 75, 300
J. J. McMillan, 450, 20, 1400, 75, 300
Wmson. Powell, 330, 145, 4800, 400, 1300
E. W. Matherws, 100, 166, 3396, 30, 800
E. D. Pebbles, 200, 340, 6000, 580, 2350
B. R. Stafford, 610, 430, 4900, 40, 1155
J. L. Foote, 60, -, -, 50, 250
J. H. Thompson, 70, -, -, 30, 575
John Boyd, 100, 115, 2000, 100, 500
John Boyd Sr., 40, 175, 1200, 25, 250
W. W. Whitaker, 200, 300, 7200, 100, 1000
W. Slaughter, 40, 160, 1250, 10, 300
K. Boyd, 125, 375, 4000, 125, 900
Drayton Boyd, 40, 67, 800, 30, 250
J. Radford, 40, 160, 1000, 35, 160
D. Duglass, 150, 239, 4000, 120, 1100
Jas. A. Morrow, 150, 250, 4200, 150, 1000
Mary Ozier, 100, 82, 1800, 75, 1000
M. Black, 250, 300, 4400, 100, 700
W. C. Finney, 350, 240, 12000, 300, 3000
J. T. Ridley, 35, -, 400, 100, 250
J. Hutchens, 130, 100, 2300, 175, 1000
Isabell Desheill, 150, 80, 2500, 75, 325
Mrs. Perkins, -, -, 200, -, -
Jas. Lowrey, 34, -, 340, 15, 150
J. M. Blankenship, 40, 31, 600, 125, 183
W. Humphreys, 30, 50, 2000, 15, 300
J. Gant, 18, -, 180, 50, -
J. Worrell, 100, 300, 5000, 150, 1000
J. L. Shaw, 750, 350, 24000, 2200, 5050
M. Rhea, 180, 80, 2600, 150, -
R. R. Moore, 400, 370, 7770, 690, 1808
Calvin Jones, 750, 00, 20000, 300, 3000
F. Prickson (Frickson), 5, 2, 100, 10, 210
W. H. Hester, 100, 100, 1500, 75, 600
M. N. Stricklin, 100, 75, 1100, -, 800
W. H. Carpenter, 70, 130, 2000, 125, 600
W. G. Day, 300, 700, 9000, 1000, 1875
J. T. Turnley, 200, 150, 5000, 700, 1350
John Hall, 30, -, 300, 40, 150
Mrs. M. S. Reed, 95, 300, 5000, 175, 750
J. S. Evans, 25, -, 250, 100, 100
John Evans, 15, -, 150, 40, 100
Mrs. Clark, 30, 150, 900, 75, 300
T. N. Martin, 30, -, 300, 25, 150
Mary Smith, 50, 72, 1200, 75, 700
B. Love, 100, 500, 3600, 150, 1000
T. A. Currie, 90, 65, 2200, 125, 600
W. A. Hawkins, 25, -, 150, 30, 45
Isaac Nash, 40, 60, 300, 80, 300
W. A. Wiley, 75, 125, 1200, 100, 600
Jacob Hall, 25, -, 200, 10, 300
W. Alexander, 100, 150, 1700, 80, 600
Robt. Smith, 45, 45, 900, 75, 500
Ham Greer, 100, 125, 2000, 300, 3000
W. S. Clark, 100, 120, 2000, 75, 1000

Mrs. Sallie Rhodes, 100, -, -, 75, 400
M. Simmers, 30, 130, 1900, 75, 400
W. M. Morgan, 300, 100, 6000, 800, 1400
A. S. Mathews, 150, 160, 3276, 200, 1180
D. B. Hilliard, 260, -, 4000, 100, 1000
H. D. Webb, 70, 33, 1000, 25, 250
Mary A. Campbell, 100, 75, 1750, 30, 500
John E. Perry, 75, 100, 1750, 100, 650
M. Dodson, 39, 100, 500, 25, 250
J. C. Richie, 140, 104, 1300, 35, 600
John Cloyd, 100, 101, 2010, 175, 170
Isaac Lucado, 100, 100, 2000, 125, 600
J. A. Simmons, 30, 135, 1485, 130, 350
Wm. Wood, 200, 100, 2600, 200, 800
George Freeman, 30, 50, 800, 30, 300
A. J. Balliard, 30, -, 300, 25, 275
E. Ellington, 50, -, 500, 60, 350
Lovicth Morris, 100, 100, 2000, 120, 1000
Wm. Patterson 102 ½, -, 1000, 25, 200
R. Harthcock, 20, -, 200, 15, 400
Elenor Jones, 35, 22, 300, 20, 150
Jo. Steele, 40, 160, 1200, 15, 450
G. Stewart, 30, -, 300, 125, 200
J. B. Morris, 40, -, 300, 75, 350
Isaac Henley, 20, -, 200, 25, 175
Moses Cowin, 50, 163, 1300, 40, 450
Andrew Bryant, 300, 236, 5000, 150, 1000
M. Buffaloe, 45, -, 400, 25, 300
C. T. Neeley, 400, -, -, 327, 2020
Sol Cooper, 440, 303, 4545, 400, 3178
R. Y. Parker, 500, 500, 12000, 545, 2790
H. C. Griggs, 175, 135, 9300, 312, 665
Wm. Rhodes, 380, 420, 8400, 600, 2500
J. C. Humphreys, 400, 400, 9000, 295, 2300
H. R. Bond, 22, -, 220, 18, 200
R. A. Archer, 95, 105, 2000, 80, 1150
B. P. Bridgewater, 140, 100, 2400, 300, 1100
Thos. Champion, 150, 200, 4000, 75, 750
Newson Doyle, 140, 141, 2800, 300, 1100
Mrs. Z. Hall, 200, 300, 5000, 200, 1700
J. P. Crutchfield, 100, 32, 800, 75, 600
Wilson Lucado, 60, 110, 2000, 75, 500
J. P. Crutchfield, 82, -, 820, 50, 300
F. B. Ragland, 300, 200, 6700, 500, 2052
T. A. Archabill, 200, 170, 3700, 200, 688
Robt. Walker, 500, 370, 13000, 465, 2420
_. Smith, 80, 220, 4200, 225, 850
L. Jones, 125, 125, 5000, 220, 700
John Russell, 300, 340, 12800, 200, 154
D. C. Russell, 140, 140, 6800, 600, 1940
W. Russell, 80, 100, 3600, 100, 200
J. T. Johnstone, 115, 119, 2340, 100, 700
Nathan Peebles, 5, 50, 50,-, -
J. F. Williams, 24, -, 240, -, -
L. M. Black, 280, 137, 3870, 300, 1300
G. McFarland, 150, 150, 5000, 250, 1300
W. C. Tripp, 50, -, 500, 75, 500

Joshua Hazlewood, 160, 150, 2280, 45, 530
H. W. Doyle, 60, 133, 1400, 100, 600
Young Edwards, 175, 125, 3000, 80, 1140
Nancy Bridgewater, 175, 225, 4800, 75, 917
A. W. Crowder, 180, 83, 2300, 100, 927
Nathl. Newson, 250, 185, 5000, 510, 895
Ben Mathews, 160, 253, 3200, 50, 800
Hugh Coffee, 100, 60, 1920, 75, 700
Silas Irby, 70, 20, 1000, 75 380
Ben Getter, 180, 220, 4000, 500, 830
David Linebargeer, 70, 30, 1000, 60, 650
Herbert Williams, 65, 135, 2100, 75, 427
J. W. Williams, 50, 110, 1600, 100, 1000
W. A. Fisher, 10, 83, 2030, 110, 790
M. L. Harden, 100, 103, 1000, 70, 500
Thos. Hilliard, 120, 60, 1600, 50, 975
L. S. Heely, 120, 80, 1000, 100, 950
Alex Miller, 140, 260, 4800, 60, 750
W. F. Perry, 375, 295, 8000, 550, 2375
R. V. Taylor, 350, 412, 7620, 263, 2266
W. N. Ohun, 160, 205, 3650, 103, 172
Edmond Taylor, 590, 510, 1100, 1330, 3920
Simon Miller, 600, 1200, 15878, 500, 2820
E. S. Balthrop, 50, 173, -, 100, 350
S. G. Carnes, 175, 325, 7500, 100, 1750
J. B. Carnes, 80, 80, 2500, 50, 2500
J. M. Stephenson, 10, -, 200, 20, 150
J. B. Stafford, 50, -, 500, 20, 150

Catherine Arnold, 20, -, 200, 30, 200
R. Tripp, 500, 360, 2600, 275, 1386
G. Bowne, 100, 225, 3250, 80, 736
G. Bowne, 350, -, -, 700, 2235
J. T. Baskerville, 700, 700, 25000, 950, 5458
J. C. Tucker, 165, 200, 5000, 175, 1140
Wm. Leeth, 37, -, 360, 85, 400
Wm. Leeth, 400, 400, 12000, 400, 1500
C. A. Reeves, 200, 125, 4000, 275, 1600
W. A. Brown, 100, 300, 4800, 200, 800
H. Taylor, 600, 800, 14000, 560, 6000
A. H. Miller, 160, 115, 3960, 100, 884
Nancy Dodson, 160, 100, 3900, 75, 600
R. Lemons, 80, 230, 3720, 50, 627
R H. Draper, 45, -, 450, 60, 375
S. R. Carney, 350, 350, 10000, 550, 1288
R. S. Carney, 38, -, 500, 10, 800
T. L. Organ, 100, 210, 3400, 120, 1100
Mrs. Ellington, 60, 50, 1000, -, 600
A. P. Gillum, 150, 80, 3200, 350, 840
A. D. Stamback, 300, 212, 6600, 575, 2031
Isaac Stamback, 15, -, 70, 15, 150
Sam Eubanks, 160, 47, 2400, 400, 1000
E. Gates, 180, 20, 1000, 40, 3000
E. Gates, 38, 65, 1000, 70, 300
W. R. Rutledge, 150, 200, 6000, 220, 1000
Marcus Jackson, 120, 80, 3500, 220, 2300
W. H. Hobson, 700, 340, 12000, 650, 3460
Whit Boyd, 900, 680, 15800, 600, 3000

F. A. Meriweather, 900, 500, 15500, 300, 3220
Martha Duglass, 600, 700, 5600, 400, 3720
M. C. Shaw, 250, 200, 5400, 400, 1630
R. S. Harvey, 250, 148, 4000, 640, 1800
B. B. Rogers, 105, -, 1500, 70, 490
C. C. Winfrey, 750, 900, 22000, 70, 1800
Wm. A. Winfrey, -, -, -, 151, 550
E. J. Tucker, 350, 223, 9300, 1200, 1353
W. B. Seymour, 455, 355, 18250, 1295, 3430
B. F. Reeves, 40, -, 400, 20, 573
Wm. Marris(Morris), 350, 235, 7000, 150, 1500
Jno. A. Jackson, 80, 136, 3200, 125, 600
M. Stewart, 400, 380, 6320, 100, 2850
W. F. Taylor, 500, 500, 20000, 700, 4084
J. A. Wray, 600, 400, 10000, 300, 2470
W. E. Hall, 350, 313, -, 150, -
H. DeGraffenreid, 350, 280, 7560, 600, 4015
Jas. Evans, 150, -, 1500, 250, 900
F. B. Kerr, 210, 404, 7388, 300, 1870
L. Henderson, 250, 325, 8620, 375, 1816
C. C. Glover, 600, 277, 13150, 525, 5050
Jas. Wilson, 280, 178, 6870, 150, 1841
J. R. Scott, 125, 180, 3660, 40, 1370
J. R. Masbey (Mosby), 800, 800, 32000, 1195, 5000
John Catron, 35, 200, 9000, 250, 7400
B. W. Williamson, 450, 120, 6840, 300, 3000

O. Blomd, 900, 600, 30000, 200, 5410
E. H. Elaen, 400, 555, 16000, 100, 1400
R. T. Rrodnax (Brodnax), 500, 318 12000, 500, 2440
Y. Montague, 300, 1000, 6000, 150, 3150
W. A. Revis, 180, 320, 12000, 150, 1430
Wm. Revis, 550, 350, 1500, 400, 3150
R. Revis, 354, 420, 12000, 500, 2280
B. H. Ligon, 350, 1000, 15000, 200, 1690
F. Harvel, 1100, 850, 30000, 400, 9282
L. P. Williamson, 1000, 700, 35000, 600, 4500
Ed Whitmore, 550, 175, -, 500, 250
B. M. Patterson, 1100, 900, 20000, 500, 2775
P. B. Ross, 60, 50, 840, 20, 400
Jas. Wells, 90, 106, 2400, 10, 640
Ed Ragsdale, 43, -, 430, 10, 640
E. Duglass, 60, 30, 1200, 90, 1100
W. A. Hilliard, 500, 260, 9500, 200, 8629
Rolla Poindexter, 100, 100, 2000, 75, 1390
E. C. Poindexter, 250, -, 3000, 150, 1100
T. R. Williams, 300, 764, 19058, 100, 3773
W. F. Jackson, 9, -, 2000, 75, 400
M. Sale, 55, 45, 2000, 50, 300
E. W. Whitaker, -, -, 5800, 75, 350
F. McLane, -, -, 14800, 625, 2500
Robt. Tucker, 365, -, 4680, 900, 1680
Jas. Tucker, 125, -, -, 50, 100
D. Palmer, 250, 164, 3200, 50, 1600
Ham Wells, 200, 100, 3600, 50, 830
R. R. Rogers, 220, 220, 7500, 500, 1370

B. D. Rogers, 175, 300, 5100, 250, 1255
E. J. Lucas, 400, 700, 22000, 900, 2451
R. N. Ricketts, 275, 257, 6384, 580, 2330
T. J. Cocke, 160, 261, 8000, 150, 2063
J. W. Hurdles, 20, -, 200, 25, 350
M. Gregory, 35, -, 350, 25, 250
John Anderson, 100, 85, 2500, 30, 850
Sam Johnson, 100, 400, 3200, 75, 900
W. Waller, 30, -, 300, 25, 300
Black Braden, 150, -, -, -, -
B. B. Benson, 45, 49, 1500, 100, 641
W. W. Bobo, 26, -, 260, 25, 350
Jane S. Farreer, 90, 210, 5000, 200, 760
Wm. Poindexter, 20, 30, 1000, 75, 125
Jane Cathum, 140, 160, 3600, 100, 1341
John Baswell, 15, -, 300, 25, 360
August Kelly, 45, -, 700, 25, 331
J. D. Buckheart, 40, 80, 1500, 90, 226
John W. York, 40, 60, 1200, 75, 625
Sophia Buckheart, 20, -, 260, 20, 410
W A. Cathron, 50, 130, 2500, 40, 340
J. B. Stanley, 25, -, 300, 60, 300
Wm. Poindexter, 200, 30, 5750, 300, 960
Jas. Crawford, 100, 70, 3400, 300, 1110
Thos. Dowling, 83, 92, 2500, 130, 870
Wm. Knight, 40, 113, 500, 150, 310
Andrew Jackson, 175, 75, 3000, 600, 1460
Jas. Williams, 30, 50, 640, 50, 420
Henry R. Sherrod, 150, 240, 5850, 100, 1350
Henry R. Sherrod, 70, 74, 1700, 85, 900
J. B. McKnight, 20, 35, 200, 65, 200
John Burrows, 180, 138 485, 100, 725
F S. Layton, 60, 140, 1600, 65, 440
W. J. O'Kelly, 125, 171, 3600, 100, 800
Jas. O'Kelly, 75, 25, 1500, 75, 500
W. O'Kelly, 75, 25, 1500, 75, 700
R. Collins, 15, -, 150, 10, 100
Wm. Simmerson, 20, -, 200, 10, 650
R. Elean, 150, -, -, 50, 1705
J. W. Harris, 225, 200, 505, 260, 1040
F. Wall, 80, 20, 1800, 75, 400
Howell Harris, 200, 175, 5625, 100, 1695
John Robbins, 50, 25, 1210, -, 700
Sam Wiggins, 300, 500, 10000, 800, 1552
Jas. Herron, 200, 200, 4000, 200, 2005
E. Green, 25, 114, 900, 60, 360
Sam York, 40, -, 400, -, 190
Aron York, 12, -, 150, -, 200
Franklin McKnight, 50, -, 500, -, 375
H. Milton, 325, 500, 10000, 600, 2000
A. C. Sawyer, 100, -, 1000, 27, 600
J. Y. Boyd, 150, 135, 4275, 300, 500
Wm. Carraway, 150, 83, 6000, 100, 1500
J. H. McCrow, 250, 160, 7000, 700, 1940
J. Jackson, 50, -, 750, 75, 560
G. Johnson, 65, 203, 2930, 100, 1521
John Gregory, 20, -, 250, 20, 420
Amanda Williams, 14, 41, 780, 20, 375
B. B. Fletcher, 20, -, 200, 20, 200
J. B. Braden, 475, 1812, -, 550, 2863
Ellen Benson, 12, -, 144, -, 300
Andrew Phillips, 50, 90, 1500, -, 600
E. W. Sherold, 10, -, 80, -, 350

W. M. Parker, 60, 56, 1740, 540, 700
C. F Thomas, 200, 345, 10900, 650, 1267
Susan Loring, 80, 50, 2600, 100, 930
Elizabeth Green (Greer), 30, 142, 3000, 100, 5000
Thos. Galloway, 100, 160, 1920, 20, 2166
R. Clifton, 300, 250, 5500, 40, 1100
J. B. Stanly, 30, -, 300, 28, 250
B. B. Benson, 100, 50, 1200, 150, 475
Harriet Beasly, 75, 47, 1000, 60, 230
Alfred Beasly, 100, 200, 4500, -, 800
A. Beasly, 50, 60, 1100, 52, 500
R. Inge, 60, 30, 900, 35, 400
Robt. Inge, 100, -, 1000, 40, 700
Robt. Inge, 67, 100, 1600, 80, 1000
B. Howell, 128, 329, 4540, 120, 760
R. Ross, 60, 20, 800, -, 300
____ Pefren, -, -, -, -, 350
J.R. Pefren, 155, 227, 5650, 150, 1975
H. Tharp (Thorp), 70, -, 700, 150, 825
G. Tharp, 136, -, 1360, 150, 1600
J. S. Baker, 50, 80, 480, 50, 240
J. R.Woodson, 185, 80, 3600, 400, 1300
D.E. Turnage, 350, 510, 15000, 600, 2515
J. L. Garrison, 125, 50, 1650, 100, 570
J. M. Patton, 95, 112, 3000, 15, 600
P. M. Cole, 600, 342, 16956, 950, 3211
M. Ziller, 100, -, 500, 150, 1200
B. F. Murrell, 800, 520, 17000, 200, 3066
G. A. Bone, 125, 75, 3000, 250, 1060
Jo. Motherly, 40, 10, 400, 12, 150
W. Manley, 40, 10, 400, 12, 200
W. C. Loving, 200, 321, 9000, 100, 1625
Mary Postor, -, 100, 1100, 20, 200
George Thompson, 350, 280, 6000, 425, 1492
W. Carr, 200, 95, 2095, 350, 925
R. Wilson, 80, 69, 1490, 130, 700
C. Lynn, 300, 200, 5612, 175, 1510
_. F. Alexander, 150, 150, 3000, 75, 1076
Watson Cleves, 350, 365, 7150, 675, 2765
R. Bonderant, 175, 130, 3812, 750, 1268
John Pope, 14, -, 140, 20, 375
P. Bonderant, 50, 80, 1950, 70, 811
L. C. Trevzant, 220, 205, 6000, 350, 1070
Wm. Exum, 50,-, 500, 75, 350
Thos. Cody, 200, 600, 4800, 400, 1350
J. H. Griffin, 100, 216, 4000, 350, 900
Eliza Griffin, 50, -, 500, 25, 400
T. J. Cosby, 40, -, 400, 30, 550
Margt. Thomas, 300, 300, 6000, 120, 1100
W. Thomas, 60, 20, 600, 40, 400
Eliza Wilson, 120, 40, 1200, 100, 1000
J. R. Chery, 130, 75, 1500, 120, 1100
H. B.S. Williams, 300, 750, 25000, 1600, 8310
J. P. Thurman, 300, 200, 5000, 450, 15000
R. M. Sloan, 100, -, 1000, 70, 350
F. Cobourn, -, -, -, -, 1155
G. Covey, -, -, -, -, 300
Ben Askews, 600, 1400, 24000, 650, 4480
Jesse Braswell, -, 400, 4000, 500, 1300
R. P. Shelton, 600, 400, 12000, 350, 2200
J. H. McKee, 50, -, -, -, 1200
J. H. Young, 75, 100, 2190, 20, 900
W. A. McDowell, 500, -, -, -, 700
J. H. Lane, 140, 83, 2270, 175, 814
John Oats, 48, -, 800, 20, 435

Jas. Carr, -, 250, 2500, 50,700
Mrs. Murrell, 225, 395, 600, 300, 1870
Jas. Newson, -, 200, 300, -, 900
Johna Newbourn, 500, 350, 12480, 800, 2400
W. C. Capell, 60, 60, 900, 35, 550
J. G. Tatum, 45, 105, 1515, 50, 1330
R. S. Tatum, 45, 106, 1515, 30, 586
S. B. Jordon, 250, 169, 1920, 900, 1780
W. D. Brown, 90, 70, 2400, 50, 546
John Stafford, 70, 40, 1100, 87, 185
D. Monroe, 32, -, 500, 10, 100
J. A. Manley, 100, -, 1000, -, 450
W. Amis, 700, 1000, 20000, 500, 10000
F. Broom, 20, 40, 3000, 60, 670
A. J. Broom, 219, -, 2190, 50, 700
D. R. Cleaves, 56, 40, 800, 125, 1000
J. A. Thompson, 110, 70, 2000, 75, 650
R.A. Stanley, 200, 16, 4900, 720, 1435
T.E. Clear, 3, -, 1000, -, 200
J. O. Lusby, -, -, -, 250, 1350
Alex Dickinson, 300, 200, 8000, 400, 3140
M. Walton, 80, 95, 3000, 150, 702
L. Ketchum, 500, 550, 20000, 500, 4680
M. Cartwright, 1000, 1002, 42000, 500, 2170
D.E. Warren, 623, 531, 12000, 500, 3755
Mrs. Jordon, 230, 47, 2070, 25, 880
Pleasant Ward, 200,98, 3600, 30, 1356
S. R. Raywood, 40, -, 500, 60, 380
A. C. Sawyer, 17, -, 170, 15, 150
Robt. Griffith, 75, 81, 2234, 70, 550
B. Bradsheir, 80, 195, 2570, 8, 520
J. B. Smith, 250, 70, 4800, 650, 1200
Wilson's Estate, 350, 205, 6660, 335, 1318

Thos. Wilson, 41, 411, 10673, 250, 2405
W. A. Tatum, 20, -, 300, 20, 80
S.H. Blades, 90, 40, 1950, 40, 254
H. McCully, 35, 550, 9000, 275, 1350
Christy McCudy, 300, 200, 6000, 150, 1269
Mat Parker, 75, 60, 4500, 75, 250
W. H. Tharp, 800, 1200, 20000, 1000, 5000
B. Kyle, 233, 130, 4150, 275, 960
Henry Smith, 20, -, 200, 15, 250
Wm. Aster, 185, 100, 3510, 200, 1350
Mary Flippin, 200, 47 ½, 2400, 60, 555
John Wray, 800, 700, 15000, 200, 1800
R. Reeves, 32, 67, 1200, 40, 650
H. C. Lock, 200, -, 2500, 40, 600
Finas E. Wirt, 400, 180, 11720, 800, 2498
G.W. Hood, 100, 50, 1500, 350, 851
Jane Hood, 125, 125, 2500, 200, 375
T.F. Ward, 30, 80, 1200, 70, 425
Mary Eddins, 55, 143, 2000, 10, 300
Isaac Barcey, 90, 113, 3000, 150, 800
D. L. Perkins, 100, 125, 1500, 100, 650
W. D. Caywood, 17, -, 200, 10, 160
J. R. Caywood, 56, 49, 1100, 75, 700
Eliza Harrison, 205, 205, 5000, 100, 466
Z. Stevens, 50, 150, 2500, 50, 850
Frank Stevens, 25, -, 250, 20, 750
J.A. Cooper, 50, 50, 1500, 300, 894
Jas. Yancey, 75, 125, 2500, 100, 960
Wm. Yancey, 75, 75, 1925, 100, 1220
S. Stafford, 25, 25, 625, 100, 1255
Jas. Stafford, 40, 10, 625, 100, 500
Robt. Ward, 20, -, 200, 15, 200
P. Drupee, 10, -, 200, -, 266
J. H. McCully, 70, -, 700, 150, 216

Henry Pottman, 50, 25, 1200, 60, 400
E. W. Harrison, 100, -, 1200, 140, 500
M. J. Reeves, 80, 40, 1200, 115, 580
W. A. Reeves, 15, -, 150, 10, 340
Alex Irwin, 60, 80, 1680, 100, 700
Nancy Irwin, 40, 90, 1500, 15, 200
Thos. Burows, 100, 240, 4000, 300, 700
Sam McFadden, 200, 100, 3000, 400, 930
John Stullions, 40, 80, 1800, 600, 600
John Boyd, 70, -, 700, 40, 300
Mrs. Denton, 20, -, 200, 25, 300
John Wallace, 40, -, 400, 20, 320
Mrs. Price, 75, 25, 1300, 120, 200
Hickory Gorwin, 200, 100, 4000, 400, 1800
J__ Mercer, 200, 300, 7500, 875, 3042
W. G. McCully, -, -, -, 100, 550
Joseph Jones, 240, -, 5580, 800, 1625
J. A. V. Good, 70, 40, 1500, 125, 417
C. Watson, 120, 230, 5000, 100, 1200
E. G. Waller, 300, 185, 7000, 200, 1000
R. Kelly, 70, 30, 1500, 100, 1693
P. Yancey, 75, 125, 3000, 130, 1030
J. L. Clare, 200, 150, 4500, 250, 1800
T. W. Ward, 140, 100, 3600, 500, 500
T. Bondnex (Boudnex), 100, 50, 1800, 250, 1000
Robt. Ward, -, -, -, -, 250
Jas. Young, 75, 100, 2600, 10, 687
Robt. Ward, 225, 163, 5820, 500, 1877
Elizabeth Cross, 500, 500, 12000, 100, 2000
Wm. Polk, 180, 200, 3000, 40, 2000

A. S. Williamson, 130, 190, 5000, 100, 225
W. C. Baily, 350, 450, 10000, 650, 1000
W. C. Jenkins, 200, 100, 3000, 200, 1600
G. D. Jordon, 500, 312, 10500, 500, 2000
T. Harrell, 300, 275 5000, 600, 2000
D. W. Sumner, 200, 153, 5290, 200, 2200
N. Blain, 250, 275, 7870, 250, 3000
John H. Mobone, 1400, 1960, 60000, 1670, 7550
E. B. Moore, 400, 250, 11520, 200, 2600
Washington Ivie, 600, 400, 24000, 700, 3000
A. J. Hunter, 300, -, -, 500, 3000
Ben Webber, 200, -, 2000, 100, 700
E. B. Webber, 100, -, 1000, 60, 400
E. Antony, 60, 40, 1000, 120, 800
N. Antony, 300, 200, 5000, 200, 900
R. Antony, 150, 100, 2500, 100, 700
W. Antony, 70, 30, 1000, 70, 500
Wm. Montcrief, 100, 77, 3540, 200, 900
J. B. Kennedy, 100, 100, 4000, 220, 1200
R. Hammerick, 100, 76, 3640, -, 600
R. Watler, 230, 190, 6400, 600, 1200
J. C. Richardson, 30, -, -, -, 2200
J. S. Morton, 60, 37, 1750, 60, 600
M. C. Lancaster, 40, -, 400, 20, 300
H. P. Roberts, 175, 285, 9240, 250, 1700
David Fossett, 160, 261, 6020, 650, 100
D. H. Bentley, 35, 32, 1000, 15, 1150
M. B. Smith, 130, 138, 2680, 150, 800
H. M. Farmer, 30, 20, 800, 20, 600
J. H. Mitchell, 125, 78, 4060, 150, 1100

John Granbery, 700, 638, 20070, 800, 3768
David Koonce, 40, -, 1400, 20, 300
Thos. Wesser, 65, -, 1095, 40, 800
Andrew Blair, 150, 100, 3000, 60, 1500
John Hunter, 800, 250, 12624, 1000, 3015
Jeff Williams, 700, 450, 14320, 500, 3530
M. G Mobone, 771, 565, 25520, 1000, 3170
Jas. W. Morris, 450, 680, 15000, 750, 400
W. E. Davis, 200, 307, 5070, 700, 2450
Greif Rideout, 30, -, 200, 150, 400
M. W. Waller, 150, 250, 8000, 200, 2200
Jas. Warr, 550, 893, 14440, 525, 5124
Newton C. Worwock, 50, -, 500, 10, 300
J. B. Anderson, 20, -, - 5, -
John Hester, 60, 40, 2000, 75, 800
J. R. Perkins, 175, 285, 5520, 300, 1023
A.J. Ivie, 90, 44, 1670, 40, 565
Elizabeth Teague, 200, 300, 7500, 300, 950
Jos. Young, 150, 350, 10000, 900, 1200
David Butts, 100, -, 2000, 70, 600
Jas. Graves, 135, 75, 5150, 250, 1100
Alphe Elliot, 50, -, 300, 20, 560
H. Simmons, 400, -, 6100, 60, 700
H. Thornton, 120, 146, 5320, 100, 600
B. P. Grissum, 100, 975, 5500, 150, 700
Abram Bery, 40, 110, 2400, 150, 500
Acy R. Peirson, 300, -, 5000, 400, 1100
J. H. McFarrin, 60, 690, 7500, 100, 1604

J. Kincade, 130, 110, 4800, 150, 1000
H. Parrish, 900, 570, 45000, 1000, 6200
R. Cox, 300, 220, 6500, 250, 1800
J. A. Gursler (Oursler), 250, 300, 11000, 250, 1800
Robt. Cook, 140, 50, 3800, 350, 1000
James Marshalls, 1000, 750, 52500, 1500, 5325
H. Lile, 231, 353, 11680, 180, 4346
D. H. Johnson, 350, 295, 10000, 400, 830
Martha Carpenter, 55, 45, 2000, 25, 300
L. L. Carpenter, -, -, -, -, 205
R. H. Heat, 55, 35, 900, 75, 370
J. A. Borham, -, -, -, -, 100
B. Anderson, 150, 40, 2280, 100, 548
Ed Taylor, 460, 362, 15240, 550, 1536
Henry Dean, 400, 500, 18000, 650, 2339
Wily Corgil, 400, 316, 8512, 630, 2200
W. R. Becton, 23, -, 200, 10, 300
Henrietta High, 17, -, 400, 10, 300
Mrs.House, 15, -, 400, 10, 250
McVay, 78, - 800, 15, 300
T. H. Yarbough, 40, -, 800, 20, 300
Thos. Robinson, 50, -, 700, 125, 585
Elizbaeth Brooks, 400, 217, 12340, 150, 520
Elizabeth Simmerson, 25, 75, 2000, 60, 250
Malcom S. Jay, 40, 70, 2220, 20, 300
Sam Hooks, 200, 165, 5775, 700, 1280
S. M. Moncreif, 360, 220, 7300, 1000, 1500
John A. Farly, 700, 400, 16500, 350, 1800
John A. Farly Jr., 700, 700, 35000, 825, 3707

Jos. Hays, 200, 220, 6300, 350, 1150
David Davis, 300, 250, 5500, 350, 1100
A. J. Davis, 400, 370, 10500, 300, 1800
Joseph Loving, 200, -, 2000, 200, 1550
Mrs. Smith, 30, 160, 4260, 120, 500
_____ Bryson, 30, -, 600, 15, 350
May Sheilds, 400, 260, 1028, 1000, 3000
J. S. Morton, 130, 110, 4800, 100, 935
T. G. Morton, 100, 50, 2250, 50, 853
S. Parks, 50, 30, 1600, 30, 300
John McDowell, 350, 425, 2328, 200, 1867
Henry Andrews, 350, 429, 9328, 1140, 3340
G. Sumner, 350, 428, 9328, 1710, 3860
D. E. Johnson, 200, 100, 3000, 50, 1000
John Knox, 275, 250, 10000, 600, 1145
Wyatt Sheron, 50, 56, 2000, 30, 375
W. H. Jones agt J. J. Steger, 200, 280, 5040, 200, 1206
C. D. McLean, 450, 381, 13087, 405, 3700
J. F Clay, 100, -, 1000, 60, 900
Benj. Suttle, 200, 287, 7300, 400, 1000
A. S. Waller, 150, 146, 5940, 500, 1000
Mary Mathews, 100, 200, 3600, -, 200
Howell Webb, 200, 83, 2830, 70, 1000
A. Mathews, 200, 330, 7950, 100, 1050
H. Taurents, 150, 200, 3500, 100, 800
W. P. McKinstry, 80, 120, 4000, 150, 1000
Wiley Neal, 110, 45, 1000, 120, 900

John Guy, 30, -, 900, 60, 300
M. O. Ward, 180, 122, 3775, 175, 1500
M. Moore, 80, 100, 1800, 70, 480
A. M. Stockenger, 75, 25, 2000, 100, 350
E. T. Pleasants, 60, -, 600, -, 300
Thos. G. Neal, 375, 300, 9000, 300, 1800
Wm. Stenhem, 400, 1330, 25950, 750, 3162
D. S. Boswell, 300, 263, 6000, 300, 2000
E. G. Reddick, 560, 287, 10500, 400, 1800
James A. Haslet, 1500, 6500, 100000, 10000, 10000
C. A. Newborn, 324, 400, 10800, 350, 2200
John Granbery, 800, 443, 18645, 470, 4090
T. L. Johnson, 500, 1038, 15000, 500, 2700
Johnson & Tate, 275, 251, 4000, 3000, 2700
W. N. Nelson, 40, -, 800, 175, 425
T. L. Boswell, 30, 167, 1250, 130, 500
J. M. Alexander, 100, -, 1000, 130, 700
D__ Hunter, 255, 100, 5000, 580, 2210
Wiley Wiggins, 220, 220, 6000, 250, 1230
Jane Tatum, 250, 146, 5000, 125, 800
W. J. Moore, 125, 25, 1800, 200, 475
A. Moore, 30, 25, 540, 75, 400
W. H. Tarpley, 5, 5, 1500, 75, 650
Wm. Granberry, 10, -, 100, 15, 300
M. L. M. Edenton, 770, 180, 4500, 575, 2027
Jas. I. Williamson, 700, 500, 18000, 660, 5281
Rich Wade, 700, 600, 13000, 650, 2500
Henry Wade, 40, -, 400, 15, 300

E. J. Waller, 500, 250, 11250, 500, 2100
E. M. Waller, 350, 150, 6000, 600, 1310
R. H. Poter, 1100, 1000, 24200, 1020, 6380
J. R. Jones, 350, 70, 4200, 600, 2086
J. C. Gardner, 120, 70, 2000, 120, 680
J.T. Thomas, 390, 248, 7000, 700, 2156
Wm. Cross, 50, 150, 600, 40, 600
J. S. Burel, 150, -, 1800, 60, 600
C. Nance, 15, -, 150, 20, 500
Wm. Brom, 70, -, 700, 100, 500
Wm. Farley, 60, 40, 1000, 50, 300
L. A. Pulliam, 200, 203, 5000, 175, 1062
Montillion Scott, 215, 435, 9000, 490, 2475
C. A. Swift, 400, 200, 7200, 700, 1200
N. J. Cocke, 200, 200, 4200, 175, 1092
Z. Shacklefort, 190, 614, 3800, 300, 950
Wm. P. Pleasants, 250, 150, 5000, 300, 1210
T. J. Waller, 500, 450, 11900, 600, 4941
Aboso Pursell, 30, 20, 500, 40, 400
Wm. Fahley, 115, 60, -, 10, 450
Tab Storie, -, -, -, -, 800
Sterling Farley, 15, 55, -, 15, 500
Greif Resdon, -, -, -, -, -
M. W. Waller, -, -, -, -, -
T. Harris, 140, 225, 5500, 175, 1000
G. Parker, 150, 200, 4000, -, 950
H. M. Fleming, 50, -, 500, -, 700
S. L. Marlar, 30, -, 300, -, 500
J. J. Crossett, 90, 93, 1830, 80, 680
Mary A. Cogbill, 100, 120, 3500, 200, 800
Wm. Burnett, 70, -, 1000, 30, 425
Andrew Massey, 100, 60, 2000, 30, 1200
J. H. Johnstone, 100, -, 2500, 70, 1100
S. Adams, 75, -, 900, 55, 250
G. Key, 75, -, 1200, 80, 1200
A.J. Broomley, 80, -, 800, 150, 1350
Thos. Craig, 110, 110, 2100, 250, 1000
D. Craig, 40, -, 500, 150, 900
J. Webb, 100, -, 1000, 180, 500
D. Allen, 600, 200, 4000, 200, 1000
L. L. Davis, 300, 275, 11000, 200, 1800
S. W. Davis, 350, 875, 12500, 200, 1000
W. H. Thornton, 300, 100, 6000, 300, 1200
J. D. Bounds, 120, 84, 5100, 300, 675
E. M. P_nn, 160, 140, 4000, 200, 850
Thos. Shelton, 120, -, 1200, 30, 360
A.H. Dardon, 300, 271, 6244, 28, 665
Wm. P. Chanbers, 175, 260, 10800, 200, 1325
J. R. Pearson, 275, 698, 9300, 225, 1200
J. P. Hendly, 40, 369, 3000, 160, 540
Julian Culp, 40, 5, 300, 85, 160
A.H. Price, 15, -, 150, 15, 125
Mary Teague, 206, 232, 2000, 200, 1300
J. H. Teague, 60, 132, 750, 30, 715
C. M. Teague, 90, 60, 300, 25, 485
Minerva Price, 40, 82, 365, 20, 65
E. H. Steger, 160, -, 1600, 150, 1500
J. S. Hill, 2, -, 800, -, 100
B. Ingram, 240, 225, 5500, 350, 1551
Mllis Person, 200, 208, 8100, 200, 1514
M. B. Moody, 250, 250, 5000, 350, -
Elisha Williams, 200, 75, 1600, 60, 800
Nancy G. Tiller, 200, 160, 2160, 180, 500

Arthur Pool, 60, 60, 1800, 40, 350
Luesa Sanders, 60, 29, 1000, 50, 350
J. C. Anderson, 38, 35, 800, 50, 800
R. Allen, 30, -, 300, 30, 400
Wm. Baw, 200, 400, 6000, 500, 700
J. C. Lighste, 90, 450, 5400, 150, -
C. McCongans, 40, 110, 1500, 100, 500
G. Goodwin, 60, 52, 400, 60, 934
Wm. Watts, 120, -, -, 10, 250
K. Johnson, 60, 120, 1800, 15, 350
H. C. Hampton, 50, 30, 900, 15, 395
John Hampton, 130, 60, 1500, -, 160
Wm. Carpenter, 30, -, 300, 15, 250
H. Harris, 40, -, 350, 10,200
Wm. Harris, 25, -, -, -, 150
John Duggin, 60, 120, 1250, 12, 200
Robt. Wheeler, 60, 100, 1600, 60, 285
Ed L. Allen, 130, 44,1054, 100, 310
John Hughs, 33, -, 60, 25, 130
Moses McKinley, 120, 120, 3400, 600, 720
Mary Hogan, 120, -, 1200, 80, 800
G. W. Tiller, 75, -, 750, 40,400
O. Fletcher, 55, 114, 2500, 100, 595
Eliza Harley, 88, 80, 2000, 100, 600
E. Bradley, 80, 20, 1000, 20,340
E. R. Bradley, 20, -, 200, 20, 300
R. Dean, 50, -, 1200, 120, 300
E. Armour, 20, -, 300, 20,400
J. D. Armor, 20, -, 300, 20, 600
Jesse Harvey, 200, 250, 5000, 100, 1000
M. A. Price, 60, 120, 2200, 15, 500
A. Florence, 70, 130, 3000, 40, 600
D. Smith, 200, 200, 5000, 100, 1700
M. Adams, 100, 40, 1700, 20,600
F. M. Kerr, 300, 222, 13000, 600, 1245
R. Gwyn, 200, 50, 3600, 600, 1410
Sarah Gwyn, 250, 250, 1000, 40, 1000
T. Butterworth, -, -, 2000, 25, 800
Eliza Cannon, 25, 185, 1800, 120, 750
Davy Clark, 160, 160, 4800, 600, 1576
Davy Abernathy, 200, 200, 4000, 600, 1300
Mary Green, 60, 100, 1600, 100, 500
Wm. Conley, 60, 70, 1080, 100, 500
J. D. Brewster, 400, 424, 10300, 300, 1645
W. L. McClaron, 220, 180, 8000, 800, 1868
J. E. Vanpelt, 400, 1000, 14000, 700, 2125
Jere Bull, 53, 80, 1440, 25, 300
Mary Resser, 92, 100, 3020, 50, 1598
J. M. Mason, 100, 140, 2400, 90, 928
R. Pickins, 60, 50, 990, 50, 500
Rhoda Robertson, 100, 40, 1200, 90, 300
Wm. Abet, 110, 90, 3000, 100, 920
W.P. Simmon, 140, 240, 5700, 100, 1140
Jas. Simmons, 15, -, 250,15, 300
R. G. Doke (Duke), 50, 170, 2400, 75, 300
A. B. Scarbrough, 100, 80, 3600, 150, 1220
Jas. A. Gober, 250, 230, 8000, 200, 1850
W. M. Parr, 200, 320, 6000, 600, 1400
J. T. Abernathy, 300, 710, 7100, 600, 2100
C. B. Franklin, 200, 277, 1770, 500, 1700
Levi Roberts, 400, 720, 22400, 610, 2245
D. J. Lane, 50, 200, 16000, 725, 3678
S. J. Lane, 1000, -, 3000, 70, 1200
J. K. Wilborn, 750, 750, 15000, 500, 2930
Sam Kerr, 115, 93, 1664, 50, 785
Bryant Carraway, 80, 40, 1200, 20, 600

R. M. Ingram, 200, 65, 200, 190, 1474
Nathan Loftus, -, -, -, -, -
Jesse Hogan, -, -, -, -, -
C. McNamee, 40, 100, 2000, 200, 300
G. G. Cossik (Cossitt), 20, -, 600, 80, 160
J. T. Foot, 70, -, 700, 125, 1000
R. W. Maze, 150, 72, 2800, 150, 650
John Thompson, 16, -, 1500, 10, 350
Thos. H. Ormsby, 25, -, 300, 69, 300
H. H. Falls, 330, 220, 10000, 250, 1800
R. Leach, 5, -, 1500, 20, 200
Lock & Abbott, 201, -, 400, 150, 1000
H. G. Simmons, 4,-, 500, 20, 300
M. G. Mayor, 600, 200, 6400, 275, 2300
Emily M. Ervdo (Endo), -, -, -, 20, 400
V. B. Stafford, 100, 60, 2400, 300, 900
Jno. Butterworth, 390, 70, 3680, 100, 1100
Holland & Royster, 700, 500, 30000, 1000, 5815
W. W. & M. R. Winfield, 225, 175, 6800, 200, 1600
D. Hunt, 300, 700, 25000, 1000, 3100
John Cole, 110, -, 1000, 200, 600
John Davis, 140, 108, 2000, 140, 1100
Mary J. Wilks, 200, 106, 1500, 600, 600
Wm. C. Beverton, 1300, 300, 24000, 600, 2500
H. Lockhart, 145, 25, 1000, 50, 500
Wm. Houston, 200, 50, 3300, 600, 2100
James Dicks, 160, 60, 2200, 60, 1300
S. P. Burton, 90, -, 900, 50, 200
W. J. Devenport, 70, -, 700, 25, 600
S. Franklin, 300, 400, 12000, 650, 800
J. N. Morum, 400, 400, 8000, 600, 1800
Wm. Harris, 100, -, 1000, 200, 500
M. W. Harrvell, 275, 45, 6400, 400, 1800
Jno. Parkan (L), 900, 600, 15000, 1100, 3000
N. S. Hall, 230, 120, 3500, 100, 900
A. D. Lewis, 200, 200, 5000, 300, 1200
J. D. Perryman, -, -, 8000, 30, 250
T. G. Parks, 170, 130, 7000, 650, 700
L. Anderson, 160, -, 1600, 300, 1600
Charles Michie, 2500, 1000, 75000, 3000, 6700
Alex Ewell, 150, 100, 2250, 600, 1350
D. W. McKenzie, 450, 510, 9600, 350, 1300
A. Wood, 150, -, 1150, 50, 600
N. W. Lanier, 400, 790, 20000, 300, 3500
S. M. Clay, 175, 125, 7000, 75, 800
C. M. Swift, 900, 1400, 14000, 100, 1400
T. J. Swift, -, 595, 5500, 30, 1200
Thos. Rivers, 350, 270, 12000, 275, 1800
John O. Graves, 330, 270, 12000, 300, 1300
D. Ewell, 200, 300, 5000, 300, 2000
W. A. Turner, 375, 285, 10000, 300, 2500
Robt. G. Graves, 440, -, 6000, 175, 1100
M. O. Perkins, 250, 200, 7000, 200, 1500
A. B. Glaster (Gloster), 165, 75, 3240, 160, 1230
Saml. Norris, 75, 245, 4360, 75, 710
A. L. Green, 700, 367, 16000, 775, 3700

T. P. Loyd, 500, 335, 12000, 400, 2500
J. O. Buford, 125, 287, 4000, 100, 1600
C. Turner, 100, 80, 1600, 100, 350
R. Massey, 200, 170, 3700, 300, 1423
L. Black, 800, 1000, 20000, 600, 5920
H. T. Mathews, 70, 130, 2000, 100, 250
J. J. Gwyn, 300, 455, 9550, 550, 1930
B. T. Trotter, 351, 351, 9007, 1000, 2924
W. D. Thurman, 130, 75, 3180, 150, 910
R. M. Roberts, 160, 74, 4680, 650, 895
Henry Cargile, 20, -, 200, 40, 300
Robt. Robertson, 200, 268, 7200, 650, 1202
H. B. Dilliano, 300, 100, 6000, 500, 2003
T. H. Scarborough, 125, 31, 1500, 150, 1200
Wiley Morris, 100, -, 1000, -, 370
Jesse Benton, 75, 125, 2000, 60, 300
E. Finney, 100, 20, 1000, 70, 454
B. B. Homer, 200, 200, 2000, 100, 900
R. Whitehead, 80, 80, 2000, 200, 800
S. Morris, 40, -, 400, 10, 450
Jos. Pinnock, 120, 200, 3000, 400, 500
John Pinnock, 75, 50, 1200, 80, 175
G. W. Johnson, 125, 150, 5000, 650, 1100
Jane Stedhem, 100, 100, 2000, 200, 600
Ben Moody, 500, 300, 8000, 400, 1700
W. A. Rawlings, 140, 74, 2140, 60, 650
S.J. Gwyn, 280, 280, 5600, 500, 1600
J. Burnett, 540, 420, 11520, 175, 1590
A. J. Wigglesworth, 75, -, 750, 15, 625
W. W. Wallace, 150, 140, 4000, 2500, 900
J. T. Lazenble, 40, 45, 1200, 2500, 450
D. S. Baxter, 200, 130, 4950, 650, 1690
J. Z. Gaither, 80, 70, 2250, 50, 471
Jim Gaither, 150, 150, 3750, 600, 1400
W. F. Robinson, 15, 72, 1300, 65, 210
Jas. B. Robinson, 20, -, 300, 10, 301
J. J. Dioner, 50, 50, 800, 150, 655
Leg & Gober, 175, 85, 2080, 600, 1440
John N. Tolls, 30, 403, 10530, 250, 1685
E. H. Freen, 60, -, 910, 60, 580
Wm. Ealy, 100, 130, 3450, 100, 920
Elam Gaither, 400, 275, 7884, 650, 1445
John Gaither, 40, 110, 2000, 80, 415
Jesse J. Thorp, 100, 170, 4000, 500, 1101
T. J. Lewis, 450, 290, 8880, 600, 1649
J.C. Turner, 50, -, 500, 30, 350
W. C. Tomlinson, 294, -, 1500, 175, 650
J. R. Guy, 30, 70, 1500, 120, 500
T. A. Gates, 30, -, 300, 40, 300
H. Willis, 225, 245, 10750, 860, 1720
George Holmes, 130, 115, 2450, 150, 800
Thos. Holmes, 100, 60, 1600, 75, 750
P. Culp, 125, 355, 4800, 150, 825
M. Parks Jr., 90, -, 540, 60, 700
M. Parks Sr., 200, 200, 1200, 80, 1150

Myatt Bishop, 180, 138, 3180, 350, 10500
Wm. Bishop, 130, 170, 3000, 350, 450
John Wilson, 300, 150, 3150, 60, 1000
Jas. R. Webb, 60, -, 250, 11, 450
S. Edwards, 60, 120, 800, 20, 370
Jas. Edwards, 20, -, 160, 10, 275
H. W. Price, 75, 150, 1800, 150, 950
W. C. Trent, 200, 300, 6250, 660, 1100
Jones Carter, 100, 150, 2000, 200, 1000
John Ritchie, 40, 60, 700, 100, 300
W. H. McCaskill, 50, 34, 800, 75, 500
Parish Ozier, 100, 133, 3490, 25, 700
Jas. Anderson, 200, 103, 2400, -, 600
J. C. Robinson, 103, 100, 2030, 200, 1000
Wm. Norman, 100, 102, 3030, 120, 525
W. J. Hendrick, 300, 230, 5300, 675, 1322
Smith Patterson, 70, 67, 1144, 800, 650
R. G. Patterson, 100, 150, 3000, 80, 700
S. G. Phillips, 150, 350, 5000, 350, 1050
Jesse Humphry, 150, 250, 2800, 100, 1300
E. W. Humphry, 150, 200, 2400, 100, 1000
Julia Rawlings, 39, -, 400, 30, 400
T. Harris, 25, -, 250, 30, 500
John Baugh, 250, 150, 4000, 100, 600
Jeff Steen, 150, 75, 2500, 50, 700
Jas. W. Wilson, 75, 85, 840, 140, 684
S. Miller, 150, 100, 2500, 80, 800
W. C. Newby, 133, 131, 3168, 460, 700
Phillip Allen, 50, 26, 500, 150, 800

G. W. Leg, 140, 69, 3500, 200, 1200
H. W. Brown, 35, 20, 750, 65, 600
W. P. Dowdy, 300, 200, 6000, 625, 1869
R. Moore, 30, 10, 400, 30, 170
Sarah Branch, 120, 140, 2600, 100, 250
Thos. Branch, 90, 70, 1000, 25, 548
N. Boals, 80, 75, 1725, 25, 672
Iverson Walker 225, 275, 12500, 1000, 1700
Frank Holloway, 28, -, 280, 15, 300
H. S. Taylor, 400, 484, 10000, 200, 1700
Hiram Morris, 60, -, 600, 20, 200
J. M. Crowder, 100, 150, 2500, 100, 1000
Henry Brown, 50, -, 500, 25, 500
W. H. Walden, 100, 100, 2000, 120, 200
Wm. Ashford, 50, -, 500, 66, 350
D. T. Avant, 210, 220, 4000, 275, 750
Harris Bailey, 350, 550, 19000, 200, 1600
Ben Chambers, 15, -, 200, 60, 200
H. B. Grant, 50, 150, 600, -, 400
T. T. Cloyd, 100, 160, 1000, -, 750
Isabell Armour, -, -, -, 75, -
Jacksey Armour, 200, 300, 5800, 350, 1256
Henry McFadden, 30, 18, 480, 65, 431
Robt. Morrow, 100, 100, 1500, 100, 1665
Jas. Morrow, 120, 130, 1300, 50, 2909
W. B. Jones, 1100, 900, 20000, 1000, 8240
Levi M. Todd, 400, 1238, 18074, 200, 1530
C. B. Jones, 1600, 900, 20000, 300, 3800
W. C. Reeves, 135, 195, 2500, 60, 900
A. Farris, 25, -, 250, 20, 100

A. R. McCully, 100, 250, 3000, 60, 300
D. B. Chambers, 146, 300, 3000, 200, 700
D. Chambers, -, -, -, 30, 350
Jas. Parks, 104, -, 500, 10, 600
M. G. Taylor, 100, 200, 2500, 100, 800
F. Carpenter, 500, -, 5000, 650, 250
Peleg Bailey, 100, 100, 2000, 100, 1175
J. F. Neal 70, 70, 200, 100, 600
Jas. Morrison, 200, 150, 3000, 500, 1000
Jas. T. Morrow, -, -, -, -, 500
Wm. Morrow, 300, 200, 4000, 600, 1800
J. W. Morrow, 60, 40, 800, 20, 800
Jas. Thompson, 250, 115, 3000, 100, 1000
W. B. Avant, 200, 350, 6600, 200, 1000
T. W. Bass, -, - -, -, 1100
C. Baird, 600, 687, 15446, 9000, 350
M. A. McNeal, 1150, 1150, 23000, 800, 8000
Robt. Gattey, 60, 80, 600, 20, 450
Jos. Booth, 60, 78, 500, 20, 200
Marion Booth, 35, -, 125, 75, 200
John Gattey, 20, -, 200, 25, 200
Wm. Montgomery, 40, 160, 800, 30, 800
W. Gattey, 60, 172, 1000, 70, 900
Davy Riggs, 60, 140, 400, 60, 375
T. Taylor, 650, 884, 15000, 3645, 3060
John W. Jones, 2000, 4500, 52000, 100, 12000
John N. Pulliam, 600, 2210, 18000, 1000, 5000
W. E. Winfield, 1225, 208, 7500, 150, 1150
Martha Winfield, 130, 40, 2125, 80, 950
A. J. Gillispie, 250, 425, 12000, 400, 4250

W. A. May, 954, 740, 15900, 1000, 4135

Index

Aaron, 91-92
Abbernathy, 1-2
Abbey, 77
Abbott, 158
Abernathy, 80-81, 85, 88, 157
Abet, 157
Ables, 43
Acklen, 81
Acton, 49
Adair, 97
Adam, 82, 141
Adams, 11, 19, 21, 44, 55, 57, 60, 67, 101, 115-118, 132, 156-157
Adamson, 102-103
Adcock, 52, 88, 105-106, 117, 119-120, 122-123
Adenians, 60
Adkins, 6, 21, 35, 111, 115
Adkinson, 8, 89, 92
Agee, 15, 103, 109
Aiken, 66
Airwine, 28
Ake, 59
Akin, 95, 138-139
Akins, 67, 98, 100, 138
Albright, 114
Aldrich, 74
Alen, 157
Alexander, 10, 15, 76, 104, 112, 140, 146, 151, 155
Alford, 77, 79
Alis, 27
Allbright, 114
Allen, 1-2, 5, 7, 23, 38, 45-50, 69, 76, 80, 83-87, 95, 101-102, 105-107, 109-111, 113, 117, 129, 139, 142-143, 156-157, 160
Alley, 1
Allison, 61-62, 87, 102
Ally, 4
Alman, 38
Alspaugh, 119
Alston, 95
Amis, 152
Amsy, 89
Amus, 55
Anderson, 7-8, 23-23, 48, 51-52, 57-62, 65-66, 80, 82, 84-85, 88, 102, 110, 116, 118, 122, 126, 141, 150, 154, 157-158, 160
Andrews, 8, 66, 126, 142, 155
Angel, 55-56, 58, 65
Angenett, 118
Anglin, 120, 129
Anglon, 90
Anne, 47
Anthony, 58, 139-140
Antony, 153
Antwine, 131
Appleton, 85, 123
Applewhite, 137
Aranton, 42
Archabald, 141
Archabill, 147
Archer, 47, 147
Archibald, 139
Armor, 157
Armour, 157, 160
Armstead, 78
Armstrong, 64, 124, 134
Arnet, 141
Arnett, 94
Arnold, 51-52, 55, 57, 63, 97, 100, 106, 109, 130, 138-139, 148
Arrington, 118
Asett, 94
Ashburn, 12
Ashcraft, 91
Asheford, 160
Ashley, 54, 59
Ashly, 51, 60
Ashworth, 110
Askew, 113
Askews, 151
Aster, 152
Asworth, 90
Atchly, 49
Athy, 52
Atkins, 139, 141
Atnip, 107-108
Atwell, 103, 108
Augenett, 118
Auley, 97
Aulsbrooks, 126
Auron, 91
Ausment, 75
Ausmus, 13-14
Austell, 63
Austelle, 59
Austen, 120-121
Austille, 64
Austin, 52, 74-75, 99, 111, 122-124, 134
Autry, 94
Avant, 103, 160-161
Averal, 86
Averett, 130
Averitt, 115, 117, 141
Avritt, 115-116

Aytse, 67
B__rs, 96
Baer, 34
Bailey, 36, 82, 115-116, 119, 140, 160-161
Baily, 49, 53, 64, 153
Bain, 81, 105, 107-108
Baird, 71, 102, 161
Baker, 9, 21, 45, 48, 67, 72-73, 76, 83, 85, 98, 106-108, 114, 117-121, 126, 133, 135, 137-138, 151
Balch, 34, 38
Baldridge, 74
Balentine, 131
Balew, 87
Baliff, 103
Baliss, 103
Ball, 42, 47, 58
Ballard, 27-28
Balliard, 147
Ballinger, 97
Balm, 89
Balson, 70
Balthrop, 116, 148
Baltrip, 23, 25
Banch, 93
Bankhorn, 106
Banks, 36-37, 42, 56, 62, 78, 104, 140
Banlum, 98
Banner, 18
Barber, 89, 97
Barbro, 91-92
Barcey, 152
Barclift, 9
Barford, 4
Bargar, 101
Barger, 66
Barker, 138
Barnard, 21-23
Barnes, 17-18, 48, 67, 71, 74, 76-77, 104

Barnett, 35, 42, 97, 102
Barns, 5, 47, 124
Baron, 7
Barrax, 114
Barret, 141
Barrow, 82
Barry, 111
Barshers, 90
Barshirs, 90
Barshur, 95
Barshus, 89
Bartclift, 9
Bartee, 127
Bartlett, 22, 25, 27
Bartley, 17-18
Barton, 54, 56
Basey, 141
Basford, 5
Basha__, 85
Basher, 97
Basinger, 35, 37
Baskerville, 148
Basket, 68
Bass, 110, 161
Bassell, 25
Baswell, 150
Bateman, 82, 121
Bates, 58, 71, 109, 112
Bathorp, 6
Batson, 7
Batte, 84
Battle, 75
Batton, 107
Batts, 6
Baty, 110
Baucom, 98
Baugh, 160
Baw, 157
Baxter, 44-46, 49, 76, 79, 159
Bayer, 34
Bayne, 101
Beal, 61
Beam, 66, 94

Bean, 34
Beard, 119, 137
Beardon, 7
Beasley, 87, 133
Beasly, 151
Beason, 31
Beck, 119, 122
Beckwith, 108
Becton, 154
Beeber, 13
Beech, 11
Beedle, 47
Beeler, 13
Beggosly, 83
Bein, 59
Belamy, 24
Belch, 93
Belcher, 96
Bell, 4-6, 8, 21, 42-43, 64, 70, 74, 76, 121, 123-126, 131-132, 137, 142
Bender, 70
Bendfield, 100
Bennett, 2, 94, 101-103, 107, 110, 133
Benningfield, 8
Benson, 150-151
Benthal, 143-144
Benthisl, 92
Bentley, 67, 153
Bentline, 95
Benton, 57, 81, 93, 159
Bergan, 69
Berks, 54
Bernett, 134
Berry, 10, 13, 29-30, 78, 82, 127
Bert, 62
Bery, 154
Bess, 103
Bessent, 132
Bethel, 101
Bett, 77
Bettis, 133

Beverton, 158
Bewley, 45
Bhorniss, 100
Bibb, 126, 128
Bibbs, 123
Bible, 36-37, 43
Bigger, 9
Biggers, 122
Bigges, 6, 9
Biggs, 130
Bigley, 76
Billi_d, 82
Billings, 106
Binally, 98
Bing, 108
Bingham, 82, 91
Binkley, 2-3, 71-73, 124, 128
Binkly, 72
Binser, 99
Binum, 63
Bird, 28, 47-49, 123
Birton, 96
Bishop, 90, 124, 160
Bisserr, 100
Bizzle, 142
Black, 37-38, 43, 146-147, 159
Blackburn, 23, 56, 58, 91, 103, 120
Blackhall, 78
Blackman, 55, 77
Blackwell, 45, 120-121
Blades, 152
Blain, 131, 153
Blair, 70, 73, 91, 154
Blaisden, 56
Blake, 145
Blanchard, 41
Blanchet, 41
Blankenship, 137, 139, 146
Blanks, 7
Blansett, 25, 27
Blanton, 52, 55

Blaylock, 66
Blazer, 40-41, 46
Bledsoe, 115, 121, 136
Blomd, 149
Bloomingdale, 134
Blount, 93-94, 121
Bluker, 98
Blunkhall, 78, 81
Boals, 160
Boatright, 95
Boatwright, 140
Bobet, 7
Bobo, 4, 150
Bogan, 92
Boger, 38
Boggs, 63
Bohanen, 98
Boid, 59
Boldin, 39
Boldon, 40
Boles, 17
Bolin, 44
Bolinger, 13
Bolton, 26
Boman, 98
Bomer, 98
Bond, 108, 147
Bonderant, 151
Bondnex, 153
Bondurant, 72
Bone, 2, 102, 117, 121, 151
Bonner, 71
Booker, 119, 126
Boon, 141
Booth, 82, 161
Boothe, 83, 85
Booze, 115
Borden, 40
Borham, 154
Boron, 92
Bosley, 82, 88
Bostick, 12
Boswell, 99, 155
Boudnex, 153

Boughton, 66
Bounds, 156
Bourzall, 98
Bouti__ll, 94
Bowden, 56
Bowen, 70, 92, 118-119, 127-128, 142
Bowers, 85-86, 103
Bowie, 95
Bowlin, 67
Bowling, 16
Bowman, 11-14, 27, 86
Bowne, 148
Box, 100
Boyd, 2, 70, 79, 146 148, 150, 153
Boyer, 34, 41
Bozarth, 107, 111
Bracken, 142
Brackman, 8
Brackston, 60
Bracy, 4
Braden, 13-14, 150
Bradford, 79, 80, 84, 109
Bradley, 4, 65, 113, 1157
Bradshaw, 61, 137-138
Bradsheir, 152
Brady, 33
Bragg, 33
Brah__s, 90
Brambley, 52
Bramlet, 118
Branch, 160
Brand, 87
Branden, 56
Brandon, 134, 142
Brannum, 20
Branscome, 13-14
Branson, 30
Brant, 59
Brantly, 61
Brashaw, 86

Brason, 15
Braswell, 104, 108, 112, 117-118, 120, 151
Bratcher, 13
Bratton, 102
Braun, 78
Brawley, 61
Bray, 96
Brazier, 134
Breeden, 49
Breeding, 22-23, 25
Brenam, 87
Brent, 135
Brerrt, 74
Bresst, 74
Bretton, 54
Brewer, 29, 53, 62, 131, 141
Brewster, 16, 157
Briant, 15, 63, 100, 121
Bridges, 35
Bridgewater, 147-148
Brien, 77
Brigat, 93
Bright, 1, 81, 94
Briley, 74-75
Brill, 114
Brim, 127
Brinkly, 48
Brisanden, 35
Bristow, 67-68
Britt, 98, 100
Brock, 13-14, 49, 94, 125
Brodnax, 149
Brogan, 29, 31
Brom, 98, 156
Brooks, 17-21, 24-27, 34-36, 39, 41-43, 46-47, 72, 154
Broom, 152
Broomley, 156
Broon, 91
Brosk, 44

Brotherton, 35, 46
Broughman, 13
Browder, 131
Brown, 8, 18, 24, 27, 34, 37, 56, 59-62, 65-68, 70, 72-73, 76, 78, 81, 87, 90, 114-116, 118-120, 122-124, 126-127, 136-137, 139, 148, 152, 160
Browning, 114-115
Broyls, 65, 67
Bruce, 115, 118
Brumbarger, 61
Brumfield, 41
Brunch, 99
Brunnet, 8
Brunty, 17
Brussey, 100
Bryan, 1, 3-4, 41, 73, 119
Bryant, 43, 46, 49, 61-62, 80, 102, 123, 147
Bryson, 155
Buchanan, 11, 21, 26, 69-70, 73, 115
Buckall, 59
Buckaloo, 58
Buckanan, 115, 125
Bucker, 142
Buckheart, 150
Buckner, 35-36, 53, 63, 127
Bucks, 63
Bucun, 98
Buffaloe, 147
Buffington, 77
Bufford, 27
Buford, 159
Bugance, 94-95, 99
Bugatze, 82
Bugg, 38, 71
Buis, 24, 27
Bull, 121, 157
Bullard, 27, 103-104

Bullen, 23
Buller, 119
Bulley, 97
Bumpass, 79
Bunch, 23-24, 96
Bundren, 23
Bundrew, 23
Bunnel, 134
Bunting, 36
Buragh, 131
Burch, 30, 88
Burchet, 26
Burchfield, 23-25, 29
Burdine, 21
Burel, 97, 156
Burges, 33, 37
Burgess, 35, 66
Burk, 24, 44-45
Burke, 24, 31
Burket, 12, 29, 136
Burkett, 17, 42, 89
Burks, 52, 63
Burlum, 98
Burnes, 93
Burnett, 9, 74, 96, 100, 130, 156, 159
Burnham, 135
Burns, 96
Burough, 94
Burows, 153
Burpo, 116
Burrel, 38
Burrough, 131
Burrows, 150
Burrus, 70
Bursby, 95
Bursh__, 95
Bursh__s, 90
Burshers, 90-91
Burshires, 90
Burshirs, 94
Burshurs, 89
Bursso, 116
Burton, 57, 84, 107, 112, 158
Bury, 94

Busbey, 93
Bush, 75
Bushers, 90
Busick, 20
Bussel, 38, 93, 95-96
Bussell, 18, 25
Bussil, 93
Butcher, 102
Butler, 49, 54, 56, 62, 112, 120, 137-138, 142
Butry, 122
Butt, 77
Butterworth, 86, 142, 157-158
Butts, 154
Buy, 28
Byde, 4
Byns, 85
Bynum, 63
Byrs, 85
Bysor, 88
C_anly, 92
Cacy, 87
Cadle, 17, 98
Caffrey, 84
Cage, 4
Cagle, 2, 91, 97-98, 100, 114, 121
Cain, 12-13, 21-22, 68
Caldwell, 127, 132
Calffee, 47
Calfie, 36
Calhoun, 49, 55
Call, 64
Callaham, 17
Callahan, 19
Callicott, 113
Calwell, 108
Camel, 133
Cameron, 46, 110
Cammen, 43
Camp, 84
Campbell, 18-21, 25, 29, 33, 42, 46, 52, 56-57, 60, 62, 65, 79, 86-87, 137, 147
Camperry, 127
Campll, 91
Canada, 9
Canady, 61, 91, 99
Candel, 93
Cander, 93
Cane, 126
Caney, 99
Cannada, 139
Cannedy, 55
Cannon, 98, 157
Canrou, 98
Canter, 67
Cantrell, 79, 87, 104-108, 111
Capell, 152
Capps, 81, 135
Caps, 128
Capshaw, 105
Car, 98
Carber, 45
Carden, 55-57
Carder, 111
Cardwell, 24, 28, 30
Carey, 69
Cargile, 159
Carlew, 128
Carlile, 52, 54, 59, 93, 96
Carlisle, 63
Carmac, 77
Carmack, 15, 17-18
Carmer, 43
Carmichael, 36
Carmon, 15, 25
Carn, 123
Carnes, 148
Carneson, 35
Carney, 2-4, 85, 88, 148
Carnow, 25
Carnoy, 2
Carovel, 62
Carpenter, 16, 21, 79, 146, 154, 157, 161
Carr, 14-16, 30-31, 120, 151-152
Carraway, 150, 157
Carrel, 93
Carrell, 13, 16-17, 23, 27
Carrol, 59
Carroll, 24-25, 66, 125-126, 129
Carson, 52
Carter, 9, 19, 38, 48, 55, 74-75, 91, 100, 107, 120, 126, 134, 160
Cartes, 100
Cartwright, 74, 79, 85, 152
Caruthers, 84, 130
Casey, 57, 69, 90
Cash, 21, 63
Cassleman, 128
Castiller, 35
Castleman, 71, 78-79, 83
Cate, 1, 85
Cateman, 19
Cates, 23
Cathcart, 104
Cathey, 122-124
Cathron, 150
Cathum, 150
Cathy, 52
Cato, 88
Catron, 149
Cattrell, 28
Causly, 54
Causy, 54
Cave, 56
Caves, 60
Cavis, 60
Cawood, 13
Cawthon, 140
Cayton, 44
Caywood, 152

Ceam, 129
Cearn, 129
Cermey, 71
Cernely, 92
Cerney, 94
Certain, 110-111
Cery, 57
Cety, 16
Cetz, 16
Chadowen, 1
Chadrick, 23
Chadwell, 18, 23, 26, 76, 84-85
Chadwick, 24, 28
Chalon, 80
Chamberlain, 135
Chamberlan, 135, 138
Chambers, 156
Chambers, 74, 77, 108, 156, 160-161
Chamblis, 7
Champion, 147
Chance, 30
Chandler, 72
Chapell, 122
Chapman, 41, 64, 102-103, 110
Charles, 55, 60
Charlton, 71, 73, 83
Chaudoin, 127
Cheatham, 74, 82, 107
Cheek, 21-22, 24
Cheetum, 20
Cheney, 87
Cherch, 54
Cherry, 54
Chery, 151
Chesry, 91
Chester, 118, 120, 124
Chick, 18, 24
Chilcutt, 76
Childers, 66, 142
Childres, 143
Childress, 82, 111

Chilom, 83
Chiloutt, 75
Chittum, 22
Chitwood, 137-139
Choat, 128-129
Christian, 36, 111
Chrourister, 131
Chumly, 15-17
Chumsbley, 70
Churchman, 64, 137
Churchwell, 95
Civiston, 37
Claiborne, 109
Clapps, 27
Clarchy, 120
Clare, 153
Clark, 9, 26, 35, 42, 46, 48, 63, 74-75, 84, 101, 103, 109-110, 115, 124, 128, 134, 146, 157
Clarke, 22, 27
Clay, 155, 158
Claybrooks, 64
Clear, 152
Cleaves, 152
Cleavinger, 44
Clemens, 73, 111
Clements, 42, 84, 138
Clendenton, 62
Clevenger, 48-49
Cleves, 151
Clevinger, 44
Click, 43-44, 46, 48
Clickering, 79
Clifton, 5-6, 119, 151
Climen, 116
Cline, 24, 34, 36-38
Clinger, 44
Clissey, 99
Clohurt, 94
Close, 110-111
Cloud, 18, 23, 27
Cloyd, 147, 160
Coaks, 93
Coatney, 144

Coats, 142
Cobb, 135
Cobourn, 151
Cochran, 3, 143
Cocke, 150, 156
Cockrill, 73, 81
Coda, 49
Cody, 151
Coffee, 20, 148
Coffman, 130, 143
Coffy, 52
Cogbill, 156
Cogdel, 42
Cogdill, 44
Coggin, 42, 85, 112
Coinger, 43
Coke, 121, 124
Col___, 50
Colder, 43
Coldwell, 42
Cole, 16, 20, 24, 31, 85, 99, 139, 151, 158
Coleman, 20, 115, 117, 127, 129, 140
Colharon, 49
Coliess, 50
Collier, 129
Collins, 7, 14, 16, 19, 21-23, 31, 73, 75, 92, 100, 105, 125, 150
Collinsworth, 17, 22
Collison, 12
Colman, 2, 92
Colvert, 111
Colwick, 99
Compton, 99, 106
Conder, 96
Condry, 25
Cone, 71
Coners, 96
Conger, 111-112
Congl__, 96
Conley, 68, 157
Connel, 134
Connell, 85
Conner, 93

Connor, 102
Conrou, 98
Conurs, 96
Conway, 36-37
Cook, 17, 20, 25, 41, 72, 76, 91, 132, 141, 154
Cooks, 93
Cooksey, 114-115
Coop, 130
Cooper, 9, 38, 40, 62, 74, 109, 134, 142, 145, 147, 152
Cope, 106
Copeland, 28
Copley, 124
Coplinger, 110
Corbin, 23
Cording, 123
Corgil, 154
Corigal, 72
Corley, 71, 82, 110-111
Cormack, 95
Cornelison, 60
Cornell, 85
Corthman, 88
Cosby, 17-18, 151
Cossik, 158
Cossitt, 158
Cothran, 140
Cotton, 71, 79, 106, 133, 141
Couch, 71
Cougal, 72
Coullir, 96
Coulster, 60-61
Coulston, 61
Counsel, 6
Counts, 94
Courtney, 20
Couts, 96
Covey, 151
Cowan, 24
Cowdry, 27
Cowduf, 23

Cowell, 61-62, 142
Cowin, 147
Cowley, 84
Cox, 8, 18, 24, 27, 31, 48, 53, 68, 73, 79, 81, 99-100, 123, 154
Crabtree, 18, 63
Craddock, 103
Craft, 25, 118, 127
Crafton, 140
Craig, 85, 132, 136, 143, 156
Craige, 114-115, 121
Crane, 92, 95, 121, 124
Crank, 12
Crawford, 17, 28, 34, 63, 140, 145, 150
Creech, 30, 71
Creek, 55, 89
Creel, 73
Crell, 72
Crenshaw, 135
Cress, 12
Crew, 53
Crews, 142
Cribbs, 54
Crips, 104, 109
Crises, 98
Crisman, 114
Crisos, 98
Criss, 104, 109
Critchfield, 15, 18
Crite, 91
Critsellar, 41
Critsellas, 41
Croak, 66
Crocker, 86-87
Crocket, 2, 136
Crockett, 59, 63, 125
Cromon, 99
Cronear, 93
Crook, 109
Crooves, 134
Crosroy, 84

Cross, 12, 54, 91, 155-156
Cross__, 95
Crossett, 156
Crosslin, 53-54
Crouch, 7
Crow, 61, 119, 122-123, 136
Crowder, 148, 160
Crowel, 58
Croxdale, 19
Cruik, 55
Cruise, 126-127
Cruisehouse, 24
Crumley, 35
Crumpler, 8
Crunk, 123, 128
Crupup, 140
Crutcher, 124
Crutchfield, 147
Cry, 67
Ctinter, 94
Cubbin, 104
Cudson, 61
Cullom, 8, 81
Cullum, 118
Cullyhouse, 31
Culp, 156, 159
Culverson, 75
Culwell, 108
Cumberland, 117
Cummings, 138
Cummins, 86, 116
Cunn, 64
Cunning, 26
Cunningham, 17-18, 20-21, 25, 54, 58-64, 76-78, 85-86, 104, 116-117, 125, 129, 131
Cupp, 29-30
Cureton, 34
Curfman, 8
Curny, 92
Curren, 94
Currie, 146

Curry, 93-94, 96, 100
Curtis, 88, 90, 103, 109, 126, 130, 143
Custer, 60
Cuthen, 75
D_onr, 95
D_our, 95
Dagby, 8
Dail, 28
Dailey, 116
Damson, 68
Danevant, 134
Daniel, 14, 30, 37, 55, 115-117, 124-125
Dardon, 156
Dares, 94
Darnel, 56, 99
Darnell, 62
Daros, 98
Darrow, 2-3
Davault, 21-22
Davenport, 56, 66
Davidson, 21, 55-56, 81, 116, 121, 123, 130-131
Davis, 2, 7-8, 13-15, 17-18, 22-23, 28-29, 32, 38, 43-45, 48-50, 55, 60, 73-74, 76, 80, 89, 91, 95, 98-99, 104-105, 110, 121, 124-125, 129, 131-132, 135-136, 138-139, 143, 154-156, 158
Daw, 70
Dawson, 34-38, 67
Day, 15, 26, 28, 30, 67-68, 146
Dayly, 8
Dbrask, 117
Deadman, 113
Deal, 9
Dean, 121, 138, 154, 157
Dearmoore, 138

Deason, 117
Deaton, 24
Debruyeat, 99
Deburk, 24, 27, 40
Deburke, 30
DeBurll, 23
DeGraffenreid, 149
Delany, 99
Delavergne, 66
Delong, 106
Demeombrine, 2
Demoss, 80-81
Denham, 15, 17
Deniloe, 49
Denison, 68, 93, 96
Dennis, 46-47
Dennison, 74
Denny, 112
Denton, 46-47, 49, 153
Denuembrine, 1
Derham, 4, 6
Derner, 45
Desheill, 146
Desmeombrine, 2
Desnuombrine, 2
Devenport, 158
Devos, 82
Deweese, 111
Dewitt, 35, 41
Dial, 62
Dickens, 63
Dickerson, 65, 67, 135, 138
Dickey, 137, 140
Dickinson, 145, 152
Dickison, 99
Dicks, 158
Dickson, 33-34, 98, 115-116, 121, 128
Dill, 10
Dillard, 53, 124
Dillehay, 115
Dilliano, 159
Dillihunty, 80
Dillingham, 8

Dinger, 29
Dinson, 93
Dinwiddie, 102
Dioner, 159
Dirting, 101-102
Dismukes, 3, 72, 84
Disosset, 96
Dixon, 18, 77
Dob_son, 71
Dobbs, 22, 24, 27
Dobersby, 92
Dobs, 63
Dobson, 83
Dockery, 39
Dodd, 97, 104
Dodge, 66
Dodson, 27, 72-73, 117, 126-128, 147-148
Doherty, 95, 100
Doke, 140, 157
Dolighan, 91
Dollins, 59
Dolsgnehan, 91
Dolusby, 92
Donel, 99
Donelson, 72
Doolin, 20
Dorch, 83
Dortch, 145
Dorton, 67-68
Doss, 102
Dotey, 125
Doughton, 126
Douglas, 60, 90, 125, 136
Douglass, 55, 78, 82, 99
Dove, 143
Dowdy, 160
Dowel, 99
Dowlin, 3
Dowling, 150
Downey, 95
Downs, 42
Downy, 93

Doyle, 99, 147-148
Dozier, 2, 7-8, 81, 141
Drake, 8, 55, 82, 84-88
Drane, 136
Draper, 85, 148
Driskill, 34, 36
Driver, 84, 105-106, 108-110, 113
Drummond, 14
Drummons, 27, 30
Drupee, 152
Drury, 109
Duck, 99
Dudley, 120
Dueon, 49
Dugger, 66, 114
Duggin, 157
Duglass, 62, 146, 149
Duglin, 96
Duke, 88, 87, 125-127, 139, 157
Dullis, 94
Dummond, 22
Dunagin, 117-120, 123
Dunaway, 14, 64, 116, 128
Duncan, 15, 38-39, 56, 61, 78
Dunegan, 118-119
Dunegin, 119
Dunevant, 136, 138, 140
Dungey, 70
Dungy, 84
Dungz, 84
Dunham, 105-106
Dunigin, 118
Dunkin, 92
Dunking, 94
Dunlap, 103
Dunlop, 66
Dunn, 9, 12-14, 28, 59, 76, 117

Dunsmore, 21-23, 25, 28
Duosset, 96
Durard, 87
Durham, 22
Dyer, 28, 67, 107
Dyke, 37
Dykes, 31, 36
Eakers, 83
Ealy, 159
Eanrus, 89
Earheart, 72
Earls, 51-52, 54, 58
Early, 91
Earnheart, 142
Easley, 57, 117, 124
Eason, 70, 99, 131, 143
East, 73
Easterly, 38, 40, 58
Eastes, 20
Eastham, 107
Easton, 93, 113
Eastridge, 139
Eastrige, 25
Eatherby, 2, 5
Eathurly, 88
Eaton, 53, 57
Ebbs, 40
Echoles, 131, 143
Eddins, 152
Edds, 13
Edenton, 155
Edge, 104
Edging, 2
Edington, 37
Edmondson, 77, 79, 115
Edmonson, 29-30, 73
Edney, 120, 138
Edwards, 2, 5-6, 13, 20, 31, 68, 90, 92, 114, 116-117, 121-123, 127, 132-133, 135, 141, 144, 148, 160

Eisenhour, 38
Elaen, 149
Eleagon, 123
Elean, 150
Eleazor, 123, 125
Elenburg, 43
Eliott, 58
Elissnberry, 90
Elks, 141
Ellington, 147-148
Elliot, 4, 7, 23, 27, 36, 44, 46, 56-57, 154
Ellis, 70-71, 73, 86, 115, 118, 123, 136, 140
Ellison, 12-14, 24, 38, 43
Elliston, 80, 82
Elmore, 65, 67
Elrod, 15, 111
Elwood, 34
Ely, 16, 25
Endaley, 134
Endarley, 132
Endo, 158
Endsley, 134
Engalls, 66
England, 14-16, 20, 29-30, 92, 117, 127
Englun, 95
Enoch, 136
Ensey, 56
Ensley, 76, 78
Eperly, 61
Epeson, 96
Epison, 93
Epperson, 22, 117
Eppes, 20
Epps, 25
Erp, 60
Errington, 118
Ervdo, 158
Ervin, 111
Eskridge, 71
Esry, 95, 98
Estep, 17

Estes, 19-20, 70, 82
Estis, 108, 110
Estus, 24, 122
Etherage, 116-117
Ethridge, 108-109
Eubank, 129
Eunrus, 89
Eurbanks, 148
Evans, 7, 16, 22-23, 25-26, 34, 37, 44, 73, 83, 86, 101, 103, 118, 130, 146, 149
Ever, 77
Everett, 70, 124
Ewell, 158
Ewing, 69, 77-78, 87, 94
Exom, 9
Exum, 112, 151
Ezell, 73, 75-76, 81
F_agan, 95
F_mchisburk, 95
Fagne, 12
Fague, 12
Fahley, 156
Faile, 52
Fairbanks, 135
Fairfield, 35
Falkner, 142
Falls, 158
Famer, 132
Fanncier, 38
Fanning, 70
Fare, 108
Farer, 54
Fares, 54
Farley, 156
Farly, 154
Farmbrough, 6
Farmer, 3, 28, 35, 67, 112, 133, 153
Farrar, 53-54, 60
Farreer, 150
Farrer, 64
Farris, 62, 139, 160
Farthing, 125

Fasby, 3, 6
Faubian, 38-39
Faubin, 39
Faulkner, 73
Feasly, 3
Featherston, 138-139
Fells, 114
Felter, 44
Felts, 106
Fentress, 115
Ferel, 48
Fergason, 131
Fergerson, 24
Ferguson, 25-26, 77, 132-135, 142
Feribee, 128
Fern, 118
Fernschburk, 85
Feroby, 9
Ferrel, 53
Ferrell, 16, 104-105, 107-108, 135-139
Ferril, 52, 54, 118
Fetti, 1-3, 5-6
Fielder, 118, 130
Fields, 18, 20, 74, 142
Finch, 49, 52, 64, 92, 94-95, 115, 137
Finchan, 46
Finchner, 50
Fine, 45, 48-50, 118
Finley, 57, 66, 112, 134, 141
Finly, 94-95
Finney, 146, 159
Finsley, 131
Firer, 44
Firgison, 96
Fiser, 44
Fish, 108
Fisher, 91-96, 105, 107, 111-112, 148
Fite, 109-110
Fitshough, 133
Fitts, 111
Fitzhugh, 74, 77, 142

Fl__, 97
Flannery, 123
Fleeman, 17
Fleener, 38
Fleet, 116
Fleming, 64, 70, 133, 156
Fletcher, 12, 16, 56-57, 61-62, 150, 157
Flinch, 59
Flinn, 66
Flintopp, 5
Flippin, 152
Florce, 100
Florence, 157
Flores, 98
Floria, 100
Flosel, 98
Flowers, 74, 136, 143
Floyd, 102, 133
Flune, 34
Fly, 71
Follis, 1
Foot, 158
Foote, 146
Forbian, 40
Forbs, 2
Ford, 30, 32, 43, 52, 62, 68, 78, 99, 110, 126, 141
Forester, 85
Fortimo, 3
Fortis, 53
Fortner, 30-31
Fortune, 3
Fose, 90
Fossett, 153
Foster, 53, 57, 74, 78, 87, 107, 111-112, 121, 138
Fouch, 103, 109-110, 113
Fouse, 138
Fowler, 33, 36-38, 44, 58, 96, 100, 108

171

Fowlker, 134-135, 139, 142
Fox, 4, 25, 29, 34-36, 38, 43-45
Fraezier, 145
Fragien, 120
Fragison, 92
Francis, 50
Francisco, 16
Franklin, 48, 50, 140, 157-158
Franks, 42
Fraze, 56, 61
Frazier, 6-7, 9, 20, 25, 47, 52, 57, 119-120
Frazor, 103, 107
Free, 50
Freeman, 15, 23, 30, 35, 54, 85, 135, 147
Frelaer, 130
Freleus, 130
Frelous, 130
Freshour, 35, 39, 41
Frey, 4
Friar, 18
Frickson, 146
Frisby, 111
Frith, 15, 136
Fronsby, 2
Frost, 66, 115, 132
Fruil, 53
Fruzell, 100
Fry, 95, 143
Frye, 19
Fryer, 86-87
Frysell, 99
Fugate, 19, 21, 24, 26
Fugzell, 97
Fulds, 137
Fulerton, 100
Fulgham, 9, 80
Fulghum, 80
Fulkerson, 27
Fuller, 55, 83, 136-137
Fullerton, 134

Fulps, 29
Fulton, 17
Fultz, 18, 27
Fuqua, 69-70, 82-83
Furgason, 131
Furgerson, 126
Furgeson, 93
Fuson, 103
Fusor, 103, 107
Fuzzell, 123-124
Gabberel, 97
Gaburll, 97
Gabusll, 97
Gafford, 126, 128
Gains, 74, 76, 78
Gaither, 159
Gale, 79
Gallager, 55
Gallaha, 135, 140
Gallihan, 1
Galloway, 151
Gambill, 74
Gamble, 125
Gambol, 107
Gammon, 36
Gammons, 140
Gamnons, 139
Gamson, 68
Gant, 5, 146
Garden, 120
Gardner, 68, 76, 141, 156
Garison, 136
Garland, 8, 21-22, 81, 124, 132
Garner, 111-112
Garret, 7, 55, 86, 88
Garrett, 23, 55, 93, 125, 130, 134
Garrison, 6, 34, 103, 110, 137, 151
Gates, 54, 148, 159
Gatewood, 4
Gatlin, 81
Gattey, 161
Gaulding, 138

Gaultney, 139
Gay, 142
Gee, 78, 84, 86
Geen, 37
Gent, 5
Gentry, 59, 122, 132
Genus, 96
George, 51, 104, 145
Gerard, 82
Gernigan, 57
Gerrell, 34
Geslin, 39
Gessel, 49
Gessell, 34
Gestwager, 82
Getling, 91
Getter, 148
Ghurges, 91
Gibbs, 2, 7, 106
Gibson, 15, 29, 55, 92, 97-100, 142
Gidings, 96
Giffin, 89
Gilbert, 16, 37, 59, 73, 92, 108, 127
Giles, 45, 143
Gileson, 15
Giliam, 59
Gill, 58, 60-61, 87, 91, 112, 129
Gillam, 10
Gillett, 36
Gilleyland, 45
Gillian, 63
Gillis, 141
Gillispie, 161
Gillum, 88, 148
Gilman, 74
Gilmore, 116
Gilpin, 17-18
Gilson, 55
Gilyland, 45
Gimball, 91
Ginch, 49
Gipson, 68
Givans, 102, 105

Givings, 91, 93, 96
Glandon, 22
Glasgow, 86, 126-127
Glass, 64
Glaster, 158
Glaze, 62
Gleaves, 72-73, 83, 126, 135
Glenn, 111
Gloster, 158
Glover, 149
Gober, 157, 159
Goff, 73
Goggin, 102
Goin, 25-26, 29
Goins, 25-26, 29-31, 86
Golsby, 38
Gooch, 75
Good, 153
Goodin, 92, 96, 123
Goodlett, 69
Goodman, 131
Goodner, 102
Goodrich, 11, 71, 74, 85, 118
Goodrick, 142
Goodson, 105
Goodurie, 76
Goodwin, 70, 157
Goolsby, 64
Gorden, 120, 122, 128
Gordon, 120
Gorman, 47-48
Gorrell, 41
Gorwin, 153
Gose, 30
Goss, 65
Gossage, 59
Gossett, 5
Gouchmans, 34
Gouchnous, 34
Gover, 81
Gowen, 73
Gower, 3, 8, 81, 141
Gowin, 42

Gracy, 111
Grag, 40
Gragg, 35, 39-40
Graham, 25, 27, 37, 58, 80, 93-94, 96, 118
Granberry, 155
Granbery, 154-155
Grant, 160
Grantham, 25
Grany, 44
Gravel, 125
Graves, 70, 85, 88, 93, 95-96, 125, 135, 154, 158
Gravit, 128
Gravitt, 123
Gray, 4, 27, 29, 40, 44-45, 48-49, 51, 56, 75, 86, 90, 94, 118, 120, 122, 124-127
Grayer, 120
Grayson, 15
Green, 7, 9, 11, 31, 37, 42-43, 51, 54, 60-61, 72, 86, 115, 121, 136, 139-140, 143, 146, 150-151, 157-158
Greenfield, 78
Greer, 9, 17, 20, 27, 58, 67-68, 70, 80, 121, 143, 146, 151
Greern, 54
Gregory, 46, 78, 150
Grgery, 46
Griffin, 49, 76, 94, 131, 136, 151
Griffith, 101-104, 110, 152
Griggs, 75, 98, 147
Grigsby, 43
Grimes, 19, 136
Grinaway, 100
Grindstaff, 103, 110
Grinstad, 74
Grissum, 154

Grizzard, 84, 86
Groom, 101
Gross, 24
Groves, 7, 122
Grubb, 28
Gruels, 83
Grunges, 91
Grymes, 121, 124-126
Guardian & C., 25
Guess, 68
Guin, 24
Guinn, 25, 35-36, 43
Gulledge, 100
Gullege, 100
Gullet, 60
Gunn, 56, 58, 62, 118
Gupton, 6-7, 10
Gurell, 89
Gurley, 99
Gursler, 154
Guthrie, 75, 136
Guy, 28, 77, 155, 159
Gwathny, 29
Gwin, 39
Gwinn, 37
Gwyn, 157, 159
Hacker, 28
Hackibe, 92
Hackile, 92
Hadden, 140
Hadley, 72
Hagan, 72, 78, 123
Hagar, 72
Hagg, 99
Haggard, 56
Hagwood, 7, 100, 125-126
Hail, 66, 103, 106
Hailes, 108, 112
Hailey, 85
Haily, 66, 86
Hairston, 97
Hale, 1, 7-8, 16-18, 39, 58, 99, 102, 139
Halellin, 116
Halensworth, 71

Haley, 10, 118
Hall, 1, 12, 20, 22, 36-37, 44, 48-49, 53, 59, 61, 65-67, 76-77, 84, 86, 108, 112, 114, 116, 123-124, 126, 131, 138-141, 146-147, 149, 158
Halleburton, 115
Halley, 123
Halliburton, 115
Halloburton, 115
Halloway, 48, 68
Hallum, 107
Haly, 31, 53, 67
Ham, 74, 1127
Hamblin, 11-12, 86, 98
Hambrick, 123, 135
Hamby, 53, 67
Hamillon, 118
Hamilton, 17, 25, 58, 78, 83, 97, 112, 118, 136, 140
Hamlett, 75, 82,119
Hammel, 133, 143
Hammerick, 153
Hammond, 119
Hammons, 117
Hamoneck, 31
Hampton, 63, 88, 126, 136, 157
Hams, 90
Hanby, 67
Hancock, 59-60, 146
Hand, 125-126
Handlin, 116
Hanes, 97
Haneson, 46
Haney, 105
Hanlbisx, 98
Hannah, 9, 118
Hannan, 27
Hansey, 62
Haraway, 91
Hardaway, 57

Hardcastle, 82, 113
Harden, 31, 148
Hardin, 131
Harding, 70, 80, 82
Hardison, 132
Hardy, 23
Hargett, 107
Hargraves, 24
Hargrove, 49
Hargroves, 15
Harill, 100
Harington, 88, 91, 94-96
Harkin, 62
Harley, 43, 157
Harmer, 76
Harmon, 27, 44
Harned, 38
Harner, 118-119
Harp, 12
Harper, 3, 20, 22, 36, 46-47, 112, 121, 124
Harpole, 61
Harpool, 61
Harral, 117
Harrel, 45, 90, 95, 125
Harrell, 28-29, 141, 153
Harreson, 46
Harrice_, 100
Harricis,100
Harrington, 2, 94
Harris, 1, 3-4, 7-8, 19, 35, 44-45, 53, 63-65, 68, 74, 78, 82, 85, 87, 97-98, 118, 123, 125-126, 134-135, 137, 140-142, 145, 150, 156-158, 160
Harrison, 44-45, 50, 57, 62, 79, 85, 139-140, 152-153
Harrvell, 158
Harry, 73
Harsh, 73

Hart, 58, 87, 141
Hartgrove, 127
Harthcock, 147
Hartigin, 128
Hartsel, 44-45
Hartsell, 47
Hartsfield, 77
Harvel, 149
Harvey, 21, 46, 121, 149, 157
Haskell, 47
Haskins, 137
Haslet, 155
Hasley, 116
Hassel, 115
Hassell, 132, 134
Hatcher, 10
Hatfield, 17-18, 25
Hathaway, 103, 106
Hathcock, 51
Hatley, 48
Hatly, 34
Hatton, 32
Haun, 37
Haveley, 24
Haw, 46
Hawk, 40
Hawkins, 55-56, 131-132, 143, 146
Hawks, 62
Haws, 81
Hawthorn, 24
Hay, 90, 95, 118, 131
Hayes, 104, 107-111
Haynes, 52, 140
Hays, 14-15, 25, 30, 57, 65, 68, 72, 82, 97, 119, 155
Hayse, 27, 86
Haywood, 76
Hazelwood, 61
Hazlewood, 17, 148
Headden, 140
Headdy, 136
Headrick, 38, 40-41
Hearst, 48

Heat, 154
Heath, 37, 80, 127-128, 133, 140
Heathurly, 23
Hedge, 118
Hedgecoth, 65, 67-68
Heely, 148
Heifner, 38
Hellum, 83
Helmontaler, 113
Helms, 30
Helton, 22
Hembree, 47, 66, 68
Henderson, 19, 25, 40, 42, 131-132, 139, 149
Hendly, 156
Hendrick, 138-140, 160
Hendricks, 115, 129
Hendrickson, 108
Hendrix, 22, 97-98, 123
Henkle, 135
Henley, 110, 147
Henly, 89
Henry, 7, 9, 47-48, 67, 92
Herald, 8, 47, 60
Heraldson, 73
Herberson, 120
Herd, 128-129
Herigees, 2
Hering, 122
Herington, 100
Herndon, 104
Herney, 90
Heron, 79
Herrell, 20, 23, 29
Herren, 29
Herrin, 10
Herron, 3, 106-107, 140, 150
Hester, 138, 146, 154
Hewberry, 70
Hibbard, 142

Hibbitt, 71
Hickerson, 56-57, 128
Hickey, 37, 49
Hickman, 80, 84, 111, 131
Hicks, 25, 27, 46-47, 49, 78, 84, 87, 103-104, 123-125, 129, 141
Hides, 66
Higgins, 26
High, 154
Hight, 81
Hightour, 35
Hightower, 44, 127
Hildreth, 104
Hill, 1, 17-18, 25, 27, 34, 37, 48, 54, 58-59, 64, 77, 79-80, 100, 109-110, 114, 156
Hillard, 126
Hilliard, 148-149
Hilliards, 147
Hills, 100
Hinard, 58
Hinch, 66
Hindman, 64
Hines, 37, 125
Hinsly, 100
Hinson, 122
Hinton, 92, 125
Hipp, 63
Hisk, 64
Hite, 70
Hitt, 85
Hitts, 61-62
Hittson, 61
Hix, 47
Hoax, 132
Hobbs, 81, 142
Hobson, 82, 148
Hodge, 54, 56-57, 68, 105, 132
Hodges, 9, 14, 23-24, 28-29, 127
Hoffstetter, 70

Hoffur, 31
Hogan, 77, 133, 136, 139, 157-158
Hogg, 99, 142
Hoggatt, 70
Holaway, 39
Holdway, 37
Holen, 76
Holensworth, 29
Holland, 22, 38-40, 52, 89-90, 138-139, 158
Holley, 114-115
Hollingsworth, 81
Hollins, 62
Hollis, 6
Holloway, 75-76, 145, 160
Holly, 112, 115
Holman, 131
Holmes, 61, 131, 159
Holoway, 39
Holstead, 10
Holt, 20, 27, 34-38, 46, 61, 85, 119, 128
Holton, 120
Holugin, 92
Homer, 159
Homes, 99
Hood, 78, 86, 152
Hooks, 154
Hooper, 2-3, 7-8, 23-24, 72, 81, 106, 108, 124
Hoosiah, 91
Hooten, 80
Hoover, 53, 60, 62
Hooyhere, 42
Hope, 76
Hopkins, 45, 65
Hopper, 12, 29, 31
Hopson, 23-24, 28
Horn, 80
Horne, 97
Hornsby, 92
Horton, 54, 78, 81

Hose, 41
Hoskin, 62
Hosler, 67
Hossel, 116
Host, 54
Hotsinbuke, 57
Hough, 63
Houghton, 54
Hous, 80
House, 54, 122, 154
Housley, 21
Housman, 12
Houston, 23, 26, 97, 123, 158
Howard, 28, 58-59, 63, 67, 120, 133
Howe, 64, 100
Howel, 123
Howell, 131, 133, 151
Howerton, 21
Howington, 88
Howlet, 41
Hubbard, 54, 87
Hubel, 94
Huchison, 120
Huchon, 1
Huddleston, 11-12
Hudgins, 126, 129
Hudgons, 2-5
Hudson, 35, 47, 84, 117, 127-128
Huff, 16, 35, 41-42, 49
Huffaker, 13
Huffer, 64
Huggins, 69, 71, 126
Hugh, 60
Hughes, 78
Hughman, 56
Hughs, 91, 95, 115, 129, 134, 157
Hugley, 139
Hugly, 95
Huie, 140
Hulkby, 89
Hullett, 109-110

Humphreys, 78, 146-147
Humphry, 160
Humphrys, 142
Hunly, 30
Huns, 98
Hunt, 3-4, 7, 20, 76, 79, 103, 117, 140, 158
Hunter, 4-6, 13, 28, 83, 85, 87, 121, 126-127, 153-155
Hurawrey, 90
Hurdles, 150
Hurington, 95
Hurly, 35, 48, 130, 132
Hurnly, 31
Hurst, 20, 22-26, 28
Hurt, 73, 83, 135-136
Husier, 90
Husky, 46
Hussy, 90
Husten, 96
Hustens, 100
Huston, 93
Hutcherson, 87, 129
Hutchins, 107, 111, 146
Hutchinson, 104
Huton, 89
Hutson, 137
Hutton, 9, 124
Hyde, 87, 88
Hynes, 60
Hyslop, 11
Hysmith, 90
Inge, 151
Ingram, 156, 158
Ingrum, 57
Inkleburger, 28-29
Inman, 36, 47
Inn, 97
Innman, 4, 33, 39
Innmase, 34
Innmore, 34
Innmose, 34

Irabire, 82
Irby, 116, 148
Irings, 99
Irumase, 34
Irvg, 90
Irwin, 153
Isbell, 145
Isenhour, 40
Ives, 119
Ivie, 153-154
Ivings, 99
Ivins, 97
Ivy, 9, 90, 93, 97
Jack, 34, 48
Jacks, 55
Jackson, 4, 23, 43, 57, 72, 83, 90, 93, 101, 113, 122-123, 125-126, 128, 131-133, 140, 148-150
Jacobs, 52, 54, 58
Jacox, 134
Jailes, 42
James, 44, 73, 88, 90, 107, 112, 114-116, 118, 124, 136
Janes, 90
Janeway, 28-29
Jannagan, 51
Janus, 94
Jarnegan, 52, 60
Jarnett, 6
Jarngan, 52
Jarnigan, 60
Jarril, 61
Jay, 154
Jeffres, 67
Jenkins, 44-46, 53, 59, 64, 66, 83, 86-87, 102, 139, 153
Jennings, 17, 24, 28
Jenson, 44
Jerow, 139
Jerrott, 1
Jerry, 90
Jessec, 27, 29

Jinkens, 46
Jiragen, 91
Jobe, 125
Johns, 79
Johnson, 4, 7, 12, 19, 22, 24, 28, 30, 42, 45, 53-55, 58, 67-68, 71, 75, 77, 81, 83-84, 86, 91, 94-95, 97-100, 103-104, 107-109, 112, 122, 126-127, 132-133, 135, 150, 154-155, 157, 159
Johnston, 137
Johnstone, 147, 156
Joiner, 78
Jokel, 91
Jolly, 53
Jones, 2, 6-10, 12-13, 16-20, 22-25, 31, 35-36, 39, 42-43, 47, 50, 57-59, 62, 68-71, 73, 79-81, 86-87, 92-94, 97, 99, 104, 106, 111-113, 115-116, 122, 127, 131-133, 135-139, 141, 143, 146-147, 153, 155-156, 160-161
Jopling, 140
Jordan, 8, 81, 115, 133
Jordon, 53, 78, 152-153
Joslin, 123, 127
Josling, 80-81
Jospking, 47
Judkins, 106
Juines, 97
Julin, 105
Justice, 41, 43-44
K_un, 97
Kams, 93
Kanady, 81
Kane, 7
Kard, 38

Keas, 40
Keck, 31
Kee, 142
Keel, 53-54, 56, 58
Keeler, 55
Keeling, 54-56, 87
Keener, 47
Keisler, 41
Kellan, 116
Kelley, 24, 41, 56, 106
Kellum, 9
Kelly, 29-30, 35-36, 89, 97, 104, 110, 112, 150, 153
Kelson, 140
Kemal, 73
Kemp, 102
Kemper, 85
Kendrick, 34
Kenland, 43
Kennedy, 99, 153
Kenner, 41
Kenney, 67
Kent, 133
Kenton, 92
Kenyon, 38
Kephart, 127
Kerby, 66-67, 130, 133
Kerley, 66-67, 133

Kerr, 37, 112, 135, 149, 157
Kesterson, 17, 19, 37
Ketchum, 152
Key, 156
Keys, 42, 65
Kibert, 16
Kidd, 57
Kidwell, 103
Kilgore, 41
Killian, 41
Killion, 27, 31
Killpatricks, 42
Kimborough, 91

Kimbrew, 119
Kimbro, 71, 74
Kimbroo, 120
Kimlet, 51
Kincade, 154
Kincaid, 13-14, 16, 28
Kincannon, 57
Kind, 29
Kinderick, 67
Kindle, 52
Kindred, 68
Kindres, 67
King, 11-12, 17, 22, 68-69, 81-82, 100, 119-120, 123, 132-133, 136-137, 141-142
Kirby, 21-22, 104, 106, 108, 131
Kirk, 136-137
Kirkland, 106
Kirkman, 129
Kirkpatrick, 136-137
Kisnnres, 67-68
Kivet, 12, 14
Kline, 86
Knight, 2, 7, 10, 55, 80-81, 150
Knott, 36
Knox, 3, 5, 7, 155
Koger, 111
Koonce, 154
Krantz, 2, 5
Kubler, 82
Kutnson, 90
Kyle, 152
Laby, 94-95
Lacis, 93
Lacy, 142
Lafever, 107
Laile, 52
Lake, 24
Lakins, 21
Lamb, 60, 66
Lamberson, 103, 112

Lambert, 17-18, 24, 53, 63
Lampley, 119-120
Lams, 15
Lana, 56
Lancaster, 140, 153
Landrum, 135
Lane, 21-25, 40-41, 48-49, 62-63, 105, 107-108, 127, 135, 141, 151, 157
Lanes, 91
Lanfham, 120
Lang, 125, 129
Langford, 30
Lanham, 18-19
Lanier, 87-88, 137, 143, 158
Lankford, 6, 119-120
Lankoster, 95
Lansing, 125
Larew, 47, 50
Large, 15, 45, 47
Larkins, 124, 126, 128-129
Larman, 13
Larmar, 13
Larmer, 29-30, 46
Lasater, 131
Lasater, 57
Lasiter, 95
Lasley, 68
Lassiter, 104-105
Latham, 115, 121
Lather, 120, 122
Latta, 134
Lattspuck, 43
Lauderdale, 134
Lauftis, 119-120
Laughlin, 122
Laurence, 102-103, 110
Laurens, 126
Lavel, 124
Lavell, 125
Lavs, 122

Lawrence, 60, 72, 81, 110
Lawrins, 51
Laws, 122
Lawson, 17-18, 59, 122
Lay, 30, 83
Layne, 59
Layton, 150
Lazenble, 159
Lazenbury, 79
Leach, 12, 14, 158
Leadbetter, 17
League, 107, 112
Leak, 88
Leake, 71
Leathers, 57, 118
Leatherwood, 47
Lebow, 28
Ledbetter, 118, 134
Ledford, 36
Ledsinger, 135
Lee, 1-2, 7, 43-44, 49, 58, 70, 77, 79, 81, 99, 112, 126
Leech, 128
Leed, 48
Leeth, 148
Leford, 17
Leg, 159-160
Leggett, 132
Lemasters, 117
Lemky, 29
Lemmon, 47
Lemons, 52, 55, 58-59, 131, 148
Len, 92
Lenord, 52
Leonard, 18
Leser, 43
Lester, 33
Leu, 92
Levatzel, 35
Lever, 70
Levy, 145

Lewis, 12, 20, 28-30, 46, 49, 66, 70, 82, 95-96, 121, 123, 133, 158-159
Liford, 19
Lighste, 157
Light, 134-135, 139-140
Ligon, 149
Lile, 154
Liles, 96
Lillard, 41, 46-47, 142
Limerus, 99
Linder, 106
Lindsey, 19, 30
Lindsley, 84
Lindsy, 45
Linebargeer, 148
Lines, 91
Lingar, 17
Link, 4, 87
Linsar, 17
Linsey, 127
Linsony, 99
Linsourg, 99
Linsy, 91-92, 98
Linton, 80
Lintz, 42
Lishey, 84
Lisington, 98
Lisk, 107
Lisogtson, 98
Liston, 86
Litteral, 121
Little, 14, 103, 133
Litton, 83
Littrell, 17
Lively, 66
Livingston, 58, 98, 129
Lloyd, 121
Lock, 17, 152, 158
Lockart, 53
Lockhart, 107-108, 158

Loden, 67-68
Lodeon, 68
Loftis, 90
Lofton, 97
Loftus, 29, 158
Logan, 59
Logins, 125
Lollett, 66
Lomax, 94
Long, 100, 125, 129
Longmire, 13
Longworth, 17-18
Looney, 84
Loop, 28
Lootn, 85
Loring, 151
Louis, 57, 93
Lousersa, 60
Love, 23, 83, 85, 96, 106-107, 112, 146
Lovel, 8, 37, 81, 127
Lovelace, 23
Lovelady, 116
Loveless, 130
Lovell, 8, 119
Lovely, 66
Lovett, 7, 139
Loving, 151, 155
Low, 97
Lowe, 1, 3, 38, 52, 66, 83, 86, 96
Lowery, 58, 60, 82
Lowesy, 57
Lowrey, 146
Lowry, 86
Loyd, 159
Loyd, 44
Lucado, 147
Lucas, 133
Lucas, 95, 133, 145-146, 150
Luckadoo, 17
Lucus, 78
Lucy, 94
Lullete, 63
Lulon, 93

Lum, 99
Luna, 106
Lundy, 15, 26
Lusby, 152
Lusk, 57-59, 63
Luske, 16
Lusking, 90
Lustre, 17
Luton, 95
Luttrell, 16
Lyent, 29
Lyle, 78
Lyles, 123
Lynch, 12, 14, 25
Lynn, 61, 151
Lysbus, 93
Lysick, 30
Macon, 145
Madden, 117
Madderly, 139
Maddox, 86
Maddrey, 138
Maden, 21
Madison, 71
Madox, 31
MaGaha, 45
Maggerson, 105
Magness, 104-105, 108
Mahan, 138
Main, 71
Mainor, 83
Maintain, 29
Major, 6
Majors, 68
Malone, 13, 36, 38, 94, 109-110, 113
Malony, 6
Maloy, 34, 37, 40
Malugan, 119
Malwisson, 93
Manice, 84
Maniss, 99
Manley, 118, 151-152
Manlove, 88
Manly, 54

Mannar, 19
Manney, 84
Manning, 35, 47, 134
Manor, 43
Mansfield, 133
Mantooth, 44-45
Mapin, 68
Maples, 13
Marbart, 98
Marbery, 56
Marbest, 98
March, 124
Marchant, 135
Marchaut, 135
Marcum, 24
Marehaut, 135
Margraves, 24
Marlar, 156
Marlow, 11
Marnman, 19
Maronian, 1
Marris, 149
Marrman, 19
Marron, 43
Marrow, 58
Marsed, 12
Marsee, 12
Marsh, 119, 122, 124, 127-128
Marshall, 84, 87
Marshalls, 154
Marta, 118
Martin, 1, 17, 22, 34-36, 53, 57, 60-61, 64, 66, 82-84, 89, 93-94, 101, 103-104, 106, 111-112, 119, 121, 123, 128, 138, 146
Masbey, 149
Maser, 20
Mash, 59
Mashburn, 49
Mason, 15, 27, 37, 104, 106, 157
Massengail, 24

Massey, 70, 132, 156, 159
Massingale, 19-20
Mate, 97
Mathency, 142
Matherws, 146
Mathew, 145
Mathews, 147-148, 155, 159
Mathis, 37, 85, 103, 117, 127, 128-129
Matlock, 73-74, 124-125, 128
Matthews, 86
Maukin, 54
Maun, 15
Maupin, 13-14
Maury, 29
Maxey, 3, 5, 83, 116
Maxwell, 52, 77, 111
May, 59, 117, 127, 161
Mayberry, 7
Maybery, 125
Mayfield, 36, 125-126
Maynard, 106-107
Mayor, 158
Mays, 9-10, 31, 79-80, 93-94, 96,
Mayse, 25, 31, 134, 143
Maze, 158
Mazy, 62
Mcalisn, 93
Mcalowene, 96
McAnelly, 95
McBee, 15-16, 27, 29
McBride, 52, 54, 62, 90
McCabe, 106
McCall, 126, 129
McCampbell, 69, 82
McCan, 90
McCann, 75
McCannyhan, 55
McCaplin, 120

McCarley, 5
McCarney, 35
McCarty, 13, 142
McCary, 35
McCaskill, 160
McCaslin, 124
McCauley, 125
McCheldon, 71
McClanahan, 95, 130
McClannahan, 90
McClaron, 157
McCleksin, 34
McClellan, 109
McClelland, 115, 126
McClendon, 68, 70-71
Mcclennahan, 89
McCline, 94
McClure, 30, 94
McClurkan, 116
McCollough, 68
McCollum, 121
McComack, 113
McCombs, 86
McCongans, 157
McConve, 70
McCool, 88
McCorkel, 89
McCorkle, 139-141
McCorm__d, 100
McCormac, 3
McCormack, 6, 113
McCormic, 128
McCormick, 3
McCounics, 78
McCoy, 54, 59, 133, 142
McCracken, 131, 142
McCrary, 15
McCraw, 64
McCray, 26, 112
McCrory, 77, 98
McCrow, 150
McCudy, 152
McCuller, 51
McCulloch, 140

McCully, 152-153, 161
McCurve, 92
McCutchan, 57
McCutchen, 139
McDale, 121
McDanald, 57
McDanel, 87
McDaniel, 22, 30
McDanl, 52
McDearmon, 142
McDermit, 143
McDonald, 57
McDonel, 91
McDonell, 28
McDowell, 105, 151, 155
McDurmet, 66
Mcever, 68
McEwin, 78
McFadden, 153, 160
McFarland, 62, 147
Mcfarlin, 97
McFarrin, 154
McFauls, 16
Mcfuson, 64
McGaha, 46, 49
McGaham 45
McGaughey, 134
McGavoc, 84
McGavock, 81-82
McGee, 4
McGill, 60
McGinness, 107-108
McGinnis, 86, 137
McGinty, 48
McGlothin, 90
McGown, 56
McGriff, 63
McGuire, 57
Mcin, 99
McIntosh, 82
McIver, 78
McKane, 139
McKay, 34, 41-42, 86
McKechncy, 120

McKee, 29, 151
McKeen, 140
McKenney, 11
McKenzie, 82, 158
McKey, 139
McKhan, 24
McKinley, 157
McKinney, 83
McKinstry, 155
McKnight, 134, 139, 150
McLain, 14
McLane, 149
Mclaughlin, 124
McLean, 155
Mcllanahan, 92
McLoughlin, 126
Mclowrme, 100
McMahan, 41-42, 45-47, 61, 79, 124
McMahon, 45
McMartin, 93
McMastry, 39
McMayhan, 129
McMelon, 52
McMichel, 53
McMicle, 53
McMillan, 95, 146
Mcmulin, 96
McMullen, 44-45
McMullin, 93
McMurray, 42
McMurry, 69
McMury, 94
McNabb, 34, 39, 44-47
McNair, 68
McNairy, 78
McNamee, 158
McNamer, 105
McNeal, 161
McNeeley, 117
McNeil, 19, 22, 27
McNew, 13-14
McNucle, 53
McNully, 117, 129

McPherson, 76
Mcquertis, 94
McSwain, 34
Mculwiner, 96
McVay, 154
McVey, 20
McWall, 100
Mcwane, 96
McWhirter, 88
McWilliams, 16
Meadow, 60, 70
Meadows, 52, 137
Meak, 122
Meales, 16
Mealey, 120
Measles, 103, 110
Medley, 107
Medlin, 99
Medly, 14
Meeb, 61
Meele, 61
Mein, 99
Melson, 92
Melton, 108
Melvil, 72-73
Melvin, 70
Memaehar, 41
Mengies, 134
Mercer, 153
Meredith, 143
Meriman, 86
Meritt, 112
Meriweather, 149
Merritt, 78
Messer, 24, 42-43, 49
Messick, 51-52, 56
Mewbourn, 152
Miatt, 128
Michael, 139, 140, 143
Michaux, 39
Michie, 158
Micorid, 58
Midcalf, 36
Miers, 61
Mifflin, 143

Migs, 97
Milam, 85, 94
Milan, 141
Miles, 3, 6-7, 62, 125
Millanurhan, 93
Millender, 99
Miller, 11, 17, 19, 22, 35, 38-39, 41, 47, 59, 66, 81, 97-100, 104, 132, 134-135, 148
Millican, 104
Mills, 42, 53, 127, 135-136
Milson, 92
Milton, 150
Mims, 38-39
Mingee, 11
Mingle, 108
Minks, 29
Minner, 55
Minor, 145
Minton, 20, 29-30, 59, 74, 76, 140-141
Mireton, 57
Mise, 37, 123
Miser, 62
Misers, 90
Mitchele, 75
Mitchell, 18, 21, 62, 71, 104, 112, 122, 126, 132, 142, 153
Miza, 20
Mize, 20-21
Mizelle, 86
Mobone, 153-154
Moffitt, 94
Mollenhoff, 78
Moncreif, 154
Monday, 13
Mondery, 68
Moneyhan, 41
Mongomery, 130
Monroe, 152
Montague, 149
Montcrief, 153

Montgomery, 53, 58, 71, 89, 91, 94-95, 131, 136, 161
Moody, 25, 92, 99, 128, 156, 159
Mooney, 73
Moony, 92
Moonyham, 42
Moore, 4, 7, 23-24, 31, 34-37, 40, 48, 52, 57, 67, 71, 74-75, 78, 81, 85-86, 93-96, 101, 106-107, 111, 125, 132, 136-140, 143, 146, 153, 155, 160
Moose, 48
Morgan, 6, 17, 28, 48, 60, 73-74, 79, 82, 87, 90, 94, 99, 116, 125, 147
Morison, 22
Morland, 95
Morllund, 91
Morman, 87
Moroe, 139
Morris, 4-5, 7, 46, 66, 126, 144, 147, 149, 154, 159-160
Morrisett, 116
Morrison, 16, 161
Morrow, 57-58, 65, 146, 160-161
Morrsett, 115
Mortan, 27
Morton, 59, 153, 155
Morum, 158
Mosby, 149
Moseley, 6, 16, 21
Mosell, 34
Mosely, 40
Moser, 20, 108
Mosier, 2-3
Mosley, 7
Moss, 15-16, 30, 55, 66, 70, 104
Motherly, 151

Mountain, 29
Moyers, 12, 14-15, 30, 66
Mugers, 91
Mule, 61
Mulherin, 137
Mullen, 95
Mullican, 108-109
Mullin, 64, 99
Mullins, 18, 105
Mulloy, 9
Mulmer, 93
Muncy, 28
Munson, 58
Murdock, 107
Murdough, 130
Murfe, 6
Murlle, 97
Murnson, 59
Murphe, 91
Murphey, 5, 27
Murphy, 6, 25, 35, 91-94, 99, 104, 141
Murpy, 93
Murray, 70
Murrel, 46, 119, 123-124
Murrell, 49, 73, 152
Murrey, 79, 132
Murrll, 151
Murry, 12, 34, 37, 70, 86, 100
Mury, 70
Murys, 97
Muse, 97
Musgrove, 125
Musgroves, 117
Mustard, 18
Mute, 97
Muza, 93
Myacle, 96
Myall, 118
Myatt, 67, 118-120
Myencle, 96
Myers, 30-31, 82
Myeucle, 96

Myorlle, 93
Nabours, 2
Nadir, 115
Nail, 66
Nall, 98, 122, 124
Nalls, 55
Nance, 27, 75, 84, 156
Napier, 9, 122
Napper, 16
Narramore, 116
Nash, 31, 132, 146
Naul, 9
Nave, 26
Neal, 106, 108-109, 139, 155, 161
Neas, 39-40
Nease, 38
Neblett, 128
Needham, 31
Neeley, 84, 135, 147
Neely, 30
Neighbors, 2
Neil, 15-17, 27, 56
Neis, 41
Nelson, 37, 61, 84, 119-120, 155
Nesbite, 116
Nesbitt, 116, 128, 145
Nesmith, 102, 110
Netherton, 43
Nettles, 131
Neusom, 99
Nevell, 63
Nevells, 18
Neville, 59, 63-64
Nevis, 67
New, 112
Newborn, 155
Newby, 160
Newell, 65, 82
Newlee, 16
Newman, 2, 58, 100, 114
Newsom, 9, 80-81, 97
Newson, 148, 152

Nicely, 28
Nichol, 1-2, 8
Nicholes, 143
Nichols, 4, 62, 114
Nicholson, 4-7, 68
Nickens, 70
Nickle, 121
Nicks, 129
Niel, 26
Night, 42
Nixon, 111-112, 116
Noblem, 22
Noblen, 22
Nolen, 35, 59
Nolin, 36
Nollner, 112
Norington, 136
Norman, 68, 160
Normat, 135
Norris, 49, 128, 158
North, 14, 134
Northern, 79, 92, 116
Northerner, 83
Norton, 12, 14, 52, 54, 56, 59, 104
Notherton, 44
Novel, 97
Numson, 59
Nun, 22, 26
Nunn, 20, 25, 133
Nussom, 95
O_ley, 59
O'Brien, 73
O'Kelly, 150
O'Neil, 37
Oakes, 67
Oakley, 124, 129
Oakly, 109-110
Oats, 151
Oaty, 16
Obinanson, 92
Odel, 38
Odell, 14, 34, 36, 47
Odle, 98, 143
Odom, 103
Offren, 65

Ogden, 40
Ogles, 56, 60, 62
Ohun, 148
Okely, 91
Old, 71
Oldfield, 56, 58
Olds, 133
Olendson, 92
Olive, 142
Oliver, 7
Oneal, 99, 138
Oneil, 48, 79
Oniel, 79
Organ, 148
Organi, 75
Ormes, 66, 68
Ormsby, 158
Ormsy, 89
Orr, 139
Osbern, 9
Osborn, 1
Otinger, 40-41, 48
Ottinger, 34, 36, 38-39
Oursler, 154
Oury, 36
Ousley, 30
Ousy, 36
Overall, 102-103
Overbay, 14
Overholster, 22
Overstreet, 22
Overton, 20-21, 77, 84, 129
Owen, 4-5, 8, 74, 77, 81-82, 102
Owenby, 92
Owens, 24-25, 33, 125, 128
Owins, 15, 27, 38
Owsly, 29
Ozier, 146, 160
P_nn, 156
Pace, 4-6, 18, 140
Pack, 7-8, 107, 126

Page, 4, 73, 77, 79-80, 82, 91, 108-109, 111, 123
Pagett, 43
Paggett, 47
Palmer, 37, 84, 103, 106-107, 111, 137, 141, 145, 149
Palms, 95
Pansy, 92
Paradice, 87
Parey, 92
Parham, 66, 85
Parish, 105, 132
Park, 7
Parkan, 158
Parker, 27, 43, 52, 57, 87, 98, 103, 107, 109, 113, 128, 133, 137, 147, 151-152, 156
Parkerson, 8, 103
Parkey, 19
Parks, 18-19, 27, 35, 140-141, 145, 155, 158-159, 161
Parnell, 124, 137, 140-141
Parr, 7, 95, 157
Parratt, 12, 121
Parrish, 114-116, 154
Parrott, 11-12, 39, 124
Parry, 120
Parsley, 104-105, 107-108
Parsons, 27, 67, 96, 98
Parsy, 92
Parton, 83, 94
Pas, 24
Paschal, 127
Pasey, 92
Pasquet, 75
Pate, 89, 91, 94-95, 134, 141-142
Pates, 132

Patey, 116
Patillo, 145
Patison, 90, 94
Patten, 116
Patterson, 24-25, 38, 48, 70, 75, 77, 82, 86, 104, 115-116, 121, 125, 127, 147, 149, 160
Patton, 3, 53, 67, 104, 120, 133, 151
Payne, 16, 28, 83, 85, 132, 135, 139, 141
Peace, 73
Peacock, 134
Peal, 134, 142
Pearce, 16
Pearson, 21, 52, 156
Peay, 84
Pebbles, 146
Peck, 18
Pedigo, 107
Peebles, 73, 76, 147
Peeks, 4
Peely, 120
Pefren, 151
Pegram, 9
Peirson, 154
Pelton, 77
Pelts, 74
Penbond, 43
Pendergrass, 120
Pendleton, 82
Penington, 142
Penn, 56, 95
Pennel, 48
Pennington, 4, 11, 69
Pentacost, 124
Pentergrass, 120
Penticast, 125
Perdew, 5-6, 9
Perkins, 67, 146, 152, 154, 158
Perry, 1-3, 28, 56, 96, 130-131, 147-148
Perryman, 158

Perscell, 74
Person, 55, 92, 156
Pery, 84, 141
Peters, 38-39, 68
Peterson, 133
Petree, 12
Petross, 111
Petty, 58, 108, 111, 120
Pettyard, 93, 96
Petway, 78, 84
Pew, 65, 70-71, 83
Phelps, 73, 82-83
Phereby, 10
Philips, 29, 50, 86-87, 90-92, 100
Phillips, 23, 27, 45, 55, 57, 59, 62, 77, 79, 107-108, 111, 116, 142, 146, 150, 160
Phipps, 125
Pickell, 117
Pickett, 102-103
Pickins, 157
Pickinson, 145
Pickutt, 117
Pierce, 72, 134-135, 137-139, 141-142
Pigg, 100
Pike, 30, 84
Pinkerton, 80
Pinnegar, 106
Pinnock, 159
Pinson, 6, 126
Pintle, 52
Pinton, 90, 93
Pirrtle, 52
Pistgole, 110
Pistole, 102
Piston, 90, 93
Pittman, 113
Pitts, 84, 87, 141
Plank, 20
Plaster, 7
Plater, 79
Pleasants, 155-156

Pluket, 99
Plunckett, 112
Po__ry, 41
Poe, 50, 56
Poindexter, 149-150
Pointer, 29, 78
Poland, 133
Polk, 153
Pollard, 106
Polly, 119
Polston, 131
Pomroy, 80
Pool, 6, 157
Poore, 23
Pope, 59, 114, 151
Porch, 8, 80
Porter, 35, 120, 124-125, 136, 140
Posey, 21
Postor, 151
Poter, 156
Potter, 67, 104-105
Pottman, 153
Potts, 121
Pousy, 92
Powell, 15, 60-61, 70, 85, 87, 112, 131-132, 137, 142, 146
Powers, 24, 57, 61, 73, 142
Prais, 48
Prassin, 13
Praswaters, 40
Prater, 42
Pratt, 79, 91, 99
Pray, 48
Preadick, 131
Presley, 112
Presly, 31, 66
Presnell, 24
Preston, 103
Previtt, 135, 141
Price, 42, 58, 62-63, 86-87, 90, 123-124, 153-157, 160

Prichard, 95, 110, 112, 137-139, 141
Prichett, 80, 127
Prichurd, 95
Prickson, 146
Priddy, 30
Pride, 72, 90
Pridily, 25
Pridley, 25
Prine, 43
Prinn, 98
Privit, 133
Procter, 125
Proffit, 14
Prston, 90
Prutly, 98
Prutt, 94
Pu, 51
Puckett, 8, 107, 126
Pugh, 101
Pullens, 58
Pulley, 62-63, 70, 74
Pulliam, 145, 156, 161
Punis, 59
Pur, 24
Pursell, 142, 156
Purvis, 59
Pus, 24
Putman, 62
Pynm, 57
Quimby, 77
Quinn, 99
Quinton, 34
R__s, 97
Rader, 39-40, 76
Radford, 135, 146
Ragan, 34-35, 58, 76, 114-115
Ragland, 147
Ragsdale, 57, 149
Raimey, 119
Rains, 43, 46-47, 49, 65, 73, 77-78, 124
Raisney, 119
Ralden, 119

Raller, 76
Ramsey, 18, 33, 42, 45-46, 60, 79
Ran__, 90
Randall, 57
Randolph, 34, 65, 130
Raney, 31, 90-91
Rankhorn, 106
Rankin, 35, 62-63
Ransey, 45
Ransom, 93
Rany, 92
Rasberry, 136
Rassin, 13, 31
Rasus, 96
Raves, 96
Rawles, 133
Rawlings, 159-160
Rawls, 141
Rawson, 4
Ray, 31, 65, 84, 87, 105, 138-139, 143
Rayburn, 52, 54
Raymer, 86-87
Raywood, 152
Read, 8, 68, 94, 135-136
Reading, 132
Readman, 39
Readmon, 15
Rease, 42
Reaves, 123
Rector, 24
Redden, 120
Reddick, 133, 135
Reddiker, 3
Redding, 3, 55-56, 141
Reddix, 37
Redings, 46
Redman, 15-16, 77, 105-106
Redmon, 15, 17, 40
Redwine, 67
Reece, 38, 133

Reed, 5, 14, 63, 75, 81, 112, 146
Reeks, 4
Reer, 37
Reese, 27, 37
Reeves, 33, 96, 105, 145, 148-149, 152-153, 160
Reice, 43
Reid, 33, 35
Reinhardt, 106
Rely, 24
Ren, 37, 43
Renfro, 67
Renfrow, 93
Renland, 43
Reobuads, 97
Reomer, 2
Reony, 4
Resdon, 156
Resel, 95
Resser, 157
Revis, 149
Rex, 53
Reynolds, 26, 29, 59, 62, 110-111, 115, 121, 138-139
Rhea, 17, 146
Rhoda, 102, 104
Rhodes, 62, 80, 122, 147
Rice, 25, 42, 98-99, 143
Richards, 61
Richardson, 23, 25, 27, 55, 59, 103, 108, 122, 124, 133, 153
Richardt, 146
Richie, 147
Rick, 102
Rickardson, 123
Ricker, 37
Ricketts, 150
Rideout, 154
Ridings, 46
Ridley, 70, 146

Riggan, 8-9
Riggs, 96-97, 161
Right, 92
Rigney, 56, 62
Rigsby, 16
Riley, 19-20
Rindel, 92
Rinsford, 95
Rinson, 96
Rise, 41
Rishing, 93
Rissings, 96
Ritchie, 20, 160
Riter, 25
Ritter, 22-23
Rivers, 158
Rivert, 145
Rives, 77
Roa__, 81
Roach, 75, 91
Roadman, 39-40
Roaies, 92
Roark, 18, 25
Robbins, 138, 150
Roberson, 86, 93-94
Roberts, 7, 44, 47, 55, 59, 62-63, 73, 86, 129, 134, 139, 150, 153, 157
Robertson, 9, 52, 59, 64, 114, 116, 121, 126, 131, 133, 142, 157, 159
Robeson, 99
Robetson, 131
Robins, 139
Robinson, 13, 16, 24, 26, 31, 34, 102-103, 108-109, 111, 113, 154, 159-160
Robison, 92
Robserus, 93
Roburds, 90, 95-96
Robusels, 93
Rock, 61
Rodgers, 29, 35, 142
Roger, 111
Rogers, 13-14, 16, 18, 21, 36, 98, 100, 114-115, 121, 149-150
Roggers, 135
Roland, 86
Rollings, 102
Rollins, 43, 46
Rolston, 88
Rone, 92-93, 95
Rones, 96
Rooker, 119
Roscoe, 78, 84
Rose, 3, 17, 25, 43, 49, 123
Rosenbalm, 22-23
Rosex, 37
Ross, 41, 62, 71, 127, 133, 149, 151
Rosson, 96-97
Rossou, 97
Rouch, 92
Rouies, 92
Roulan, 62
Rouland, 102
Row, 63
Rowe, 74
Rowhuf, 98
Rowland, 112-113
Rowlett, 17, 25, 27
Rowth, 23
Roy, 110
Royster, 158
Rozell, 74
Rrodnax, 149
Rucker, 104, 127
Rudder, 134
Rumbolt, 90
Rumsey, 118
Run, 97
Runion, 39, 44
Runions, 25
Runner, 40
Rush, 68
Rushing, 91, 93-96
Rusls, 96
Rusrus, 96
Russ, 119
Russel, 35, 94, 96-97, 120
Russell, 8-9, 75, 80, 115, 123, 126-127, 140, 147
Rutherford, 48-49
Rutland, 102
Rutledge, 24, 127, 148
Ryan, 84
Rye, 115, 125, 127
Sadler, 56
Saine, 57, 60
Saintt, 94
Sale, 149
Samford, 74
Sammen, 56
Sample, 136
Samples, 48
Sanders, 5, 22-23, 74, 82-83, 86-87, 104-105, 128-129, 157
Sandlin, 102, 109
Sands, 71
Sane, 127
Sanncars, 130
Sannears, 130
Sansfiral, 91
Sarnt, 92
Saulsberry, 142
Saulsbery, 133
Saunders, 143
Savage, 71
Sawyer, 137-138, 150, 152
Sawyers, 12, 42, 80
Saxon, 4
Sayne, 62
Scaff, 70
Scales, 77, 81, 143
Scalf, 14
Scalling, 133
Scarberry, 131
Scarborough, 159

Scarbrough, 157
Scarbrough, 66
Scarburrough, 131
Scard, 26
Schmellow, 121
Schmelton, 121
Schsmellow, 121
Scins, 50
Scoby, 136, 140-141
Scott, 8, 17, 22, 58, 61, 72, 77, 93, 99, 101, 103, 109, 124, 126, 137, 140, 145, 149, 156
Scritchfield, 14
Scroggins, 46-47
Scruggs, 7, 37, 84, 86
Scrugs, 86
Scurd, 26
Seaborn, 83
Seagraves, 54
Seals, 30-31
Searcy, 87
Sears, 8, 128
Seat, 70, 141
Selby, 66
Self, 91, 116, 138
Sellars, 50, 101, 103-104, 119-120, 122
Sellers, 92
Selph, 108-110
Semfale, 136
Sensing, 121, 125-126
Serber, 17, 19
Serbrooks, 128
Sesser, 43
Sewell, 27
Sexton, 13, 42, 112
Seymour, 149
Shacklefort, 156
Shackleton, 139
Shacklett, 71, 76
Shadden, 67
Shadder, 67
Shana, 91
Shanklin, 52

Sharon, 91
Sharp, 13-16, 31, 39, 94
Shaver, 37
Shaw, 4-5, 78-79, 86-87, 106, 134, 146, 149
Shealds, 40
Sheapard, 94
Shearon, 3, 5, 7
Shearson, 91
Sheed, 58, 63-64
Sheet, 73
Sheilds, 155
Shelton, 7, 23, 37, 53, 55, 58, 114-115, 119, 121, 127, 132, 139, 151, 156
Shepard, 38
Shepherd, 3-4, 46
Sheren, 128
Sherill, 63
Sherold, 150
Sheron, 155
Sherrell, 66
Sherrill, 56-58
Sherrod, 150
Shff, 73
Shilling, 67
Shine, 58
Shiplet, 21
Shipley, 22
Shirley, 107-108
Shivers, 1, 3, 84, 87
Shoemaker, 16, 24, 28
Shoemate, 114
Shoffner, 140
Shore, 108
Short, 55, 134
Shoults, 46
Shrader, 61
Shroud, 16
Shryer, 108
Shubert, 9
Shud, 58, 64
Shultz, 23, 45
Shumaker, 23, 97

Shumate, 17, 28-29, 74
Shurm, 85
Shurnnsbery, 55
Shuster, 81
Shute, 73, 78
Sigler, 82
Sikes, 49
Sillard, 41
Sills, 9
Simeons, 97
Simmers, 147
Simmerson, 150, 154
Simmon, 157
Simmons, 3, 23, 25, 29-31, 57, 114, 147, 154, 157-158
Simms, 131
Simonds, 141
Simons, 89
Simpkins, 2, 87-88, 125, 136
Simpson, 2, 57, 62, 103, 110
Sims, 55, 67
Sinclair, 143
Singletery, 134
Singleton, 21, 84, 99, 133, 143
Sinks, 117
Sinsing, 3
Sisk, 38, 44-45, 47-49
Sizemore, 140
Skaggs, 26
Skelton, 115
Skipper, 134, 142
Skipwith, 139
Slade, 33
Slaton, 130
Slator, 90
Slatten, 15
Slaughter, 146
Slavins, 22
Slayden, 117, 121-122
Sledge, 82, 84

Sloan, 1, 151
Smader, 61
Small, 69
Smally, 94
Smelser, 40
Smiley, 85
Smit, 67
Smith, 2, 5-7, 9-10, 12-16, 18-22, 25, 27, 31, 33-42, 45-46, 56-58, 60, 64, 67-68, 76, 78-80, 88, 91-95, 98, 101-102, 104, 107-108, 111-112, 115-116, 124, 126, 130, 135-140, 142-143, 146-147, 152-153, 155-157
Smithe, 100
Smithhetor, 44
Smithson, 104
Smothers, 92
Snalsett, 16
Snaveley, 11
Sneed, 102
Snider, 30
Snipes, 61
Snodgrass, 53
Snow, 104
Snyder, 65-66
Soaps, 71
Solomon, 33
Sorrel, 132
Sorrell, 132-133
Soule, 86
Southerland, 128
Southern, 18, 25, 29-30
Sowder, 12
Spain, 76-77
Spane, 136
Spani, 77
Sparks, 16, 30-31, 53, 89, 91
Spear, 56, 62, 119
Specer, 9

Speece, 58
Speight, 8, 123, 126
Spence, 81, 100, 141
Spencer, 41, 81-82, 128, 137
Spicer, 123
Spindle, 62
Spradlin, 61, 98, 128
Spradling, 21
Sprann, 55
Springer, 118
Sprinkle, 16
Sprouls, 17
Sprunse, 39
Stack, 4
Stacy, 112
Stafford, 38, 146, 148, 152, 158
Staggs, 132
Stalcup, 85, 133
Staley, 129
Stallings, 130-131, 133
Stamback, 148
Stamp, 22
Standford, 99
Standifer, 19
Stands, 61
Stanfield, 97
Stanfill, 114, 117, 123
Stanford, 103
Stanley, 65, 118, 145, 150, 152
Stanly, 151
Stansberry, 21, 26-27
Stansbery, 37
Staples, 67
Stark, 4, 102
Starkey, 61, 125-126
Starnes, 60, 112
Stase, 39
Stassnt, 93
Stead, 97
Steagall, 94
Stean, 138
Stedhem, 159

Steel, 141
Steele, 129, 147
Steen, 160
Steerman, 127
Stegall, 94, 142
Steger, 155-156
Stenhem, 155
Stephens, 39, 43, 66-67, 81, 95, 97
Stephenson, 148
Sterry, 3
Steuart, 5
Stevens, 8, 53, 55, 59, 152
Stevenson, 63, 133
Stevson, 50
Steward, 1, 5-6, 98
Stewart, 81, 108, 147, 149
Still, 76, 100
Sting, 33
Stinger, 39
Stockenger, 155
Stockwell, 86
Stocton, 107
Stokeley, 34
Stokely, 37, 43
Stokes, 102, 112, 121, 124-125, 134
Stokey, 116
Stone, 22, 27, 58, 66, 70, 141
Stoner, 104
Storie, 156
Story, 8, 114, 128
Stotts, 24
Stout, 96
Stover, 80
Strange, 48, 143
Stratton, 83
Strawn, 140
Street, 62, 116-117
Stricklin, 89, 91, 109, 142, 146
Stringfellow, 8, 81
Strk, 85

Stroud, 6
Strut, 62
Stuart, 34, 38, 41, 46, 48, 117, 120, 122, 126
Stull, 73, 83
Stullions, 153
Stump, 82, 88
Sturdevant, 83
Subblefield, 28
Sudberry, 143
Sugg, 56
Suggs, 34, 39
Sugs, 120
Sulfrage, 15-16, 20, 28
Sulivan, 30, 99
Sullen, 18
Sullivan, 3, 81, 83, 120, 122, 136-137, 141
Summers, 58, 104
Summy, 16
Sumner, 153, 155
Sumpter, 21
Sunbarger, 61
Surrat, 18
Susong, 40-41
Sutherland, 34, 94
Sutile, 86
Sutite, 86
Suttle, 155
Sutton, 21, 31, 44, 47, 58, 93, 125
Swader, 61
Swagerty, 37, 39
Swan, 67
Swane, 133
Swanner, 131
Swatzel, 37-38
Sweaney, 83
Sweeney, 71, 126
Sweet, 28
Swift, 7, 115, 143, 156, 158
Swings, 98
Switchell, 114

T_rekson, 90
Tabor, 65, 67
Taler, 128
Talley, 124, 141
Tally, 9, 33-37, 86-87, 93, 96
Taly, 96
Tancell, 141
Taney, 101
Tanksley, 77-78
Tanner, 65
Tantee, 142
Tarkenton, 141
Tarpley, 155
Tarrant, 134
Tarrel, 90
Tarry, 98
Tate, 63, 104, 155
Tatom, 118-119, 138
Tatum, 117, 152, 155
Taurents, 155
Taylor, 2, 12, 17, 22-23, 36, 47-48, 55, 57-58, 63-64, 66, 68, 79-80, 82, 85, 92-93, 95-97, 99, 105-106, 108-109, 111, 127, 127, 130-132, 143, 148-149, 154, 160-161
Tays, 65
Teage, 42-43, 91
Teague, 11-12, 154, 156
Teal, 57
Teasley, 5-6
Teesley, 5
Tell, 60-61
Temple, 84
Templen, 39
Templeton, 52, 140
Templin, 49
Terantine, 140
Terrel, 60
Terry, 79, 98, 108
Terton, 90
Thacker, 130

Thacker, 21-22, 28, 56
Thadford, 119, 123
Tharp, 151-152
Thomas, 11-12, 15-17, 25, 34, 36, 63, 83, 98, 100, 110, 122, 139, 151, 156
Thompson, 9, 17, 20, 27, 62-63, 74-76, 78, 84, 86, 95, 98, 106, 117-119, 122, 124, 132-134, 137, 143, 146, 151-152, 158, 161
Thornsberry, 55
Thornsbery, 58
Thornton, 10, 142, 154, 156
Thorp, 151, 159
Thosington, 90
Thrash, 33
Threat, 106
Thurman, 151, 159
Thurmond, 132, 135
Tibbs, 123
Tic__, 91
Tidwell, 119-120, 122
Tilford, 141
Tiller, 156-157
Tilley, 124
Tillman, 54, 134
Timens, 57
Tinne, 84
Tinnin, 85
Tippet, 106
Tipton, 134-135, 141-142
Titsworth, 105-106, 112
Toby, 38
Todd, 132, 134, 160
Toliver, 31, 58
Tollett, 66
Tolls, 159
Tomasson, 113

Tomlinson, 159
Tompkins, 106
Townes, 71, 74
Townsen, 16, 60
Townsend, 42, 48
Trabire, 92
Trail, 104
Tramel, 104-105, 109-110
Trammel, 21
Trammell, 119
Trapp, 108, 111-112
Traylor, 6
Trease, 14-15, 27
Trent, 160
Trevzant, 151
Trewet, 84
Tribbles, 27
Trim, 99
Tripp, 147-148
Trishes, 91
Trotter, 121, 145, 159
Trout, 137
Troy, 136
Truett, 101
Truil, 53
Trusly, 131
Trusty, 110, 137
Tryurbris, 92
Tubb, 110, 113
Tubbs, 100
Tubs, 98
Tuck, 94
Tucker, 4, 45, 49, 55, 61-62, 72, 76, 79, 84, 89-90, 119-120, 137-140, 148-149
Tullis, 9
Tully, 9
Tuney, 101
Tuppin, 82
Turnage, 151
Turnbou, 91
Turner, 4, 6, 8, 14-16, 34-35, 42-43, 55, 58, 60-62, 68, 72, 74, 79, 101, 103, 106, 108-109, 121, 158-159
Turney, 102
Turnley, 146
Turpin, 134
Turrel, 90
Tylor, 88, 93, 137
Tyree, 111
Uncnon, 98
Underwood, 3, 114
Unger, 70
Ursary, 9
Urselton, 53
Ursulton, 53
Urulton, 53
Usulton, 53
Uttehly, 48
Vale, 133
Valentine, 44
Vales, 133
Valluer, 93
Vanbebber, 14, 16, 29
Vance, 28
Vandergrift, 102-103
Vanderon, 65
Vandeventer, 30
Vandever, 66
Vanhook, 4-5, 117
Vanleen, 129
Vanleer, 129
Vannatta, 102
Vanover, 102
Vanoy, 83
Vanpelt, 157
Vantreece, 103
Vantrese, 103
Vanwinkle, 66
Vaughan, 84
Vaughn, 66, 74, 79, 82, 106, 112
Vauleer, 129
Vaux, 82
Vawnatta, 103
Venabile, 14
Venable, 16, 20
Vermillion, 24
Vesper, 85
Vick, 101, 103
Vickars, 107
Vickers, 112
Vickry, 55
Vicory, 67
Vier, 104
Vineyard, 119
Vinson, 44-45, 49
Vitetoe, 68
Voliner, 99
Vrah, 137
Waddle, 111
Wade, 155
Wageter, 138
Waggoner, 70, 74
Wagmires, 33
Wagoner, 16, 85, 87-88, 138
Wair, 76, 83
Waite, 58
Wakefield, 55
Walch, 55
Walden, 58, 71, 160
Walker, 2-6, 20, 28-29, 38, 53, 55, 59, 61, 65-66, 86, 90-91, 102, 105-106, 111, 115, 118-119, 121, 123, 127-128-129, 132, 134, 137-138, 141, 143, 145, 147, 160
Wall, 5, 39, 108, 125, 127, 108, 125, 127, 150
Wallace, 16, 100, 117, 121, 142, 153, 159
Waller, 20, 23, 61, 73, 75, 77, 91, 110, 127, 150, 153-156
Wallin, 23
Wallis, 15
Walls, 105
Walters, 86, 139
Waltoce, 96

Walton, 4, 9, 152
Ward, 21, 34, 36, 38-39, 55, 102, 104, 128, 131, 139, 143, 152-154, 155
Ware, 104
Warick, 52
Warmac, 87
Warnac, 85
Warr, 154
Warren, 13, 35, 55, 58, 63, 89, 109, 111, 131-134, 143, 152
Washer, 109, 113
Wate, 59
Waters, 44
Waterson, 52
Watkins, 81-82, 86, 127, 134
Watler, 153
Watson, 3-4, 74, 76-77, 85, 90, 96-97, 99, 111, 142, 153
Watt, 7
Watts, 157
Wauford, 109-110
Waymires, 33
Waynock, 114-115
Weakley, 4, 6-7, 121, 134, 140
Weakly, 136, 141
Weasheupson, 63
Weathers, 136
Weaver, 42, 47, 56, 66, 73
Webb, 22, 45-46, 65-66, 83, 87, 97, 105, 138, 145, 147, 155-156, 160
Webber, 87, 153
Webster, 54
Weekley, 84
Weever, 66
Weirs, 17
Welch, 16, 19, 66, 94-95, 122

Welker, 115
Wells, 21, 28, 118, 120, 149
Welty, 39
Werner, 57
Wessen, 143
Wesser, 154
West, 21, 26, 39, 44, 106, 110, 115
Westerman, 98, 100
Whaley, 103, 108
Whealer, 139
Wheeler, 71, 76, 157
Whillson, 48
Whitaker, 23-25, 27, 65, 146, 149
White, 14, 16, 26-27, 34, 36, 75, 79, 84, 87, 89-90, 92, 94, 97, 99-100, 103, 108-108, 113, 119-120, 122, 125-126, 133, 136-136
Whitehead, 45, 136, 159
Whitfield, 9-10, 123
Whitly, 74
Whitmore, 149
Whitsett, 75
Whitsitt, 78
Whitson, 141
Whittemore, 74, 76
Whittenton, 135
Whitworth, 70-71, 87
Wiggins, 150, 155
Wigglesworth, 159
Wigs, 136
Wilborn, 157
Wilburn, 141
Wilder, 36
Wilely, 128
Wileman, 59, 64
Wiley, 15-16, 44, 83, 119, 123, 146
Wilhessun, 63
Wilhusn, 63

Wilkerson, 73, 87-88, 145
Wilkins, 93, 96, 124, 128, 138
Wilkinson, 105
Wilks, 158
Willeford, 102
Willey, 127, 129
Williams, 3-7, 14, 17-20, 31, 37, 40, 42, 44-45, 47, 52-54, 70-71, 73-74, 76-77, 79-81, 83, 87, 95-95, 102-104, 107-108, 110-111, 113, 115-117, 119-120, 126-127, 133, 135, 138, 142-143, 145, 147-151, 154, 156
Williamson, 14, 45, 70, 85, 134, 145, 149, 153, 155
Williford, 60, 76
Willis, 15, 19, 21-23, 63, 86, 142, 159
Willis_y, 63
Willoughby, 113
Willson, 48-49
Wilmoth, 106
Wilson, 4, 12-13, 15, 17, 19, 21, 26, 35, 46, 50, 52, 55, 61, 63, 71-73, 80, 84, 86, 92-93, 95, 100, 131, 149, 151-152, 160
Wilson's Estate, 152
Wily, 39
Winard, 72
Winberry, 141
Winchester, 112
Wines, 119
Winfield, 158, 161
Winfree, 111, 127
Winfrey, 59-60, 149
Winfry, 51
Wingate, 131

Winiford, 39
Winnet, 56
Winnett, 62
Winniford, 38
Winsett, 145
Winsome, 97
Winsonn, 97
Winter, 39-40
Winters, 140
Winton, 60
Winut, 53
Wireman, 25
Wirt, 152
Wise, 35-36
Wiseman, 25
Wiser, 54-55
Withrow, 59
Witt, 58
Wobb, 46
Wolf, 28, 74, 87
Womack, 63-64, 106
Wood, 34, 36, 39, 42, 44, 47, 102, 104, 124, 132-133, 138, 140, 147, 158
Woodall, 23
Woodard, 127
Woodruff, 86
Woods, 76, 78, 82, 90, 97,
Woodsides, 143
Woodson, 4, 6, 16, 24, 151
Woodward, 9, 19, 82
Woody, 42, 65, 117
Woolridge, 105
Work, 8, 86-87, 120
Worlds, 71
Worrell, 132, 146
Worshan, 90
Worth, 37-38
Worwock, 154
Wray, 87, 149, 152
Wrenn, 85
Wright, 13-14, 16, 23, 42, 72, 83, 102, 105, 117, 122, 131, 133, 135-136, 139, 141
Wuir, 54
Wyat, 7
Wyatt, 66-67, 89-92, 139
Wyles, 70
Wynegan, 56
Wynegler, 56
Wynne, 135-136, 141
Yalrington, 100
Yancey, 131, 152-153
Yarber, 36-37, 44
Yarbough, 154
Yarbro, 86, 92, 95
Yates, 9, 43, 55, 118-120, 122, 126, 132
Yeargan, 103
Yeargin, 109-110
Yeatman, 9
Yeats, 43
Yell, 55-56, 61
Yerrel, 60
Yett, 39
Yoakum, 15, 29
York, 143, 150
Young, 9, 19, 21-22, 39, 75, 82, 87-92, 95, 106, 151, 153-`54
Yurber, 91
Zarecor, 141
Zariker, 87
Ze_ly, 93
Ziller, 151
Ziron, 98
Zroin, 98

Other books by the author:

1890 Union Veterans Census: Special Enumeration Schedules Enumerating Union Veterans and Widows of the Civil War. Missouri Counties: Bollinger, Butler, Cape Girardeau, Carter, Dunklin, Iron, Madison, Mississippi, New Madrid, Oregon, Pemiscot, Petty, Reynolds, Ripley, St. Francois, St. Genevieve, Scott, Shannon, Stoddard, Washington, and Wayne

Alabama 1850 Agricultural and Manufacturing Census: Volume 1 for Dale, Dallas, Dekalb, Fayette, Franklin, Greene, Hancock, and Henry Counties

Alabama 1850 Agricultural and Manufacturing Census: Volume 2 for Jackson, Jefferson, Lawrence, Limestone, Lowndes, Macon, Madison, and Marengo Counties

Alabama 1860 Agricultural and Manufacturing Census: Volume 1 for Dekalb, Fayette, Franklin, Greene, Henry, Jackson, Jefferson, Lawrence, Lauderdale, and Limestone Counties

Alabama 1860 Agricultural and Manufacturing Census: Volume 2 for Lowndes, Madison, Marengo, Marion, Marshall, Macon, Mobile, Montgomery, Monroe, and Morgan Counties

Delaware 1850-1860 Agricultural Census, Volume 1

Delaware 1870-1880 Agricultural Census, Volume 2

Delaware Mortality Schedules, 1850-1880; Delaware Insanity Schedule, 1880 Only

Dunklin County, Missouri Marriage Records: Volume 1, 1903-1916

Dunklin County, Missouri Marriage Records: Volume 2, 1916-1927

Florida 1860 Agricultural Census

Georgia 1860 Agricultural Census: Volume 1 Comprises the Counties of Appling, Baker, Baldwin, Banks, Berrien, Bibb, Brooks, Bryan, Bullock, Burke, Butts, Calhoun, Camden, Campbell, Carroll, Cass, Catoosa, Chatham, Charlton, Chattahooche, Chattooga, and Cherokee

Georgia 1860 Agricultural Census: Volume 2 Comprises the Counties of Clark, Clay, Clayton, Clinch, Cobb, Colquitt, Coffee, Columbia, Coweta, Crawford, Dade, Dawson, Decatur, Dekalb, Dooly, Dougherty, Early, Echols, Effingham, Elbert, Emanuel, Fannin, and Fayette

Kentucky 1850 Agricultural Census for Letcher, Lewis, Lincoln, Livingston, Logan, McCracken, Madison, Marion, Marshall, Mason, Meade, Mercer, Monroe, Montgomery, Morgan, Muhlenburg, and Nelson Counties

Kentucky 1860 Agricultural Census: Volume 1 for Floyd, Franklin, Fulton, Gallatin, Garrard, Grant, Graves, Grayson, Green, Greenup, Hancock, Hardin, and Harlin Counties

Kentucky 1860 Agricultural Census: Volume 2 for Harrison, Hart, Henderson, Henry, Hickman, Hopkins, Jackson, Jefferson, Jessamine, Johnson, Morgan, Muhlenburg, Nelson, and Nicholas Counties

Kentucky 1860 Agricultural Census: Volume 3 for Kenton, Knox, Larue, Laurel, Lawrence, Letcher, Lewis, Lincoln, Livingston, Logan, Lyon, and Madison

Kentucky 1860 Agricultural Census: Volume 4 for Mason, Marion, Magoffin, McCracken, McLean, Marshall, Meade, Mercer, Metcalfe, Monroe and Montgomery Counties

Louisiana 1860 Agricultural Census: Volume 1 Covers Parishes: Ascension, Assumption, Avoyelles, East Baton Rouge, West Baton Rouge, Boosier, Caddo, Calcasieu, Caldwell, Carroll, Catahoula, Clairborne, Concordia, Desoto, East Feliciana, West Feliciana, Franklin, Iberville, Jackson, Jefferson, Lafayette, Lafourche, Livingston, and Madison

Louisiana 1860 Agricultural Census: Volume 2

Maryland 1860 Agricultural Census: Volume 1

Maryland 1860 Agricultural Census: Volume 2

Mississippi 1860 Agricultural Census: Volume 1 Comprises the Following Counties: Lowndes, Madison, Marion, Marshall, Monroe, Neshoba, Newton, Noxubee, Oktibbeha, Panola, Perry, Pike, and Pontotoc

Mississippi 1860 Agricultural Census: Volume 2 Comprises the Following Counties: Rankin, Scott, Simpson, Smith, Tallahatchie, Tippah, Tishomingo, Tunica, Warren, Wayne, Winston, Yalobusha, and Yazoo

Montgomery County, Tennessee 1850 Agricultural Census

New Madrid County, Missouri Marriage Records, 1899-1924

Pemiscot County, Missouri Marriage Records, January 26, 1898 to September 20, 1912: Volume 1

Pemiscot County, Missouri Marriage Records, November 1, 1911 to December 6, 1922: Volume 2

South Carolina 1860 Agricultural Census: Volume 1

South Carolina 1860 Agricultural Census: Volume 2

South Carolina 1860 Agricultural Census: Volume 3

Tennessee 1850 Agricultural Census for Robertson, Rutherford, Scott, Sevier, Shelby and Smith Counties: Volume 2

Tennessee 1860 Agricultural Census: Volume 1

Tennessee 1860 Agricultural Census: Volume 2

Texas 1850 Agricultural Census, Volume 1: Anderson through Hunt Counties

Texas 1850 Agricultural Census, Volume 2: Jackson through Williamson Counties

Virginia 1850 Agricultural Census, Volume 1

Virginia 1850 Agricultural Census, Volume 2

Virginia 1860 Agricultural Census, Volume 1

Virginia 1860 Agricultural Census, Volume 2